시뮬레이션과 실험으로 배우는

전자회로

윤기호 지음

HS 도서출판 한산

머리말

시뮬레이션과 실험을 통한 회로 문제 해결 능력이 중요

산업계의 통신 분야를 비롯한 전기·전자 제품들의 동작을 이해하기 위해 매우 복잡하고 다양한 회로 이론이 필요하나 현실적으로 대학과정에서 이들을 모두 다루는 것은 불가능하다.

본 교재는 어렵고 무거운 회로 주제들을 배제한 기초 전자회로 기술들을 중심으로, 실무적인 관점에서 다루었다. 이를 위한 선행지식으로 물리학에서 다루는 전기자기학의 기초개념, 수동부품(저항, 커패시터, 인덕터)에 대한 지식, Ohm의 법칙 등에 관한 회로 이해들이 필요하나 기초회로 지식의 이해와 연습을 통해 본 교재에서 추구하는 교류회로로 진입하기 때문에 선행지식이 부족한 학생들도 충분히 학습할 수 있다.

본 교재의 구성은 다음과 같이 요약된다.

1. 도구 사용법 이해

   교재 초반에서 회로 해석 및 측정 도구 사용 역량을 증진시킬 수 있도록 시뮬레이터와 오실로스코프 사용법을 배운다.

2. 회로이론 주제의 구성

- 교류회로를 중심으로 수동부품 특성과 필터들의 구성 및 성능파라미터들을 이해한다.
- 다이오드, 트랜지스터, OPAMP로 구성되는 능동부품들의 기초 회로 이론을 배우고 이들을 활용하는 주제를 다룬다.
- IoT 센서 실험을 마지막 단원의 주제로 설정하여 지금까지 배운 내용을 종합한다.

3. 문제 해결 능력향상을 위한 설계 및 실험

주제별로 실험 목표가 주어지며 이를 달성을 위한 다양한 아이디어와 성능 개선을 위한 시뮬레이션을 실행을 기반으로 실험한다. 또한, 문제점 해결을 위한 재설계를 적극적으로 장려한다

오랜 기간 산업현장과 교육현장에서의 경험을 바탕으로 실무에 필요한 회로관련 지침서 개발이 본서의 개발 의도였으나, 내용에 다소 부족한 부분이 많이 있을 것으로 생각되며, 독자들의 지적사항과 조언을 토대로 지속해서 개선해나간다면 보다 유익한 자료가 될 것입니다.

끝으로 본 교재를 완성하기까지 도와준 지인들과 이 책의 출판을 담당한 출판사 대표님께 깊은 감사를 드립니다.

2024년 5월

저자 씀

차 례

부록(appendix)

찾아보기

제1장 Pspice 설치및예제

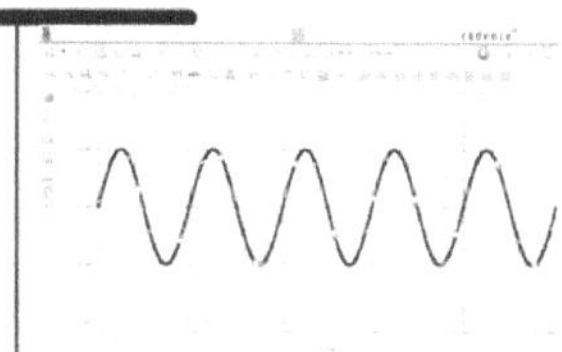

기초이론

본 단원에서는 교류회로 해석을 위한 도구인 Pspice 시뮬레이터를 설치하고 간단한 교류회로 예제를 들어 사용법을 익힘으로써 교류회로 해석을 위한 환경을 구축한다. 따라서 단원 핵심주제는 다음과 같다.

- Pspice 사용법을 익히고 회로 구성과 시뮬레이션을 실행할 수 있는 기초 능력향상
- 시뮬레이터를 이용한 교류회로 해석 기초 이해

1.1 OrCAD Pspice 설치(OrCAD 17.2 Demo version)

시뮬레이터인 Pspice는 CADENCE 사의 여러 시뮬레이터 중에서 OrCAD Caputre에 속하는 제품이다. 국내 대리점인 나인플러스IT(주)(https://www.npit.co.kr/)에서 영업을 담당하고 고객지원을 하고 있다. 현재 개인적으로 사용 가능한 OrCAD 17.2 Demo version은 국내 대리점에서 다운받을 수 있으며 많은 Q/A, FAQ 및 설치 시 문제점들을 지원하고 있다.

Pspice 17.2 데모 버전은 학생용으로서 노드 64개, 트랜지스터 10개, 디지털 부품 64개로 구현 개수에 제한이 있는 툴(tool) 이지만 입문단계의 다양한 직류 및 교류회로를 이해하기 위한 시뮬레이션을 실행하는 데 큰 어려움이 없다.

1.1.1 설치 전 주의사항

먼저 [그림 1-1]과 같이 시뮬레이터 사용자 컴퓨터의 속성을 들여다본다. OrCAD Caputre 시뮬레이션을 실행하는 데 컴퓨터 이름이나 파일 경로 등에 한글이 있는 경우 Pspice는 이들을 인식하지 못하고 시뮬레이션 실행을 멈추는 문제점이 발생한다. 이런 문제를 방지하기 위해 [그림 1-1]처럼 컴퓨터 이름이나 작업그룹에 한글 대신 영어로 표시되었는지 확인한다. 또한, [그림 1-2]처럼 환경변수 내용도 같은 이유로 영어로 표시되었는지 확인한다.

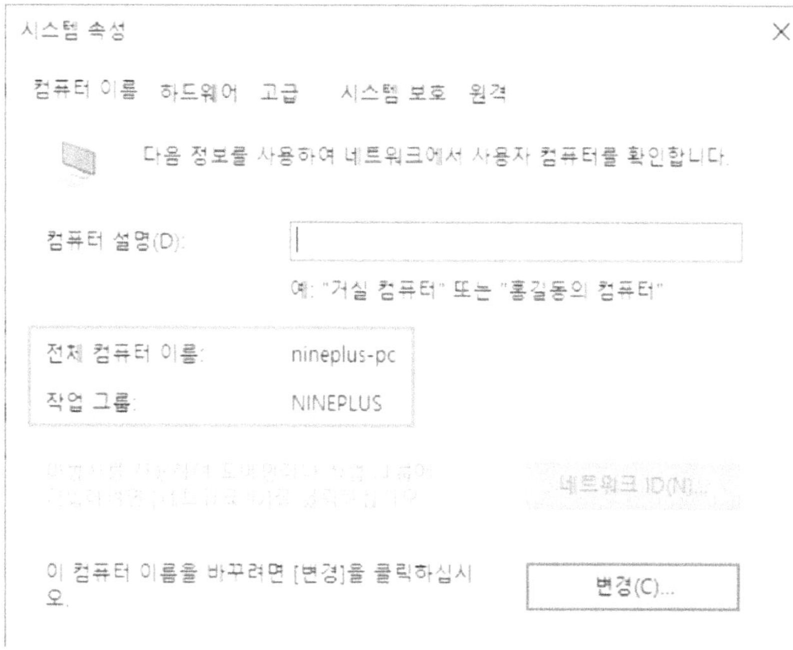

[그림 1-1] 사용자 컴퓨터 속성에서의 한글확인

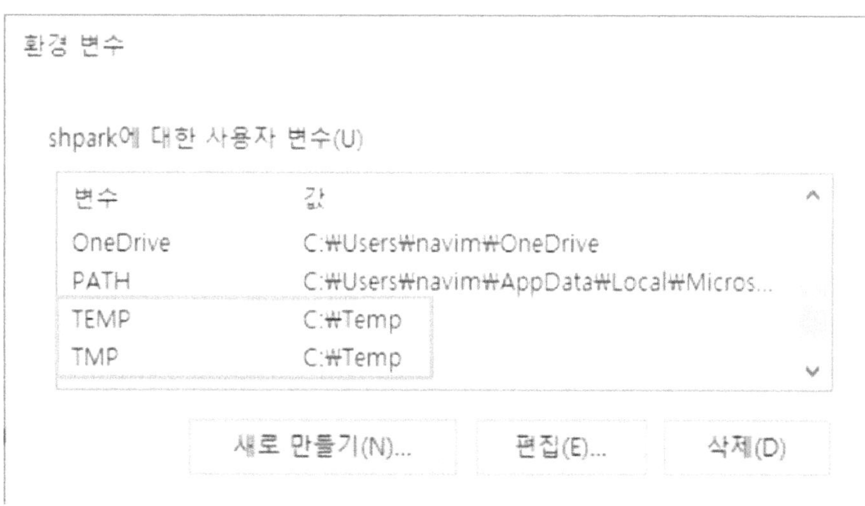

[그림 1-2] 환경변수에서 한글문자 확인

1.1.2 다운로드

나인플러스IT(주)(https://www.npit.co.kr/)에 회원가입 후 [그림 1-3]과 [그림 1-4]를 참고하여 데모 버전을 다운로드한다. 나인플러스IT(주)는 제품 구매에 앞서 체험판으로 데모 버전을 제공하고 있음을 유의하고 반드시 개인적인 학습에만 사용하다. 설치 버전은 OrCAD17.2로 한다.

[그림 1-3] CADENCE 국내대리점에서의 다운로드 경로

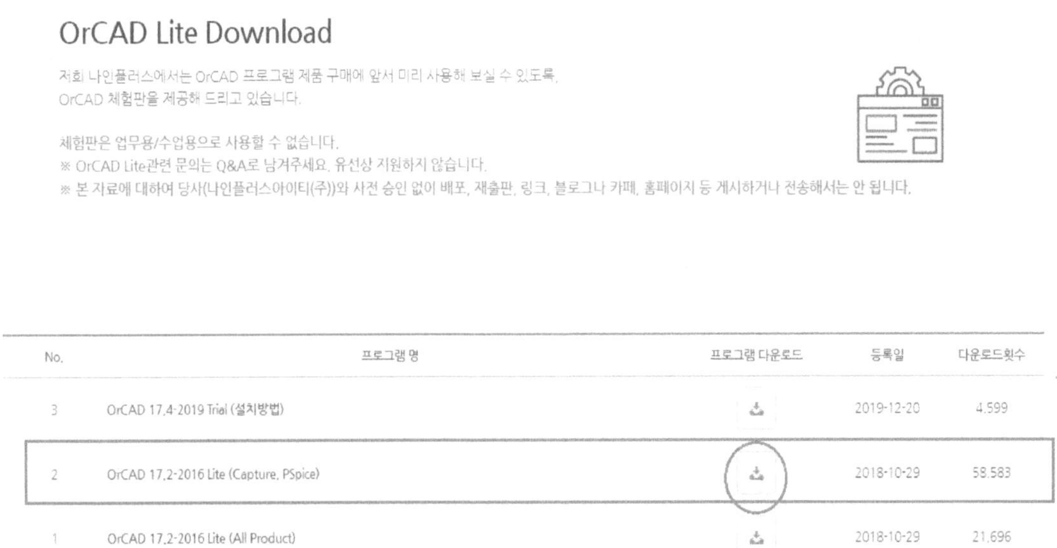

[그림 1-4] 다운로드 버전 및 위치 확인

1.1.3 Pspice17.2 설치

① 다운로드 파일의 경로를 지정하고 압축파일을 다운로드 한다. 이때 사용자 명을 포함하여 경로상에 한글이 있지 않도록 한다.
② setup.exe 파일을 클릭함으로써 설치를 시작한다. 설치를 동의하고 계속해서 'Next' 버튼을 누르면 되며, 과정 중에서 setup type의 선택에서 'Only for me' 를 선택하고 설치를 진행한다. 설치가 다 되면(Setup complete), Finish 버튼을 누른다.

③ 윈도우(⊞)를 누른 후 Cadence를 검색하고 Capture CIS Lite를 실행한다.

④ OrCAD Capture CIS Lite가 열리면 File/New Project 버튼을 클릭하여 시뮬레이션을 시작한다.
⑤ 다음 페이지에 이어지는 1.2절의 연습회로에서 시뮬레이션을 실행시킨 후 오류 없이 결과들이 디스플레이 되면 시뮬레이터 설치가 성공한 것이다.

1.2 회로 예제를 통한 사용법 연습

[그림 1-5]와 같은 교류저항 회로의 해석을 위해 시뮬레이터를 이용한다.

- 아래 교류회로에서 교류전원(Vs)과 저항 R2에 걸리는 전압을 구하고 5주기 동안의 시간파형을 구한다. 교류전원의 구성 요소는 다음 값들로 설정한다.
  - 교류전원(Vs) 설정
    : 옵셋(offset) 전압 2[V]
    : 주파수 1KHz (주기 1ms)
    : 진폭 100m[V]
- 위의 값들을 반영하여 이론적으로 교류전원(Vs)은 정현파로 다음과 같은 수식으로 표현할 수 있다.

$$V_s = 2[V] + 100\sin(2\pi \cdot 1KHz\, t)\ m[V]$$

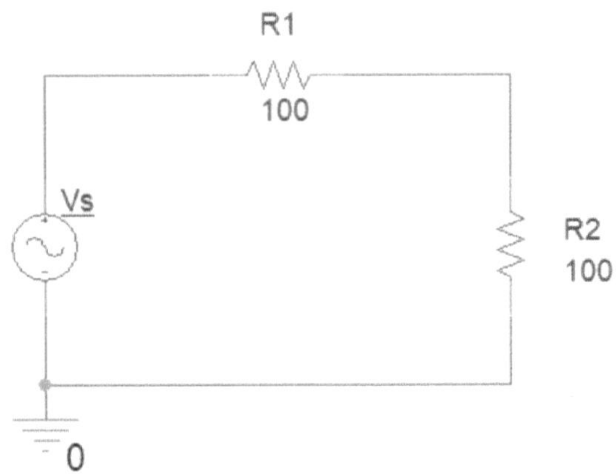

[그림 1-5] 저항으로 구성된 기본 교류회로

1.2.1 시뮬레이션을 위한 New Project Open

① OrCAD Capture CIS Lite를 실행한다. [그림 1-6]처럼 File - New - Project 메뉴를 순서대로 클릭하여 새로운 프로젝트를 작성한다. 회로 구성, 시뮬레이션 실행, 결과 파일들로 구성된 내용 들을 묶어 Project라 칭한다.

② File - New - Project 메뉴를 클릭하여 New Project를 open한다. [그림 1-7]에서 보는 것처럼 새로운 프로젝트 이름(Name)에 프로젝트와 연계되는 이름을 입력하고, Analog or Mixed A/D를 체크한 후, Location에서 작업할 경로를 새로 만들거나 지정하고 OK 버

튼을 클릭한다. Location을 지정할 때 컴퓨터 사용자가 관리하기 적합한 폴더를 지정하는 것이 적절하다.

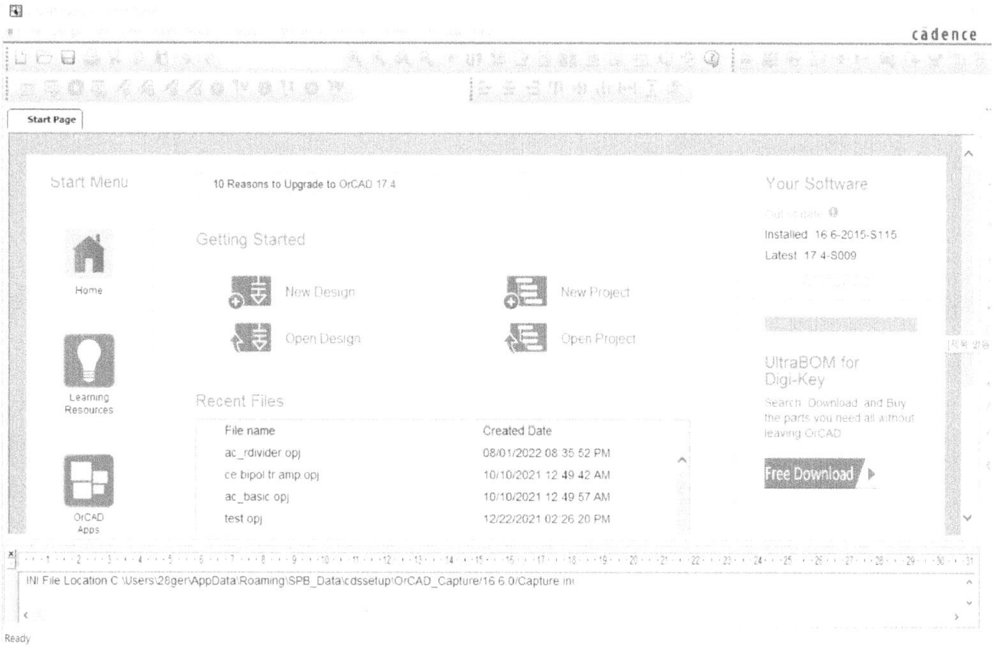

[그림 1-6] 프로젝트 OPEN 화면

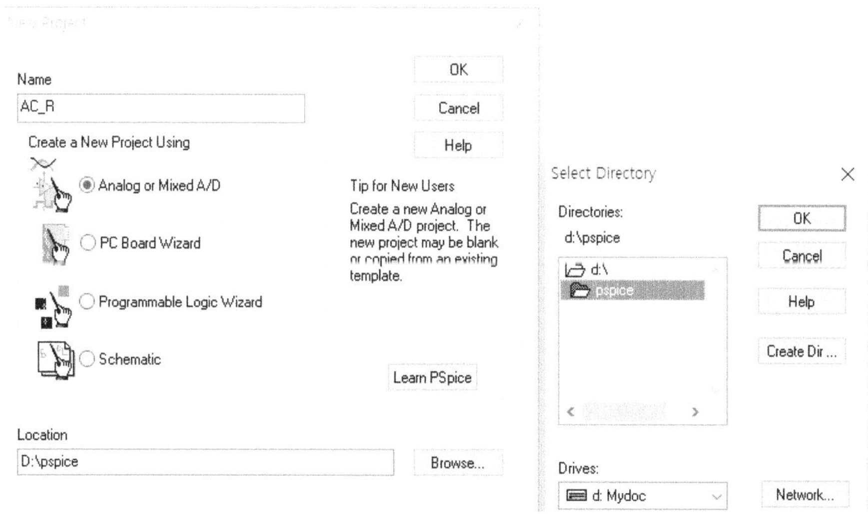

[그림 1-7] 프로젝트 이름 및 경로 설정

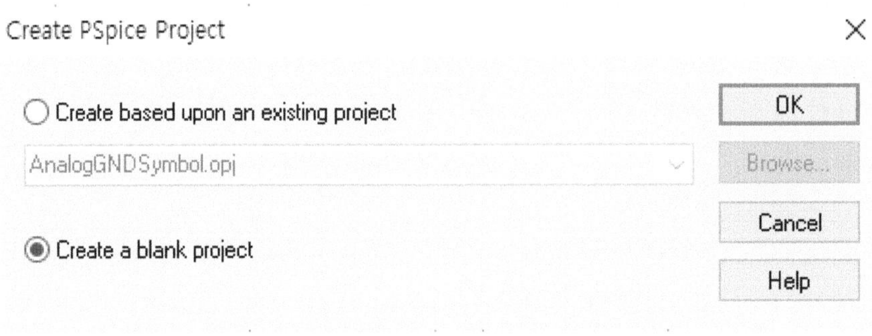

[그림 1-8] blank 상태에서 프로젝트 생성

③ Project 창에서 create a blank project를 선택하고 OK 버튼을 클릭한다.

④ [그림 1-9]와 같이 새로운 작업 공간(schematic diagram)이 생기며 여기에 필요로 하는 회로를 그린다. 회로도 또는 schematic page라 칭한다. 회로도에 필요한 부품은 Library에 있으며 부품을 가져다 회로를 구성한다. 또한, 시뮬레이션을 위한 환경설정이 필요하다.

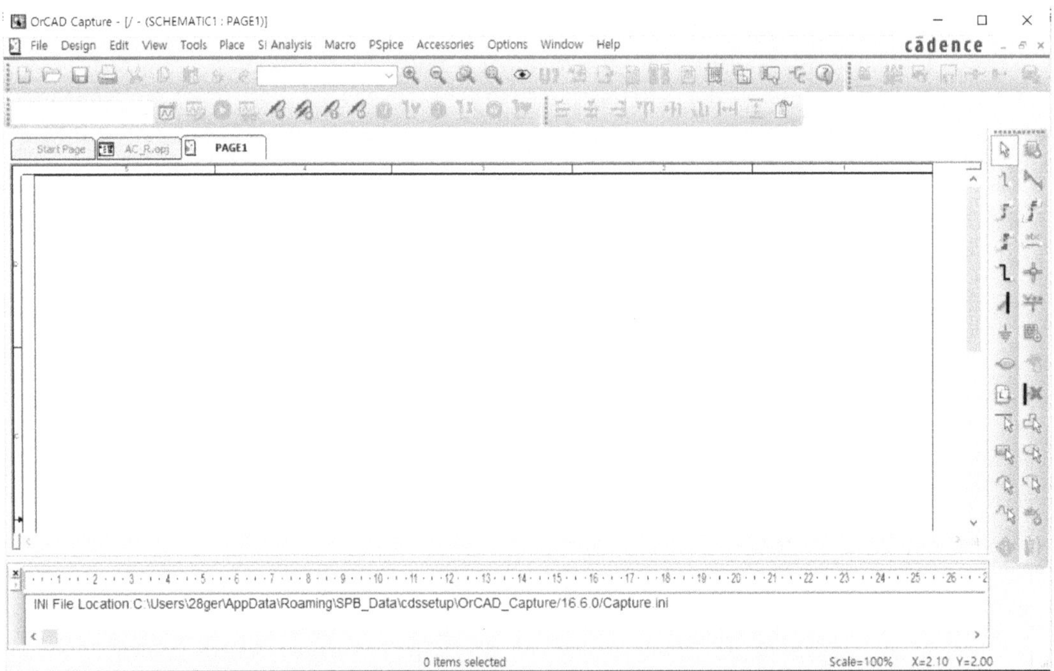

[그림 1-9] 생성된 프로젝트에서 회로를 구성하기 위한 작업공간(scematic page)

1.2.2 부품 Library 등록

회로도에 들어갈 각종 부품은 [그림 1-10]의 우측면에서 볼 수 있는 Libraries에서 가져온다('1' 로 표시된 버튼 클릭). 다음에 [그림 1-10]에서 '2' 버튼을 클릭하면 각종 부품 목록들이 표시된 폴더(/Pspice)를 볼 수 있다. 예를 들어 교류회로에 필수적인 전원은 '3' 이라 표시된 source.olb에 모두 들어있다. source.olb를 포함하는 폴더(/Pspice)는 시뮬레이션에 필요한 모든 부품이 종류별로 나열된 Library이다. 회로를 구성할 때 해당 부품을 선택하여 회로도(schematic page)에 가져다 회로를 구성한다. [그림 1-10]에서 □로 표시된 '2' ~ '4' 는 Libraries에서 부품을 찾는 순서이다.

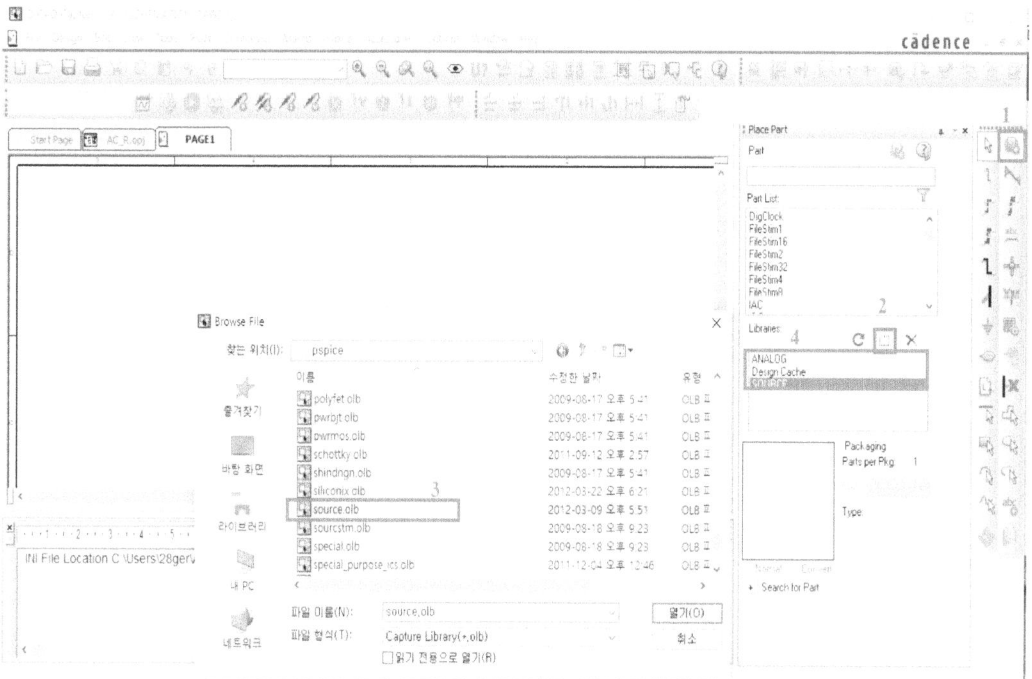

[그림 1-10] 부품 Library 등록 과정

1.2.3 부품선택

① [그림 1-11] 화면의 우측 상단에 '1' 버튼을 누르면 부품을 가져올 수 있는 메뉴인 Place Part(부품)을 클릭한 셈이다. [그림 1-11]은 저항을 선택하는 과정을 나타낸다.

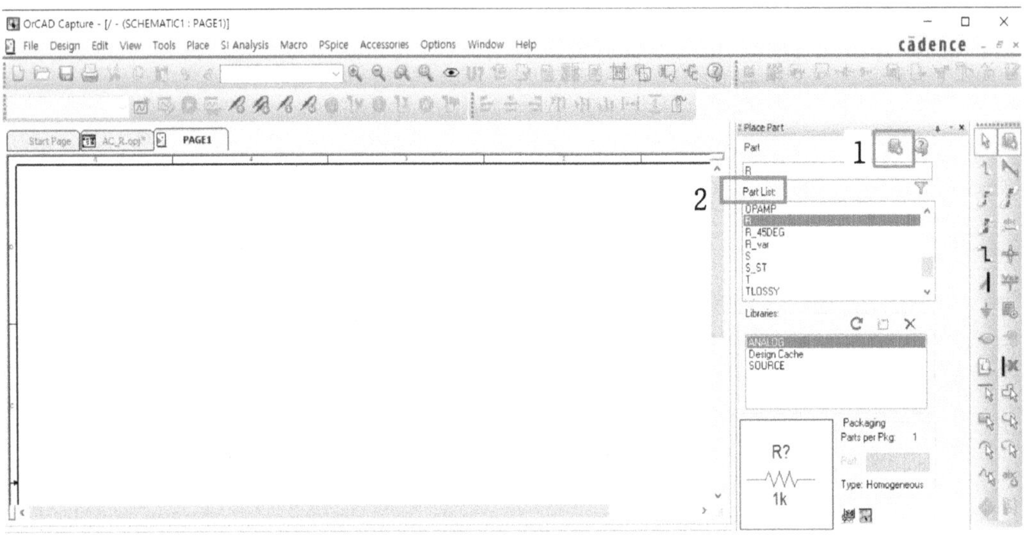

[그림 1-11] 부품 Library에서 필요 부품 선정

② [그림 1-12]처럼 교류 정현파 전원인 Vsin을 Source Library로부터 선택한 다음 더블 클릭하여 화면에 놓는다.

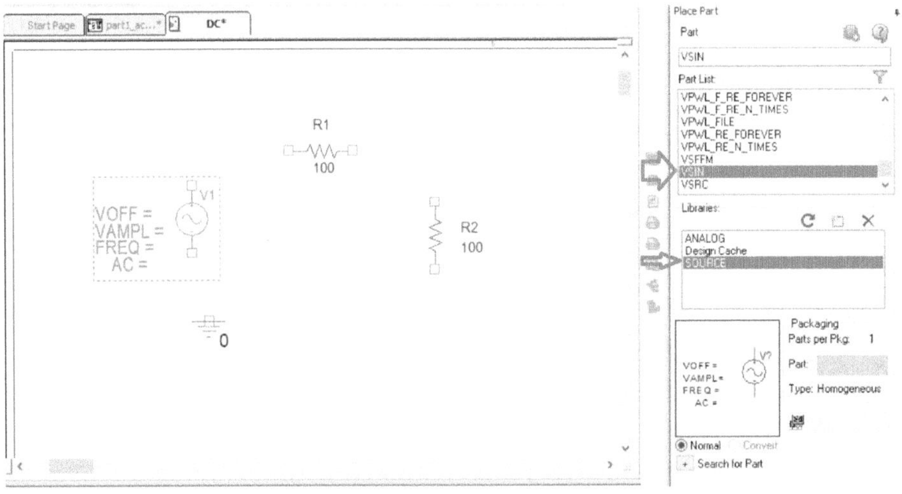

[그림 1-12] 정현파 전원을 선택하여 회로를 구성하는 과정

✓ 교류 전원 : SOURCE Library - VSIN

✓ 저항 : ANALOG Library - R

③ 접지(0/CAPSIM)를 선택한 후 적절한 위치에 놓는다. **모든 회로는 항상 접지가 필요하다.**

1.2.4 부품배치 및 연결

회로도에 수집한 부품들을 연결하여 원하는 회로를 구성한다. 회로를 구성하는 방법은 화면 상단에 툴바들의 버튼을 이용하기도 하고 키보드의 문자를 누름으로서 같은 기능을 실행하기도 한다.

① 부품들을 적절한 위치에 배치한다.

② 부품을 회전(rotate)시키려면 부품을 선택한 후 키보드 위의 ‘ r(rotate)’ 버튼을 누른다.

③ 부품들을 연결하기 위해 키보드 위의 ‘ w(wire)’ 를 누르고 부품 사이를 배선한다. 여기에서 Esc를 누르면 선 연결이 해제된다.

④ 회로도 화면의 확대와 축소는 키보드의 CTRL 키를 누른 채 마우스의 스크롤을 이용한다. 또는 마우스와 화면의 우측 및 하단의 바를 이용하여 회로 전체를 이동시킬 수 있다.

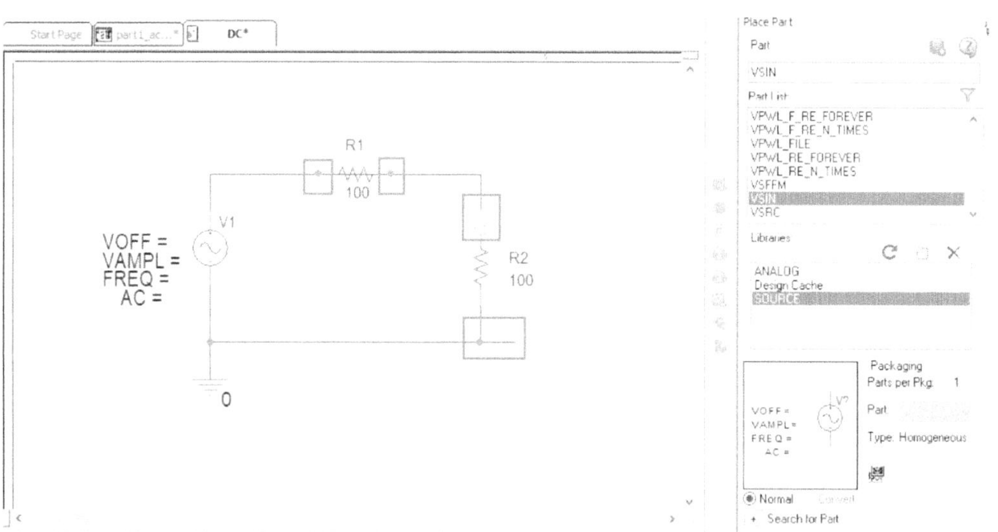

[그림 1-13] 잘못된 회로 구성의 예

⑤ 부품과 선 전체를 마우스로 선택하여 적당한 위치로 옮길 수 있다.

⑥ 최종 완성된 회로 구조는 [그림 1-14]와 같다(단, 부품값들은 미 입력상태).

■ **잘못 연결된 회로 구성의 예**

[그림 1-13] 회로도는 대표적인 오류들을 보여준다.

- 부품과 부품 사이에 선들이 겹치는 경우, 빨강 점 '●' 로 표시되어 오류를 나타낸다(저항 R1 회로연결).

- 3개 이상의 회로 경로들이 연결한 곳에서는 반드시 빨강 점 '●' 로 표시돼야 하나 그렇지 않은 경우의 오류(저항 R2 하단)

- 회로 연결이 완성되지 못한 오류(저항 R2 상단)

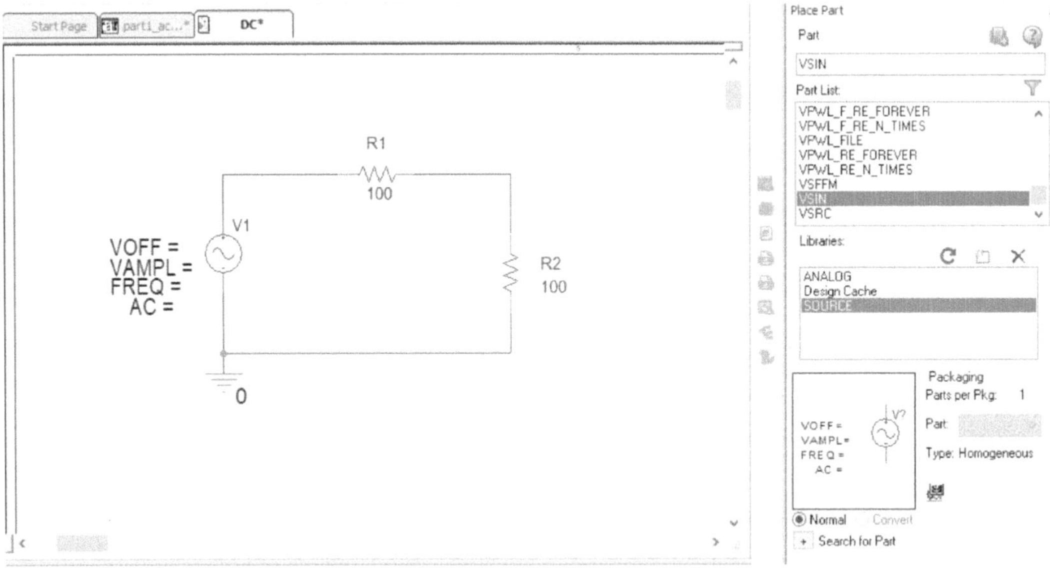

[그림 1-14] 최종 완성된 교류 기초 회로

1.2.5 부품 이름, 번호 및 값 변경([그림 1-14] 회로도 기준)

① 부품은 부품 번호와 부품값으로 표시된다. 부품 번호와 부품값을 클릭하면 원하는 값으로 바꿀 수 있는 상태가 된다. [그림 1-15]에 결과를 표시한다.

② 교류전원인 VSIN 부품의 V1를 클릭한 후 팝업 창에 새로운 이름 V_S를 입력하고 OK 버튼을 클릭한다.

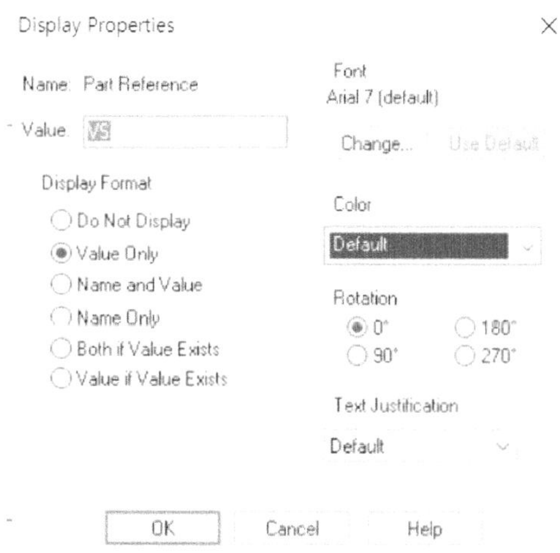

[그림 1-15] 교류전원의 새 이름 및 번호 표시의 예

③ 교류전원(Vs)의 크기를 표시하는 각 항목의 값을 아래 수식에 근거하여 입력한다. [그림 1-14] 회로도에서 V1의 좌측에 표시된 각 항목을 클릭하면 아래와 같이 값을 변경할 수 있다.

아래 항목별 값들은 이후 시뮬레이션 예제에서 다루어질 교류전원의 특성을 표시한다. [그림 1-16]에 항목별 팝업 창들을 볼 수 있다.

- 교류전원의 수식 표기 $V_s = 2[V] + 100\sin(2\pi \cdot 1KHz\, t) \quad m[V]$
- V_{off}(offset전압) 2[V], FREQ(주파수) 1KHz(주기 1ms),
  V_{AMPL}(진폭) 100m[V]

④ R1 소자의 저항값을 클릭한 후 팝업 창에 새로운 값으로 100을 입력하고 OK 버튼을 클릭함으로써 값을 변경한다. R2도 해당 값을 입력한다. [그림 1-17]에서 해당 내용을 볼 수 있다.

⑤ 회로도의 모든 부품의 값이 입력되어 완성된 회로는 [그림 1-18]과 같다

(a) (b) (c)

[그림 1-16] 정현파 교류전압(Vsin)의 값 입력

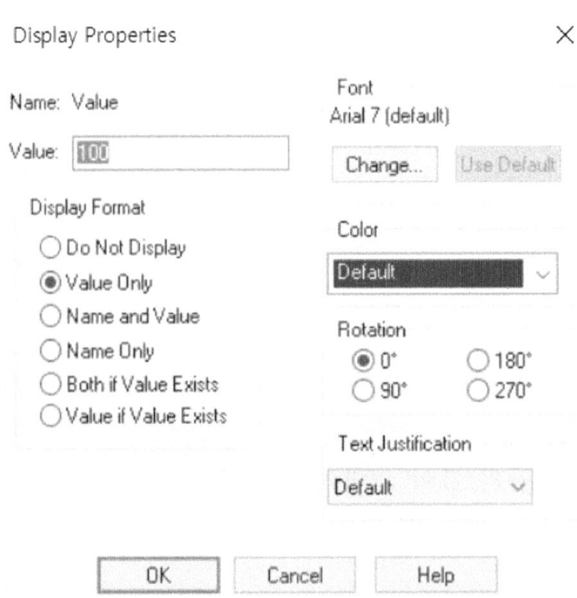

[그림 1-17] 저항(R1 또는 R2) 값의 입력

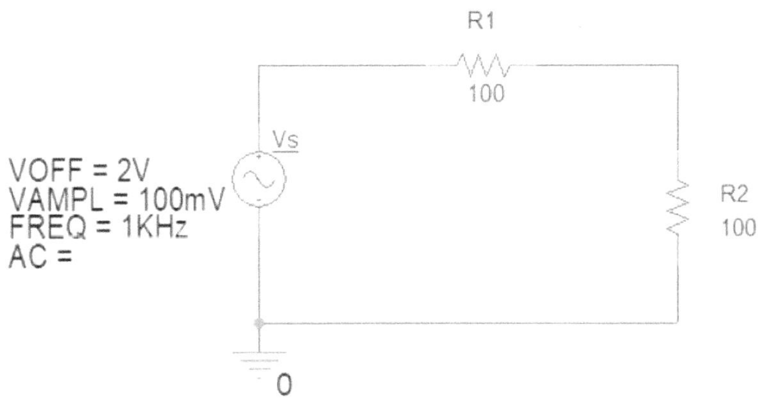

[그림 1-18] 완성된 교류 기초 회로

1.2.6 Pspice 실행(run)을 위한 profile 열기

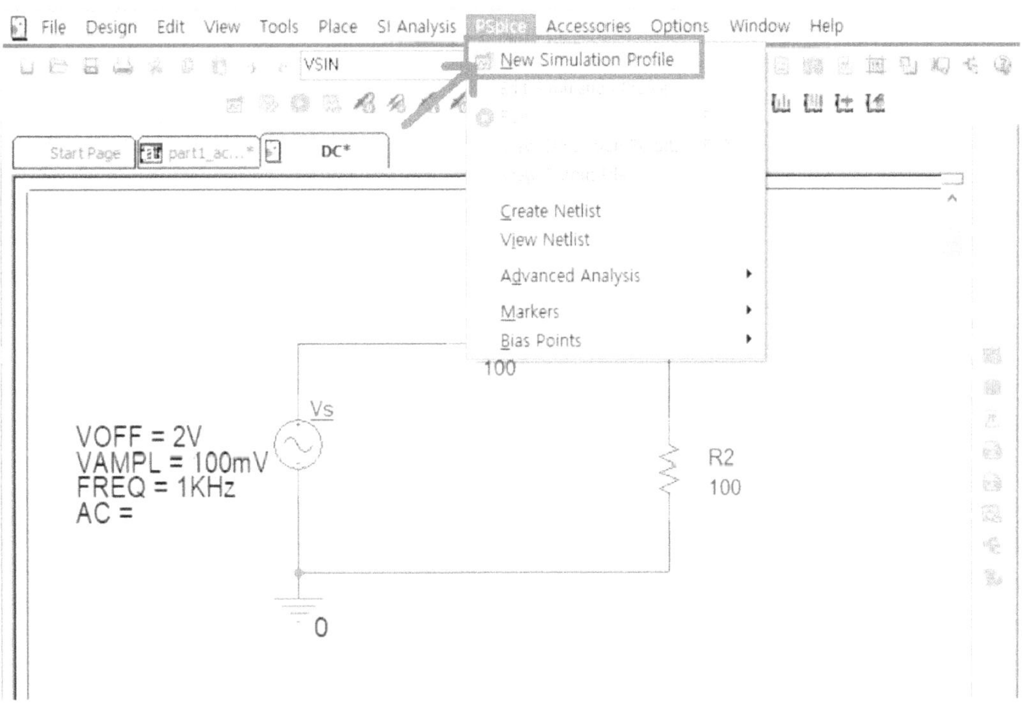

[그림 1-19] 시뮬레이션 실행을 위한 Profile 설정

완성된 회로를 바탕으로 시뮬레이션을 실행(run)하기 위해서 환경설정을 한다. 환경설정은 다음 단계들로 구성된다.

① 시뮬레이션 결과들을 모아 폴더들로 저장하기 위해 '<u>New simulation profile</u>' 이름을 설정한다. 시뮬레이션 결과들의 성격에 맞게 적절한 것을 영문으로 기입한다.

[그림 1-19]에서 내용을 볼 수 있다.

② **<u>시뮬레이션 setting</u>**(환경설정)

시뮬레이션 전체 결과에 영향을 주는 설정이므로 매우 중요하다.

시뮬레이션 형식에 따라 Analysis 타입이 시간축 해석인지 주파수 응답특성 해석인지 구분한다. 시간축 해석인 경우 Time domain을, 주파수 해석인 경우 AC sweep을 선택한다. 이후 상세한 설명이 그림과 함께 제공된다.

1.2.7 시뮬레이션 환경설정(Simulation Setting)

[그림 1-19] 상단의 Pspice 메뉴의 툴바 중에서 'Edit simulation profile'을 누르면 Simulation Setting 창을 볼 수 있다. 이는 시뮬레이션에 큰 영향을 주니 다음과 같이 적절한 설정을 한다.

① General Tab 내의 설정 내용 확인

[그림 1-20]에 □ 표시된 내용들을 확인한다. □ 표시가 되지 않은 항목들은 본 회로 시뮬레이션에 큰 영향을 주지 않으므로 그냥 두기로 한다. 시뮬레이션을 실행 결과 파일들을 저장하는 경로를 살펴본다. **<u>디렉토리 이름과 파일 이름에 한글이 있는 경우</u>** 시뮬레이션 실행이 되지 않으므로 영문으로 바꾼다.

<u>② Analysis Tab 설정(time domain 항목설정)</u>

Analysis type에서는 시뮬레이션 형식을 결정한다. [그림 1-21]에 □ 표시를 했으니 다음 상세 내용들을 살펴본다.

-<u>Analysis type</u> : Time Domain (Transient)을 비롯하여 4가지 있으나 본 예제에서는 Time Domain을 선택한다.

-<u>Run to time</u> : 시뮬레이션 실행시간을 나타낸다. 이를 위해 교류전원의 주기를 먼저 계산한다. 주파수가 1KHz 이므로 주기는 1ms이고, Run to time에 5ms를 입력하면 5주기의 파형을 디스플레이 창에 보여준다.

-<u>Max. step size</u> : 시뮬레이션 실행시간 내에서 결과를 계산하기 위한 시간 간격(해상도)을 설정하는 것으로 일반적으로 주기의 1/100 정도가 적당하다. 간격이 너무 작으면 표시된 파형의 왜곡이 발생한다.

[그림 1-20] 시뮬레이션 결과를 저장하는 경로 확인 및 한글 점검

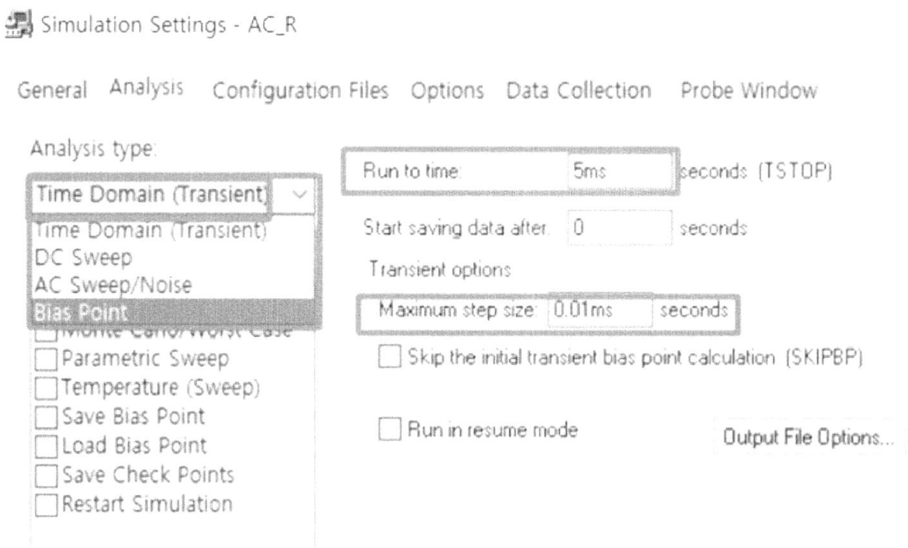

[그림 1-21] 시뮬레이션 환경 설정(Time domain analysis)

1.2.8 Pspice – 실행(run)

Pspice메뉴에서 'Run' 버튼을 누르면 시뮬레이션이 실행된다.

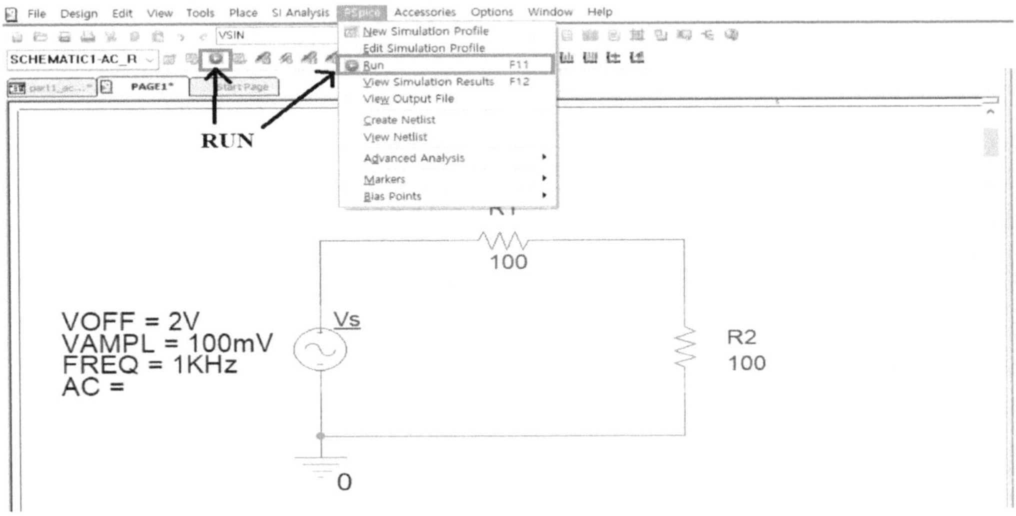

[그림 1-22] 시뮬레이션 실행(Run)

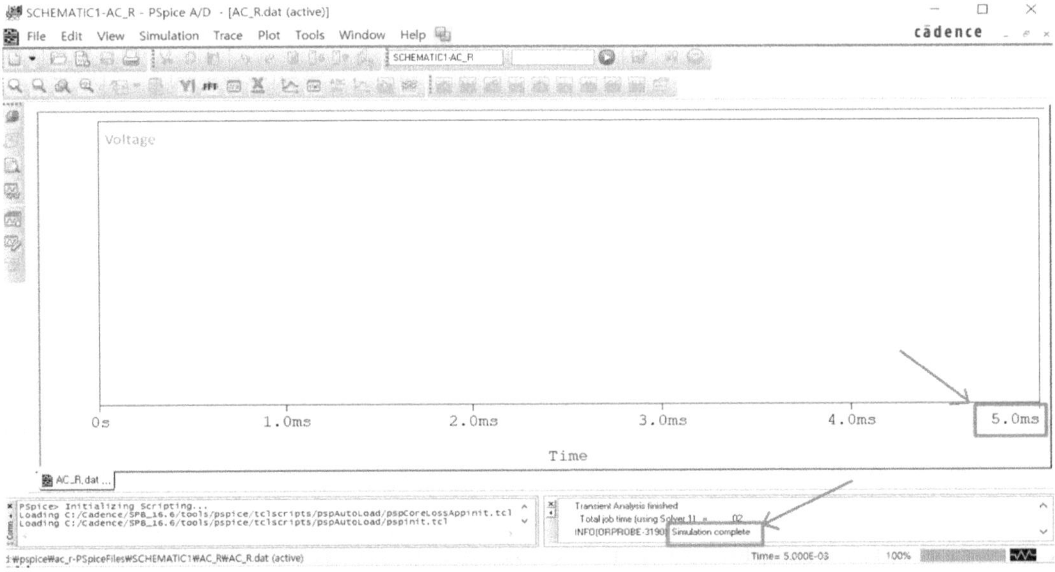

[그림 1-23] 시뮬레이션 완료 확인 및 결과 창

[그림 1-23]의 우측 하단에 보면 'simulation complete' 표시를 볼 수 있어 시뮬레이션이 성공적으로 실행된 것을 확인한다.

시뮬레이션 결과를 나타내는 디스플레이 창에서 수평축은 시간 축으로 Run to time에서 설정한 5ms를 나타낸다. 즉, 주파수가 1KHz 인 교류신호 파형을 5주기 볼 수 있다. 한편, 세로축은 전압(voltage)을 표시한다.

1.2.9 시뮬레이션 결과표시

1) 예제 회로의 해석([그림 1-24])

[그림 1-24] 회로는 2개의 직렬 저항이 정현파 교류전원과 연결된 회로다. 이 회로는 다음과 같이 ohm 법칙을 이용하여 회로의 총전류(I_T)와 각 저항에 걸린 전압이 다음과 같이 해석된다.

- 총 저항: R1+R2=200Ω
- 총 전류(I_T)= $V_s/(R1+R2) = 10\,m[A] + \ 0.5\sin(2\pi \cdot 1KHz\,t)m[A]$
- 각 저항에 걸린 전압은 R1, R2 모두 같은 저항이므로 전원 Vs의 1/2이며
  $V_{R1} = V_{R2} = 1[V] + 50\sin(2\pi \cdot 1KHz\,t) \quad m[V]$ 이다

2) 교류전원 표현

[그림 1-24] 회로에서 교류전원(Vs)와 저항 R2에 걸린 전압에 대한 시뮬레이션 결과를 표시한다. [그림 1-24] 의 상단에 있는 각종 마커들( ) 중에서 하나를 선택한다. 교류전(압)원에 대한 시뮬레이션 결과를 보기위해 전압 마커( )를 툴바에서 선택하여, [그림 1-24]처럼 전압 프로브( )를 교류전원(Vs) 상단에 위치시킨다. 전압 프로브( )는 키보드의 'R' 버튼을 누르면 방향이 90도 간격으로 회전한다.

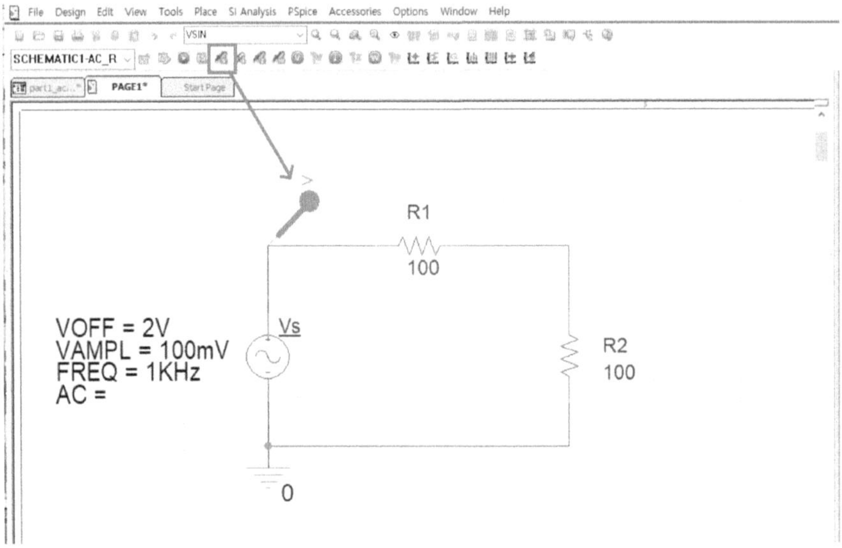

[그림 1-24] 시뮬레이션 결과를 위한 전압 프로브사용

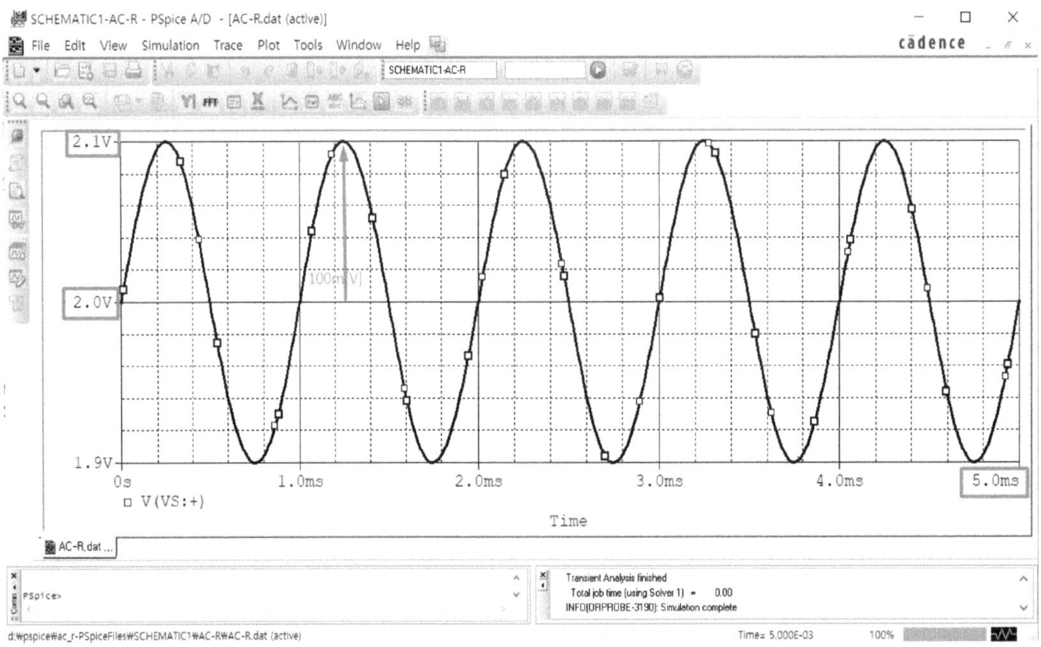

[그림 1-25] 시뮬레이션 결과 화면 창

시뮬레이션 결과는 [그림 1-25]의 디스플레이 창에서 볼 수 있다. 수평축의 끝 지점은 5ms로 5주기의 교류신호를 표현하고 있고 세로축의 중심은 offset 전압인 2.0[V]이고 교류신호의 진폭(amplitude)은 100m[V]이다. 이러한 교류신호를 식으로 표현하면 다음과 같다.

$$V_s = 2[V] + 100\sin(2\pi \cdot 1KHz\, t) \quad m[V]$$

3) 저항 R2에 걸린 전압의 표현

저항 R2에 걸린 전압은 교류전원의 1/2 값이므로 다음과 같이 수식으로 표현된다. 주파수는 교류전원과 같다.

$$1[V] + 50\sin(2\pi \cdot 1KHz \cdot t)\, m[V]$$

시뮬레이션 결과를 얻기 위해서는 [그림 1-26]처럼 저항 R2의 상단지점에 전압 프로브( )를 위치하고 시뮬레이션을 실행(run)한다.

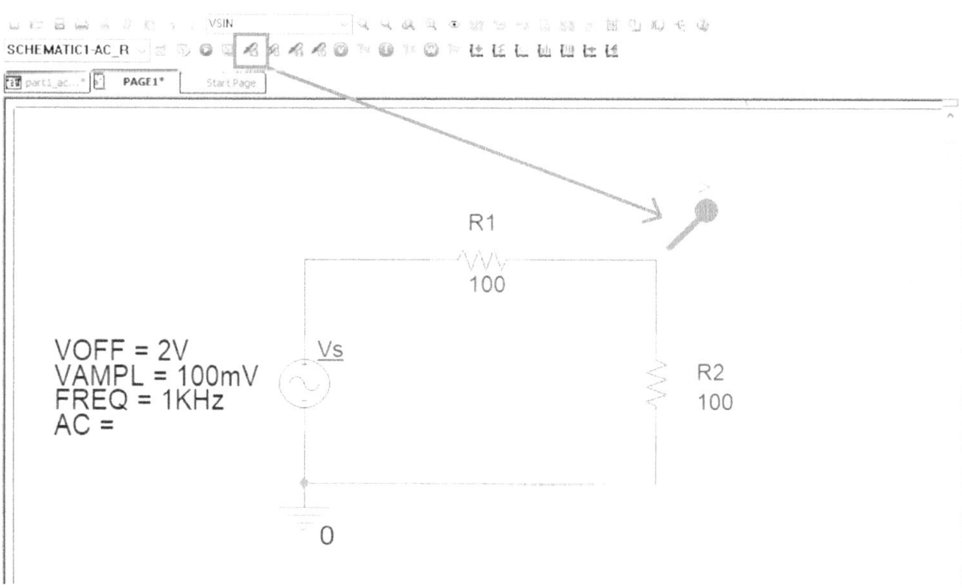

[그림 1-26] 예제 회로에서 저항 R2에 걸린 전압을 얻기 위한 전압프로브 위치

[그림 1-27]은 시뮬레이션 실행 결과 얻어진 전압을 plot 한 결과이다. 그림에서 파형의 진폭, offset 전압 그리고 주기 등이 수식과 같은 값인지 확인한다.

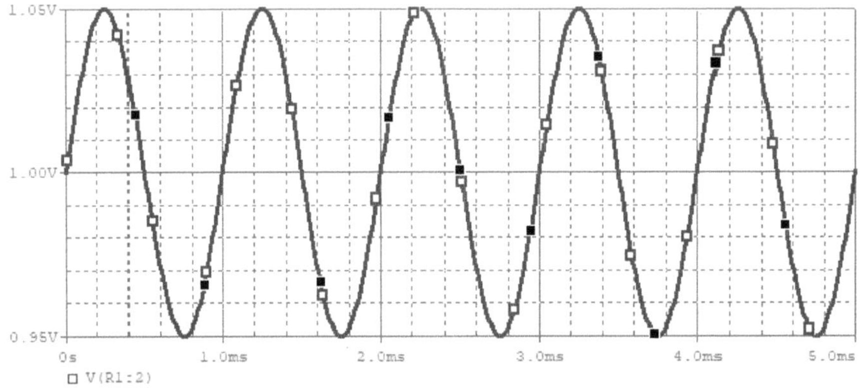

[그림 1-27] 저항 R2에 걸린 전압의 시뮬레이션 결과 파형

시뮬레이션 결과 보고 양식

실험 제목	기초 교류회로의 시뮬레이션	제출자 이름	

1. 개인별 시뮬레이션 회로도(schematic page) 캡처 사진

※시뮬레이션 회로([그림 1-26])의 개인별 교류전원 설정값
-offset 전압: (2+ 0.1x) [V]
-교류신호 진폭(Vampl): (200+10x)m[V]
-주파수: (10+0.1x)KHz

※ 개인별 학번의 끝자리수를 x라 한다

2. 시뮬레이션 결과 파형 및 수식표현

	저항 R2에 걸린 전압
시뮬레이션파형의 캡처화면	
수식표현	

3. 시뮬레이션 데이터 분석 및 이해된 내용

- 회로이론에 근거한 식 유도(1.2.9 절 참조) 및 시뮬레이셔 결과와 비교
- 시뮬레이션을 통해 이해된 내용

제2장 기초 교류회로

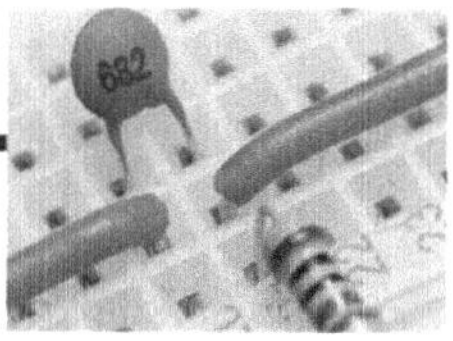

기초이론

시뮬레이션/실험

시간에 따라 전압 또는 전류의 크기와 주파수 등이 변화하는 신호를 교류신호라 한다. AC(alternating current)라 하며, [그림 2-1](a)처럼 일정한 파형(사인파, 사각파, 삼각파)이 주기(T)를 가지고 반복하는 교류신호가 있으며, [그림 2-1](b)처럼 불규칙한 아날로그 신호가 있다. 또한, [그림 2-1](c)와 같은 잡음신호는 통신시스템에서 중요한 정보로 취급된다

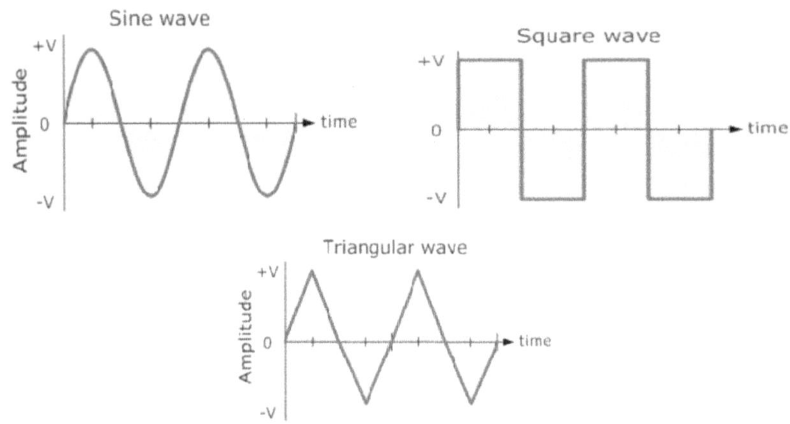

(a) 주기적인 교류신호

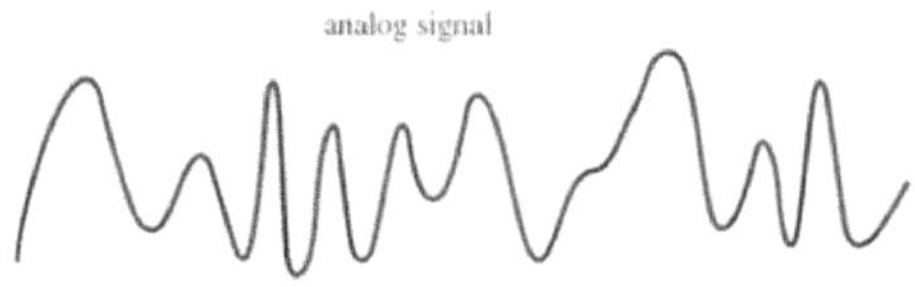

(b) 비주기적인 아날로그 신호

(c) 잡음신호

[그림 2-1] 교류신호의 종류

위와 같이 여러 종류의 교류신호가 있으나 정현파(사인 또는 코사인) 주기 신호를 통해 교류신호 특성을 쉽게 이해할 수 있다. 대표적인 주기 신호는 가정이나 사무실에서 벽면 콘센트로부터 입력되는 60Hz 주파수를 갖는 220[V] 교류전원이 있다. 또한, 통신시스

템에서 크기는 작으나 산업계 응용에 따라 다양한 주기 또는 주파수를 갖기도 한다.

본 장에서는 정현파 신호를 기본으로 교류신호의 기본특성과 교류회로에서 전압과 전류에 대한 기초이론을 전개한다. 교류회로에서의 전압과 전류는 직류회로와 같이 옴의 법칙, 키르히호프의 법칙이 그대로 적용된다.

교류회로를 구성하는 부품은 수동부품으로는 저항과 커패시터(capacitor) 및 인덕터(inductor)가 있으며, 능동부품으로는 트랜지스터(transistor)를 포함한 각종 IC (integrated circuit) 등이 있다. 본 장에서는 우선 기초 교류회로로 저항을 중심으로 한 교류이론을 도입한다.

교류회로의 성능을 측정하고 평가하는데 필수적인 장치가 오실로스코프(oscilloscope)다. 전기・전자 및 통신 업종에 종사하는 엔지니어들에게 매우 중요하면서도 필수적인 장치이기도 하다. 이의 사용법을 본 장에서 다룬다.

한편, 회로가 복잡해지고 직류와 교류를 포함하는 전원이 사용될 때 이론적인 계산과정을 통해 회로를 해석하는 방법에는 한계가 있어 시뮬레이션하게 되면 회로해석 능력이 향상된다. 본 교재에서는 시뮬레이션 장치로 Cadence 사의 ORCAD Capture (Pspice) 를 이용하여 주어진 회로를 해석한다.

본 장의 핵심주제들은 다음과 같다.

- 교류회로에 대한 기초이론 이해
- 기초 교류회로의 시뮬레이션 방법 이해
- 기초 교류회로의 측정 방범과 오실로스코프의 사용법 이헤

2.1 주기적인 교류 신호

주기적인 교류신호는 [그림 2-2]와 같이 한 주기(T) 내의 기본 파형의 종류에 따라 정현파인 사인파, 사각파, 삼각파, 사다리꼴들과 같이 달라진다.

본 장의 이론은 대부분 정현파, 특히 사인파를 중심으로 소개한다.

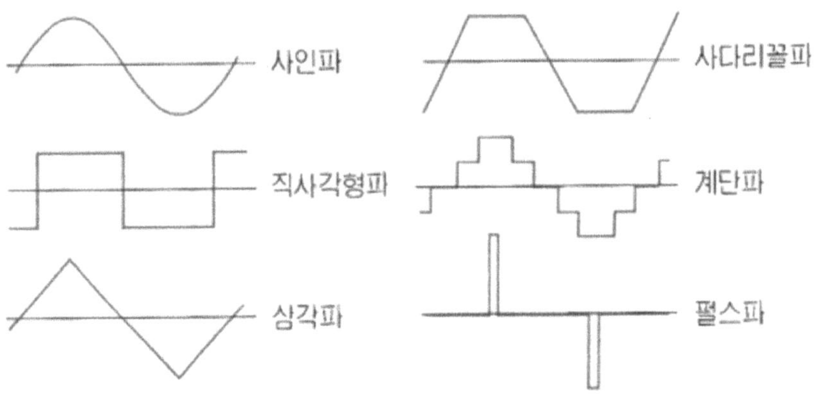

[그림 2-2] 주기적인 교류신호의 종류

2.1.1 정현파 신호의 주파수, 주기 및 offset 전압

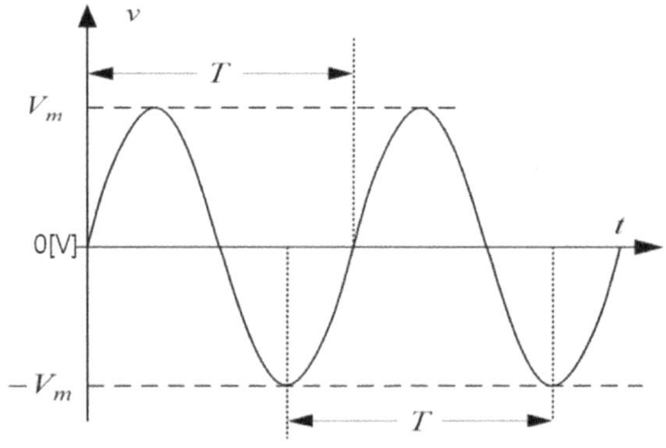

[그림 2-3] 일반적인 정현파의 파형

1 사이클로 완성되는 주기 T를 갖는 정현파는 시간 축 상에서 [그림 2-3]과 같이 표현되며 주로 전압을 중심으로 설명된다.

[그림 2-3]에서 보는 것처럼 극성은 ½사이클마다 바뀐다. 주기(T)가 얼마나 빠른 속도로 반복하는가를 나타내는 것을 각속도 ω 라 부르며, 교류신호의 주파수를 이용하여 $\omega = 2\pi f$로 표현된다. 또한, 주기 $T = 1/f$ 관계를 갖는다.

정현파는 일반적으로 중심 전압(offset)을 중심으로 사인(sine) 또는 코사인(cosine)으로 표현하여 사인으로 표현된 것은 식 (2-1)과 같다.

$$v(t) = V_{offset} + V_m \sin(\omega t + \phi) = V_{offset} + V_m \sin(2\pi f t + \phi) \qquad (2\text{-}1)$$

여기에서 V_m 은 정현파의 진폭(amplitude), V_{offset}은 offset 전압, ω는 각주파수, ϕ는 위상 각이다.

- 1 사이클, 주기, 주파수의 관계는 다음과 같다.
  ① 주기(T): 어떤 함수가 완전히 한 사이클, 즉 주기를 거치며 매 T초마다 반복된다.
  ② 정현파의 주기와 각주파수(ω)의 관계: $T = 2\pi/\omega$
  ③ 주파수(frequency): $f = 1/T = \omega/2\pi\,[Hertz, Hz]$
  ④ 주파수와 각 주파수(ω)의 관계는 다음과 같다. $\omega = 2\pi f$

■ Offset 전압을 갖는 정현파 신호

[그림 2-4](a) 교류신호의 중심 전압은 0[V]이다. 그러나 [그림 2-4](b)처럼 산업용 전자 또는 통신 제품에서 처리되는 대부분 교류신호의 중심전압은 직류전압을 가지고 있다. 이를 offset 전압으로 칭하고 일반적으로 다음 식처럼 표현한다.

$$V(t) = V_{offset} + V_m \sin(2\pi f\, t)\ [V] \qquad (2\text{-}2)$$

이러한 교류신호는 **직류전압(offset전압)+교류전압신호**로 구성돼 있다.

[그림 2-4](b) 신호는 크기(amplitude)가 100m[V]이고 주기가 1ms(주파수는 1KHz), 그리고 2[V]의 offset 직류전압을 갖는 파형이다. 이를 식으로 쓰면 다음과 같다.

$$V(t) = 2[V] + 100\sin(2\pi \cdot 1KHz\ t)\ m[V]$$

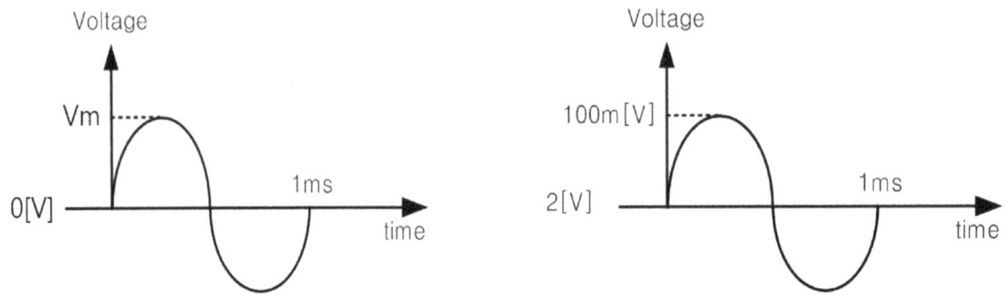

(a) 옵셋(offset)이 없는 교류전압신호 (b) 2[V] 옵셋(offset)을 갖는 교류전압신호

[그림 2-4] 옵셋(offset) 전압을 갖는 정현파 신호파형의 예

2.1.2 교류신호 전압 크기

[그림 2-1]과 같은 다양한 교류신호 들의 파형은 시간에 따라 전압 또는 전력크기가 변한다. 이들의 전력 크기를 비교하여 관련 회로에 적용해야 하고, 때로는 직류전압과 비교도 필요하다.

따라서 시간과 무관하게 교류파형의 전압 크기를 표현하면 직류 또는 여러 교류파형들의 전압 크기를 비교할 수 있다. 이를 위해 다음과 같은 값들이 정의된다.

■ **첨두치값(** Vpp**):**

교류전압 신호의 진폭(amplitude)을 기준으로 첨두치 값(Vpeak to peak(Vpp))으로 표현된다. [그림 2-5]에서 보듯이 양의 최대 진폭의 최댓값($V_{\max}$)에서 최솟값($V_{\min}$)까지 걸친 값으로 $V_{pp} = V_{\max} - V_{\min}$으로 정의된다.

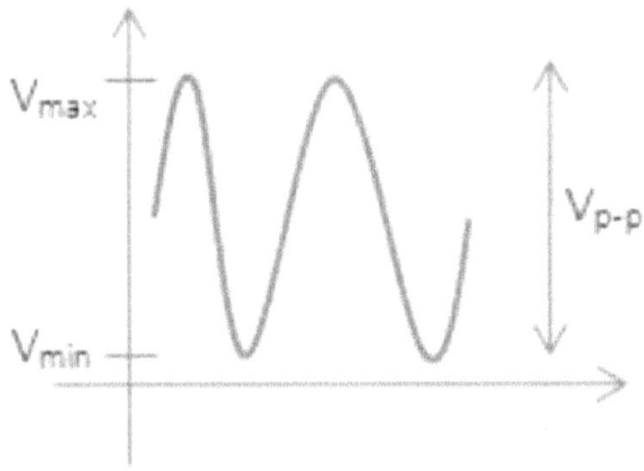

[그림 2-5] 교류신호의 V_{PP} 값 표시

■ **평균값(V_{avg}):**

주기적인 교류신호는 전체 1 사이클을 적분하고 주기로 나눠서 전체 평균값으로 정의한다. 그러나 정현파의 경우 반 주기 간격으로 양과 음의 값을 교대하므로 전체 1 사이클의 평균값 = 0이 되어 크기를 측정할 수 없다. 따라서 [그림 2-6]처럼 반주기(½사이클)에 들어있는 모든 값을 평균한 값으로 다음 식과 같이 주어진다.

$$V_{avg} = \frac{1}{T/2}\int_0^{\frac{T}{2}} v(t)\, dt \qquad (2\text{-}3)$$

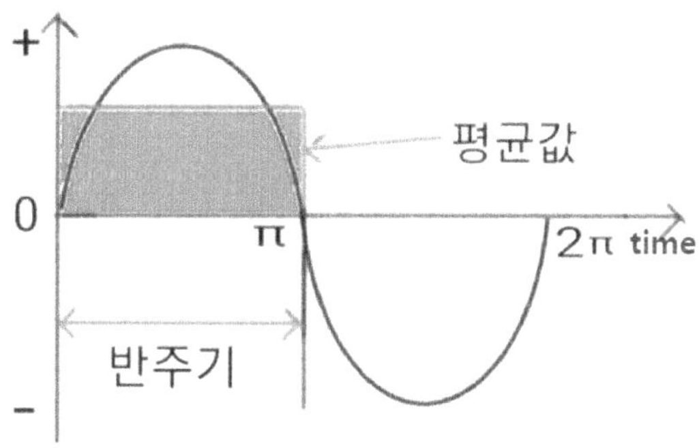

[그림 2-6] 정현파 신호의 평균 값 표현

■ **실효값(V_{rms})**

교류신호를 직류와 같은 개념으로 취급하여 다음 식 (2-4)와 같이 정의한다. 계산과정은 수학 연산 과정인 root mean square을 역순으로 따르고 교류신호의 '실효값' 또는 연산식의 첫 자들을 모아 'RMS' 값이라 칭한다.

$$V_{rms} = \sqrt{\frac{1}{T}\int_0^{T} v(t)^2\, dt} \qquad (2\text{-}4)$$

실효값은 교류신호의 크기를 나타내는 데 대표적으로 사용된다. 정현파, 사각파, 펄스파 등 교류파형의 종류를 가리지 않고 교류전압 크기가 직류전압으로 변환되므로 교류신호 들 사이의 크기 비교 및 직류 전압과도 상호 비교할 수 있다. 일상 가정이나 사무실의 벽면 콘센트에서 사용하는 전기의 크기인 220[V]도 실효값이다.

■ 정현파의 크기 계산 및 비교

주기적인 교류신호를 대표하는 정현파를 교류회로에 많이 사용한다. 식 (2-5)로 쓰이는 정현파의 평균값과 실효값은 식 (2-3)과 식 (2-4)를 이용하여 구할 수 있다.

한편, 정현파에서는 진폭(V_m)이 주어지면 식 (2-6)과 식 (2-7)에 대입하여 간단히 계산한다.

$$v(t) = V_m \sin(2\pi f\ t) \tag{2-5}$$

$$\text{평균값} = 0.637 \times \text{진폭}\ (V_m) \tag{2-6}$$

$$\text{실효값} = 0.707 \times \text{진폭}\ (V_m) \tag{2-7}$$

■ 정현파의 Vpp, Vavg, Vrms 비교

[그림 2-7]에는 정현파 신호에 대해 지금까지 표현된 값들을 비교할 수 있다.

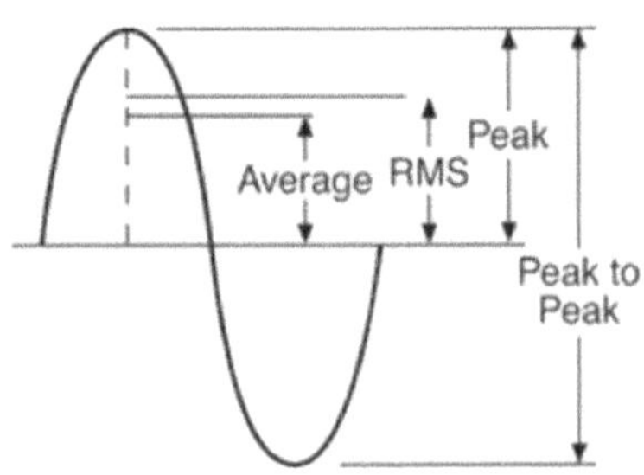

[그림 2-7] 정현파 신호의 평균값(V_{avg}), RMS 값(V_{rms}), 첨두치값(Vpp) 비교

■ Offset 전압을 갖는 정현파의 크기

정현파 전압신호의 중심전압이 일정한 크기의 직류전압(V_{offset})을 갖는 경우 직류전압과 교류 전압신호를 분리하여 계산한 후 더한다.

즉, 직류전압(V_{offset})=평균전압=RMS 전압이 모두 같으므로, 직류전압인 Offset 전압을 갖는 정현파 신호의 평균 전압이나 RMS 전압은 교류신호와 직류전압(V_{offset})을 별도로 계산해야 한다.

2.2 기초 교류회로 해석

정현파 교류전압(원)을 교류회로에 인가하면 회로를 구성하는 모든 부품에 걸리는 전압이나 흐르는 전류도 정현파가 된다. **이들은 교류전압(원)과 같은 주파수를 가지며 부품의 특성에 따라 크기가 달라진다.**

회로를 구성하는 부품은 저항, 커패시터, 인덕터, 트랜지스터 및 각종 IC(integrated circuit)들이 될 수 있으나, 본 질에서는 교류회로에 대한 기초개념을 이해하기 위해 우선 저항으로 구성된 회로를 다룬다.

교류 회로에서 전압 전류 특성은 다음과 같다.

- 정현파 교류전압을 저항에 연결하면 흐르는 전류도 정현파다
- 저항에 흐르는 전류와 저항에 걸리는 전압의 주파수는 같다.
- 교류전압과 전류에 대한 해석은 옴의 법칙과 키르히호프 법칙에 따른다.

2.2.1 직렬교류회로

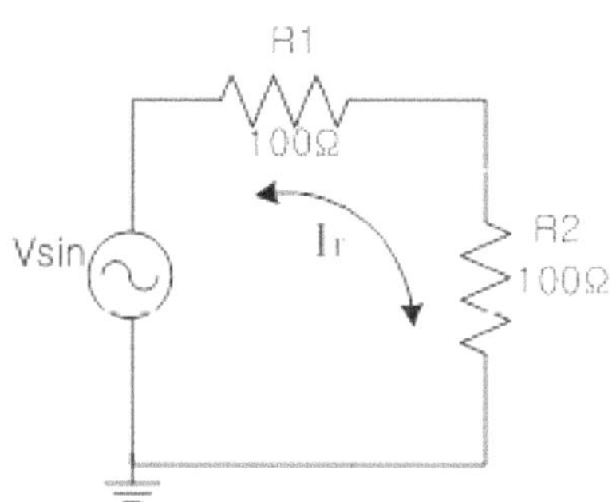

(a) 직렬 교류회로 구성

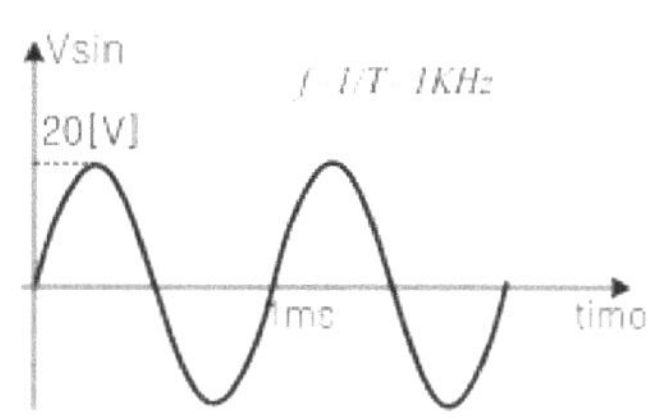

(b) 교류 전압(원)

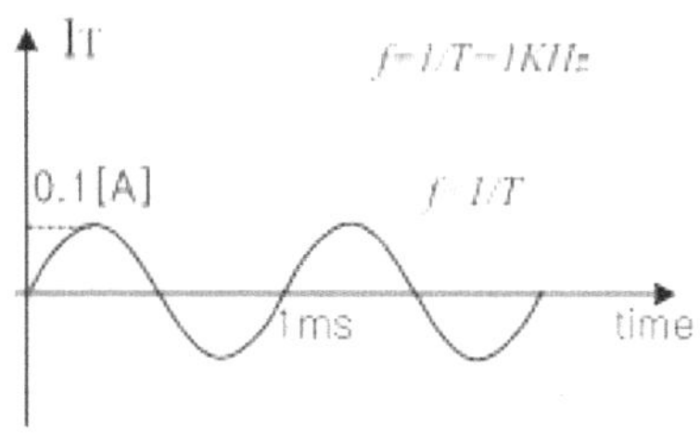

(c) 회로에 흐르는 교류전류(IT)

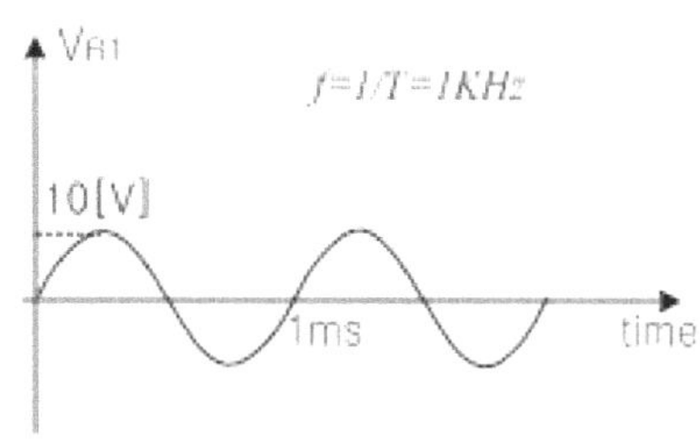

(d) 저항(R1,R2)에 걸리는 전압파형

[그림 2-8] 직렬 저항회로에서 교류전압 및 전류 해석의 예

[그림 2-8](a) 회로 예제는 저항 2개가 직렬로 연결된 교류회로다. [그림 2-8](b)는 회로에 공급되는 교류전압($V_{\sin}$)이며, 주기 1ms(주파수 1KHz)를 갖고 다음 식 (2-8)처럼 정현파로 표현된다.

$$V(t) = 20\sin(2\pi \cdot 1KHz \cdot t)\ [V] \tag{2-8}$$

회로에서 2개의 저항이 직렬연결되었고 총 저항이 200Ω이므로 회로에 흐르는 전류(I_T)는 옴의 법칙에 따라 다음 식처럼 쓸 수 있다.

$$\begin{aligned} I_T &= 20\sin(2\pi \cdot 1KHz \cdot t)/200\,\Omega\ [A] \\ &= 0.1\sin(2\pi \cdot 1KHz \cdot t)\ [A] \end{aligned} \tag{2-9}$$

또한, 2개의 저항은 같은 값이므로 각 저항은 다음 식처럼 표현된 같은 전압을 갖는다.

$$V_{R1} = V_{R2} = 10\sin(2\pi \cdot 1KHz \cdot t)\ [V] \tag{2-10}$$

다른 방법으로 옴을 법칙에 따라 총전류(I_T)와 각 저항을 곱해서 각 저항에 걸리는 전압을 구한다.

위의 식들에 해당하는 파형을 [그림 2-8](c)와 [그림 2-8](d)에서 각기 볼 수 있다. 저항만 연결된 회로에서 흐르는 교류전류는 교류전압과 같은 주파수와 위상을 가지나 저항 크기에 따라 교류전류의 크기가 달라진다. 이는 직류회로의 해석과 같이 옴의 법칙이 적용되기 때문이다. 다만 [그림 2-8](a)에서 보는 것과 같이 **교류전류 흐름의 방향은 순방향이나 역방향이나 모두 같은 식 (2-9)로 표현**되는 것은 직류와 다르다.

위 식에서 보는 바와 같이 주파수는 전압과 전류가 같고 옴의 법칙에 따라 전압을 저항으로 나누어 주면 교류전류를 구할 수 있다. 즉, 저항값에 따라 전류의 크기만 달라질 뿐이다.

2.2.2 직·병렬교류회로

여러 저항이 직렬과 병렬로 혼합 연결된 교류회로도 역시 직류회로의 해석과 동일하다. [그림 2-9] 회로는 주파수 1KHz를 갖는 직·병렬 교류회로로 교류전원은 $V(t) = 20\sin(2\pi \cdot 1KHz \cdot t)\ [V]$로 표현된다. 교류회로를 직류와 같은 해석방법을 위해 진폭 값만 이용하고 정현파를 나타내는 $\sin(2\pi \cdot 1KHz \cdot t)$을 최종 구해진 전압이나 전류값 뒤에 붙이는 해석 방법을 소개한다.

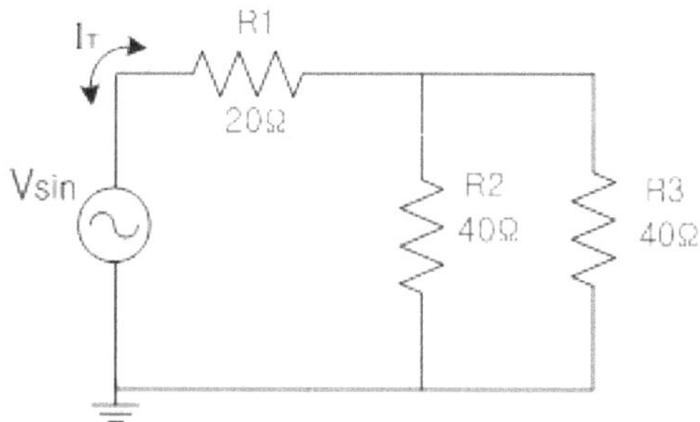

(a) 직 · 병렬 교류회로

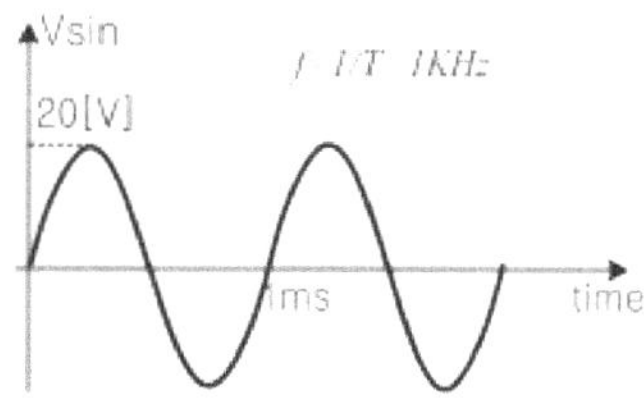

(b) 교류 전압(원)

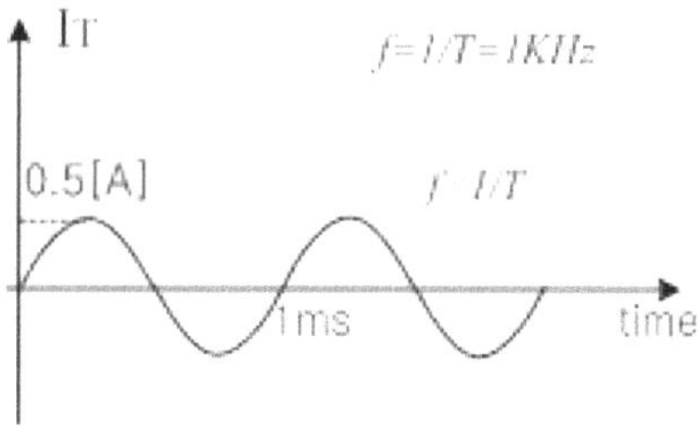

(c) 회로에 흐르는 교류전류(IT)

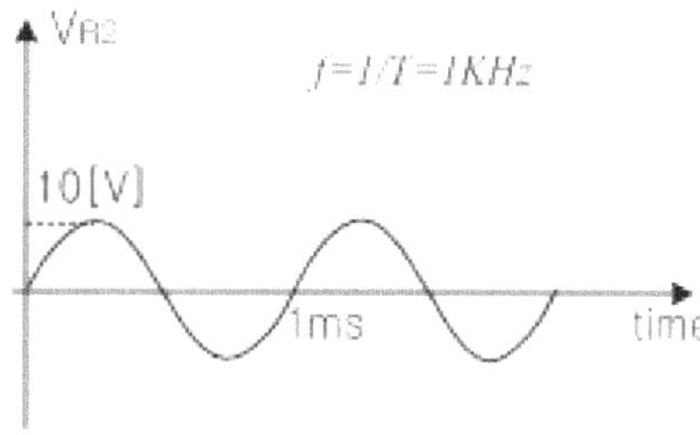

(d) 저항(R2/R3)에 걸리는 전압파형

[그림 2-9] 직 · 병렬 저항회로에서 교류전압 및 전류해석의 예

■ 회로 해석

저항(R_1)이 병렬연결된 2개의 저항과 직렬로 연결되었으며, 저항(R_2,R_3)은 같은 값을 갖는다. 따라서 총 저항 R_T는 다음과 같다.

$$R_T = R_1 + (R_2/2) = 20 + 40/2 = 40\,\Omega$$

옴의 법칙에 따라 전원 V_T가 회로에 흐르는 총 전류 I_T는 다음과 같다.

$$I_T = \frac{V_{\sin}}{R_T} = \frac{20}{40} = 0.5\ [\mathrm{A}]$$

각 저항에 흐르는 전류는 위에서 계산한 총 전류를 직류해석 방법처럼 전류 분배기 공식에 따라 계산할 수 있다. 또한, 2개의 병렬저항이 같으므로 흐르는 전류도 같다.

$$I_2 = \frac{R_3}{R_2 + R_3} \times I_T = \frac{40}{40+40} \times 0.5 = 0.25 = I_3\ [A]$$

한편, 2개의 병렬저항이 같으므로 키르히호프 전류법칙의 해석방법에 따르면 총 전류(I_T)는 각 경로에 $I_T/2$ 로 균등하게 흐른다.

각 저항에 걸리는 전압은 저항 x 전류로 계산하며, 결과 값에 $\sin(2\pi \cdot 60Hz\, t)$를 덧 붙이면 최종 얻고자 하는 전압과 전류를 도출해낼 수 있다. [표 2-1]에 [그림 2-9](a) 회로에 대한 해석 결과를 정리하였다.

[표 2-1] [그림 2-9](a) 회로의 해석 결과

회로의 저항	교류전압	교류전류
R1	$10\sin(2\pi \cdot 1KHz \cdot t)$ [V]	$0.5\sin(2\pi \cdot 1KHz \cdot t)$ [A]
R2	$10\sin(2\pi \cdot 1KHz \cdot t)$ [V]	$0.25\sin(2\pi \cdot 1KHz \cdot t)$ [A]
R3	$10\sin(2\pi \cdot 1KHz \cdot t)$ [V]	$0.25\sin(2\pi \cdot 1KHz \cdot t)$ [A]

2.3 교류회로 시뮬레이션 예제

2.2.1과 2.2.2 절에서 소개한 교류회로 이론을 시뮬레이션을 통해 쉽게 해석할 수 있다. 다음 예제를 통해 회로해석을 연습한다.

2.3.1 직류 offset을 갖는 교류전원 회로 예제

[그림 2-10]은 직류 offset 전압을 갖는 교류전원과 저항들로 구성된 회로이다. 저항에 걸린 전압과 전류를 계산한 후 [표 2-2]를 채워보자. 이 회로에 공급되는 교류전원 Vs는 다음 식과 같이 직류 offset 전압인 2[V]를 포함한 정현파로 표현된다.

$$Vs(t) = 2[V] + 100\sin(2\pi \cdot 1KHz\ t)\ m[V]$$

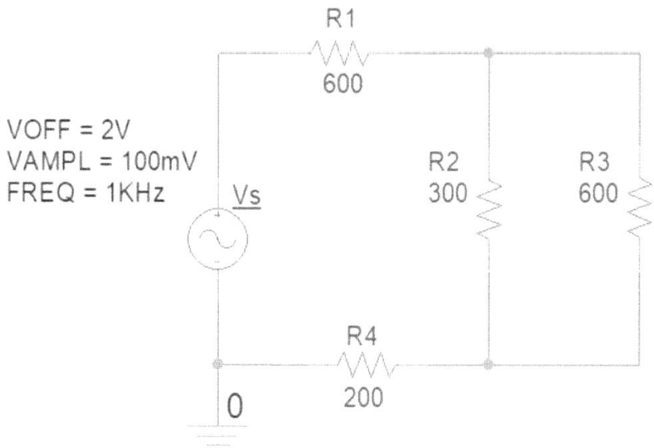

[그림 2-10] 옵셋(offset)을 갖는 교류 회로의 예

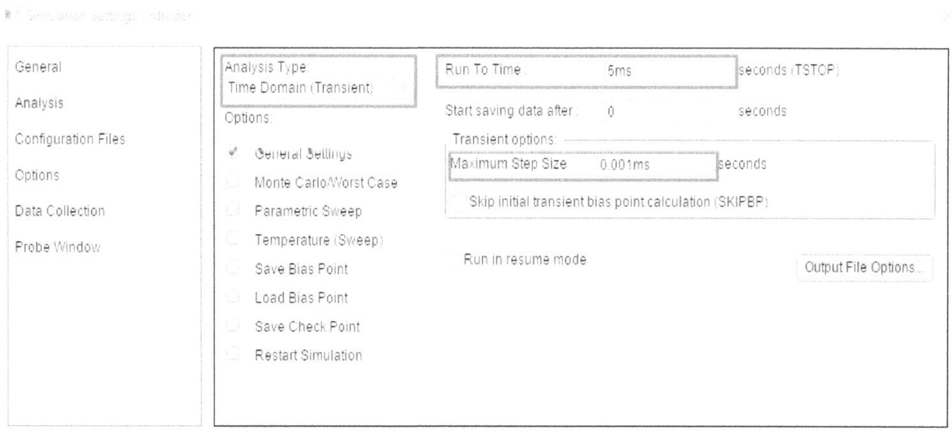

[그림 2-11] [그림 2-10] 회로의 시뮬레이션 환경설정

[그림2-10] 회로를 시뮬레이션하기 위한 환경설정을 [그림 2-11]에서 볼 수 있다.

시간 축 상에서 회로값들을 구하므로 Analysis type은 time domain을 선택하며, 교류전원의 주파수가 1KHz 이므로 주기는 1ms(1/1KHz)이고, run to time인 5ms인 경우 5주기 파형을 볼 수 있다. maximum step size는 시뮬레이션 해상도(또는 정확도)를 나타내며 여기는 0.001ms로서 주기의 약 1/1000이므로 파형의 충분한 정확도를 나타낼 것이다.

■ 이론적인 회로 해석과정

회로 해석과정

저항 R1는 병렬 저항 R3 ‖ R4, 그리고 R4와 직렬로 연결되었으므로 총 저항 RT는 다음과 같다.

$$R_T = R_1 + R_2 \parallel R_3 + R_4 = 600 + \frac{300 \times 600}{(300 + 600)} + 200 = 1{,}000$$

옴의 법칙에 따라 전원 Vs가 회로에 공급하는 총 전류 IT(t)는 다음과 같다.

$$I_T(t) = \frac{V_S}{1{,}000} = 2[V]/1{,}000 + 100\sin(2\pi \cdot 1KHz\ t)\ m[V]/1{,}000\ [A]$$
$$\fallingdotseq 2m[A] + 100\sin(2\pi \cdot 1KHz\ t)\,u[A]$$

저항 R1과 저항 R4는 직렬연결이므로 같은 전류(IT)가 흐르고, 병렬 구성을 하는 저항 R2와 저항 R3에 흐르는 각각의 전류(I2, I3)는 전류 분배기 공식에 따라 다음과 같이 계산할 수 있다.

$$I_T = I_{R1} = I_{R4}$$

$$I_2 = \frac{R_3}{R_2 + R_3} \times I_T = \frac{600}{300 + 600} \times I_T = 0.67\,I_T\ [A]$$
$$= 1.34m[A] + 67\sin(2\pi \cdot 1KHz\,t)\,u[A]$$

$$I_3 = \frac{R_2}{R_2 + R_3} \times I_T = \frac{300}{300 + 600} \times I_T = 0.33\,I_T\ [A]$$
$$= 0.66m[A] + 33.3\sin(2\pi \cdot 1KHz\,t)\,u[A]$$

각 저항에 걸리는 전압은 저항×전류로 계산한다.

이들 값을 [표 2-2]에 정리하였다.

[표 2-2] [그림 2-10] 회로의 해석 결과

구분	교류전압	교류전류
R1	$1.2[V]+60\sin(2\pi\cdot 1KHz\ t)\,m[V]$	$2m[A]+100\sin(2\pi\cdot 1KHz\ t)\,u[A]$
R2	$400m[V]+20\sin(2\pi\cdot 1KHz\ t)\,m[V]$	$1.34m[A]+67\sin(2\pi\cdot 1KHz t)\,u[A]$
R3	$400m[V]+20\sin(2\pi\cdot 1KHz t)\,m[V]$	$0.66m[A]+33\sin(2\pi\cdot 1KHz t)\,u[A]$
R4	$400m[V]+20\sin(2\pi\cdot 1KHz t)\,m[V]$	$2m[A]+100\sin(2\pi\cdot 1KHz\ t)\,u[A]$

■ 시뮬레이션을 통한 회로 해석

교류전원이 offset을 갖는 정현파 또는 사각파 등이거나 회로 구성이 복잡한 회로는 옴의 법칙이나 키르히호프 법칙을 사용한 이론적인 계산은 쉽지 않다. 그러나 기본이론을 이해를 바탕으로 시뮬레이터를 사용하는 것은 회로해석 능력을 향상시킨다.

[그림 2-12]의 화면 상단에는 회로 특정지점의 전압, 전류, 전력을 계산해주는 프로브 메뉴( )가 있다. [그림 2-12] 회로는 교류전원이 회로에 공급하는 총 전류(I_T) 파형을 볼 수 있는 전류 프로브(를 보여준다. 교류 주기의 5주기(5ms) 동안 시뮬레이션을 실행한 후 총 전류(I_T)를 디스플레이 창([그림 2-13])에 볼 수 있다.

[그림 2-13]의 총 전류 파형(I_T)은 교류전원(Vs)과 저항 R_1과 R_4 들이 직렬연결이므로 이들 저항에 흐르는 전류는 모두 총 전류(I_T)와 같다. 즉, offset 중심 전류가 $2m[A]$이므로 [표 2-2]처럼 $2m[A]+100\sin(2\pi\cdot 1KHz\ t)\,u[A]$로 표시된다. 참고로, 전류 프로브는 부품의 양끝단에 정확히 위치시켜야 한다.

[표 2-2]에서 저항 R4 양단에 걸리는 전압은 $400m[V]+20\sin(2\pi\cdot 1KHz t)\,m[V]$ 이다. 이를 시뮬레이션을 통해 확인하기 위해 [그림 2-14]와 같이 전압프로브( )를 선택하고 R4 저항의 우측에 위치시켜, 시뮬레이션을 실행시키면 디스플레이 창([그림 2-15])에서 결과를 볼 수 있다. 이 파형에서 offset으로 표시된 중심전압인 400m[V]를 확인해 본다. 참고로, 전압프로브( )는 접지를 기준으로 프로브가 놓여있는 지점의 절대전압을 나타낸다.

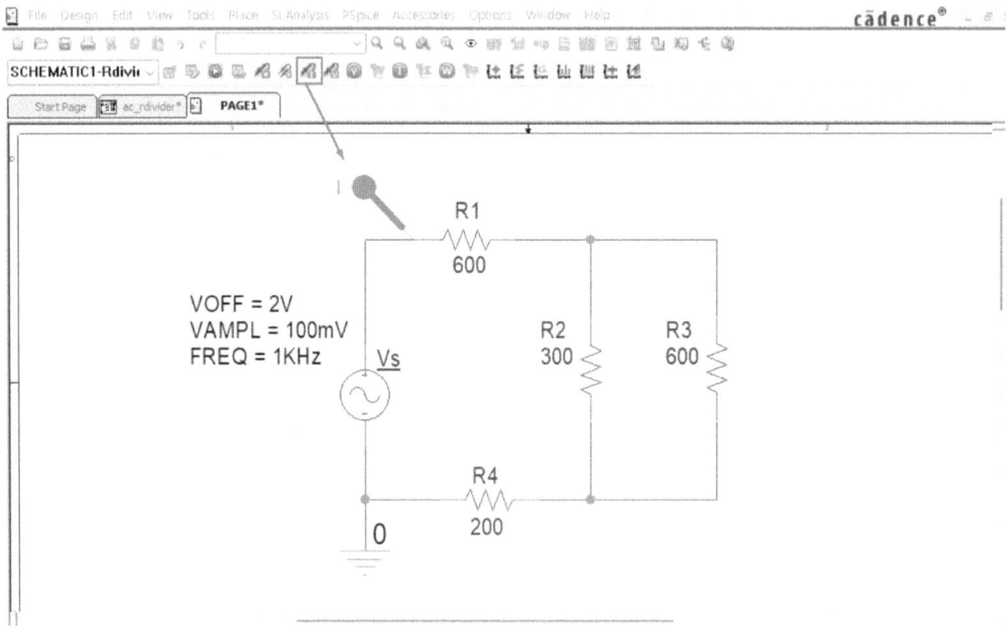

[그림 2-12] 교류 회로의 시뮬레이션 회로(총 전류 측정)의 예

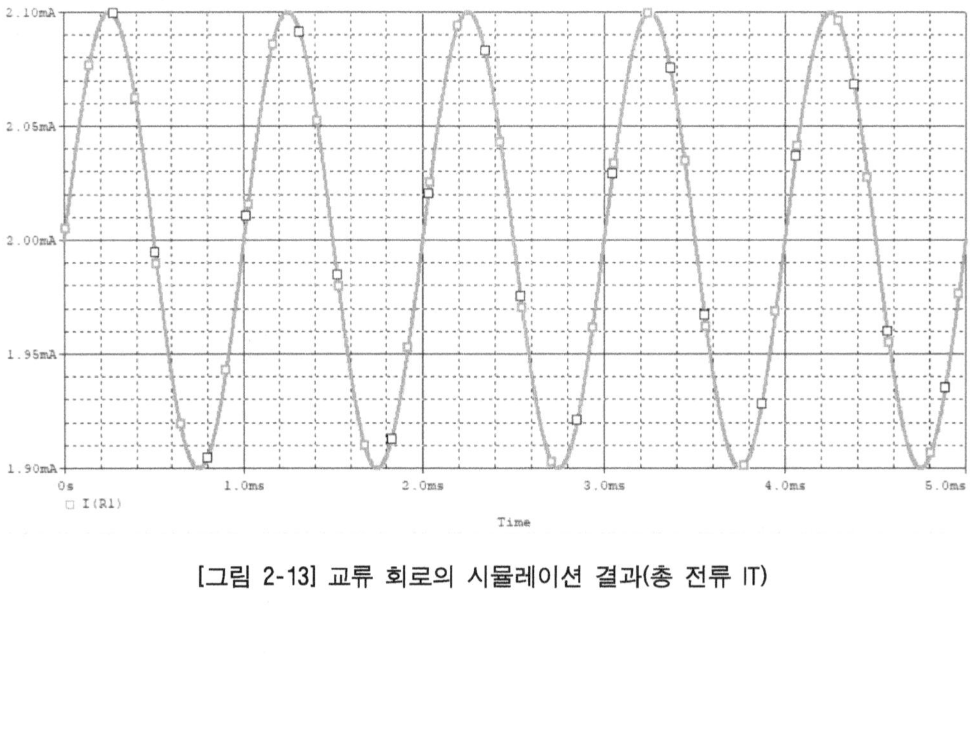

[그림 2-13] 교류 회로의 시뮬레이션 결과(총 전류 IT)

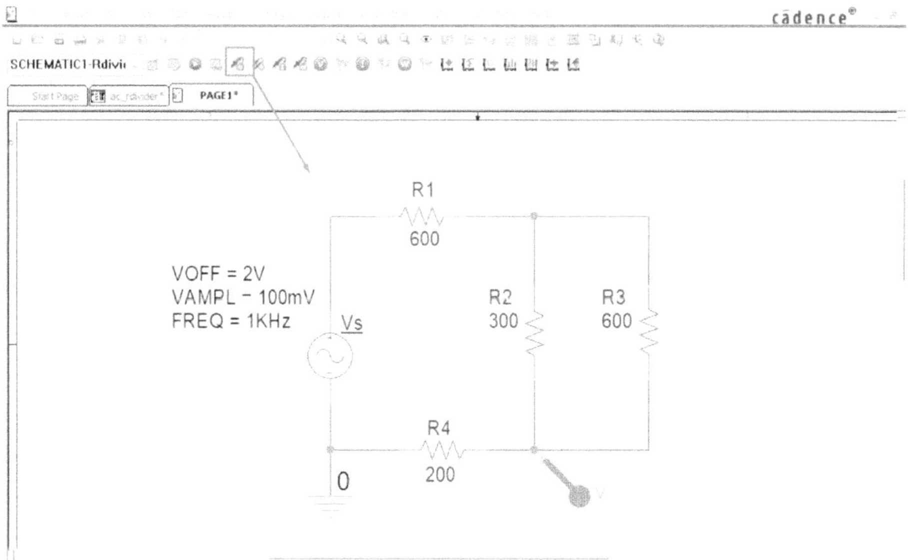

[그림 2-14] 교류 회로의 시뮬레이션 회로(저항 R4에 걸린 전압 측정)

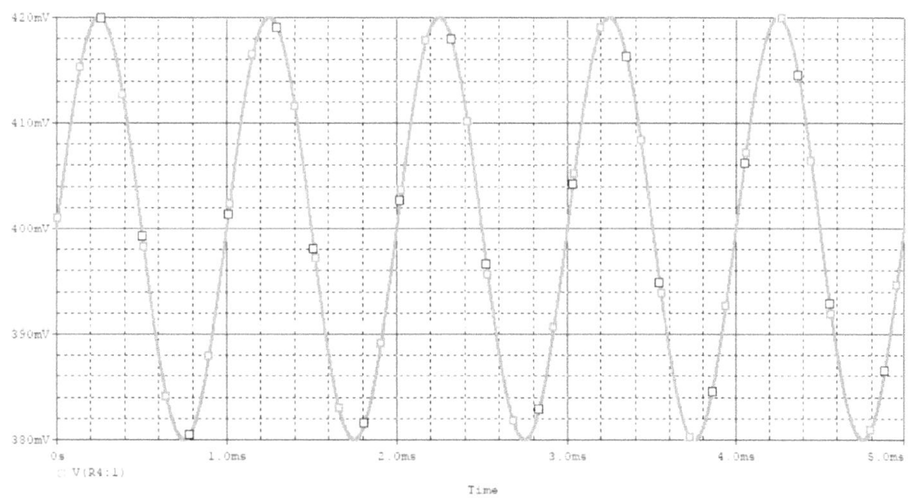

[그림 2-15] 교류 회로의 시뮬레이션 결과(저항 R4에 걸린 전압)

2.4 오실로스코프 사용법

2.4.1 오실로스코프의 기본기능

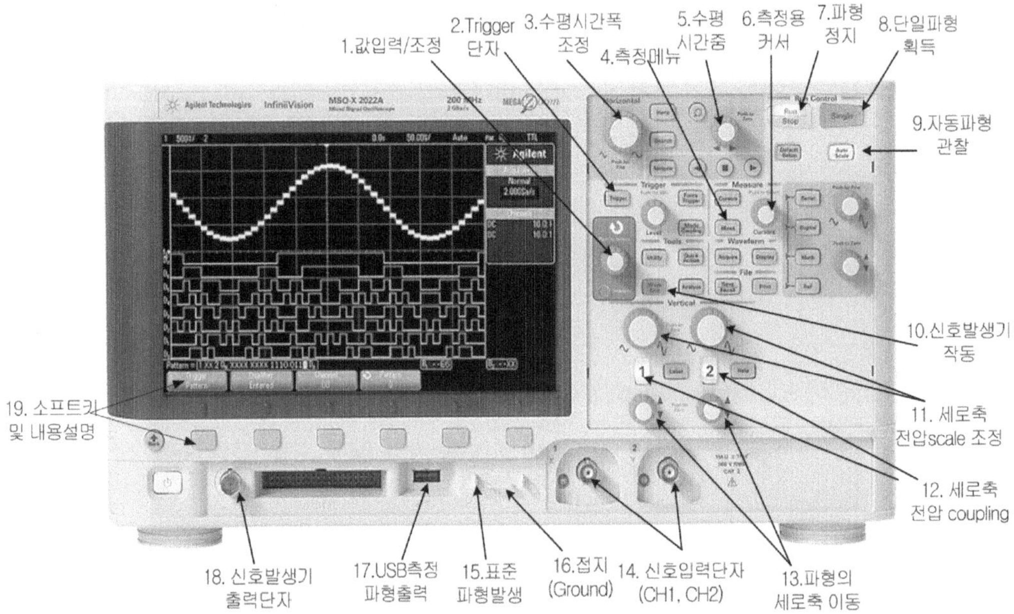

[그림 2-16] 오실로스코프 전면 패널 주요 기능 버튼 및 노브

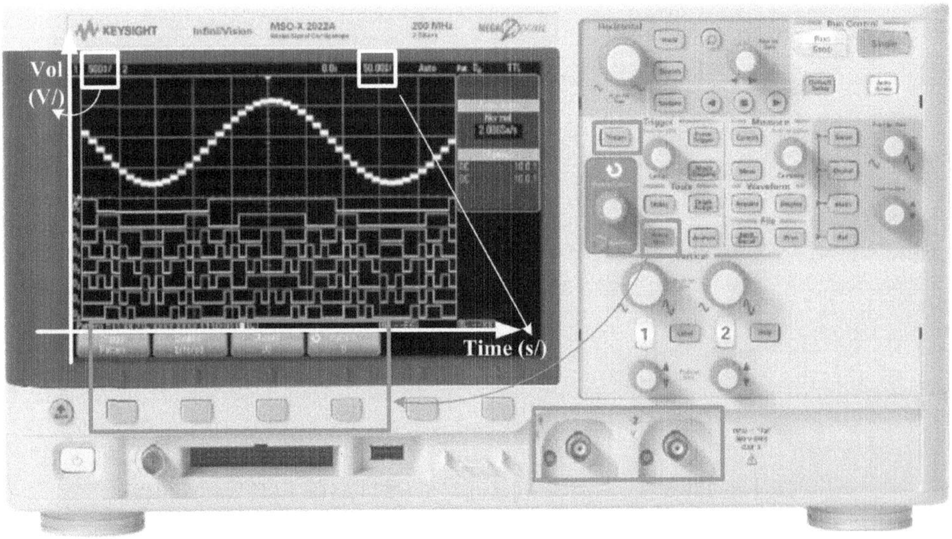

[그림 2-17] 오실로스코프(Keysight DXOX2002A)의 기본 기능 표시

[그림 2-16]은 Keysight사의 DXOX2002A 오실로스코프(이하 스코프라 칭함) 모델을 나타낸다. 스코프는 일반적으로 회로의 전기신호(직류 및 교류신호)의 전압 및 주파수(또는 주기)를 시각적으로 보여주는 장치로 하드웨어 회로개발에 중요하고 필수적인 계측장치이다.

[그림 2-16]에서 19종류의 주요 버튼과 노브(knob)를 표시하였다. 측정에 들어가기 전에 오실로스코프 장치에 대한 기본적인 다음 사실을 유념한다. [그림 2-17]에 주요 기본특성 들을 장치 위에 □ 로 표시하였다.

- 스코프 화면의 **가로는 시간 축이며 세로는 전압 축**이다.
- 정확한 신호 관찰을 위해 스코프 상단의 좌측에 있는 한 칸당 전압(V/)과 우측에 있는 한 칸당 시간(s/)을 관찰하면서 '11.전압스케일' 과 '3.시간스케일' 을 조정하고 '13.파형이동노브' 를 이용하여 **파형이 화면에 가득차게** 측정한다.
- 교류신호 발생: 스코프 장비(Keysight DXOX2002A)는 자체에서 '10.교류신호 발생(파형발생/Wavegen)' 기능을 갖는다. 정현파, 삼각파, 사각파, offset전압 등의 크기와 주파수를 설정할 수 있다. 상세내용은 [그림 2-17]의 □표시를 참고한다.
- 커플링 방식 결정: 교류신호에 직류가 실려있는 파형을 관찰하기 위해서는 **'DC 커플링'** 을, 교류신호 만을 측정하기 위해서는 **'AC 커플링'** 을 사용한다. 또한, AC 커플링에서는 접지 위치가 화면의 중심에, DC 커플링에서는 접지 위치를 가급적 화면의 하단에 위치시켜야 정확한 측정이 가능하다. 이때 한 칸당 전압(V)을 조정한다.
- Triggering: 관찰 대상 파형이 흔들릴 때는 'Trigger' source를 찾아 고정한다. 본 실험에서 사용하는 장비(Keysight DXOX2002A)는 '파형발생' 으로 선택하면 파형이 고정된다.
- 2개의 입력 채널: 본 스코프 장비(Keysight DXOX2002A)는 신호를 2개까지 입력하여 관찰할 수 있다. 필터나 증폭기 같은 회로를 측정할 때 2개의 스코프 프로브를 이용하여 '14. 신호입력단자' 들에서 각각 입력과 출력을 동시에 측정하여 비교할 수 있다. [그림 2-17]의 □표시를 참고한다.
- 스코프 사용 시 2가지 점검 사항: 스코프를 이용하여 측정 과정에서 아래 내용을 항상 점검한다.

  ① 커플링 모드 확인 : AC 커플링(디폴트) 인지 DC 커플링인지 확인

  ② 스코프 프로브 끝단 쪽에 1:1 (디폴트)인지 10:1인지 확인

2.4.2 셀프(self) 연결을 통한 측정 연습

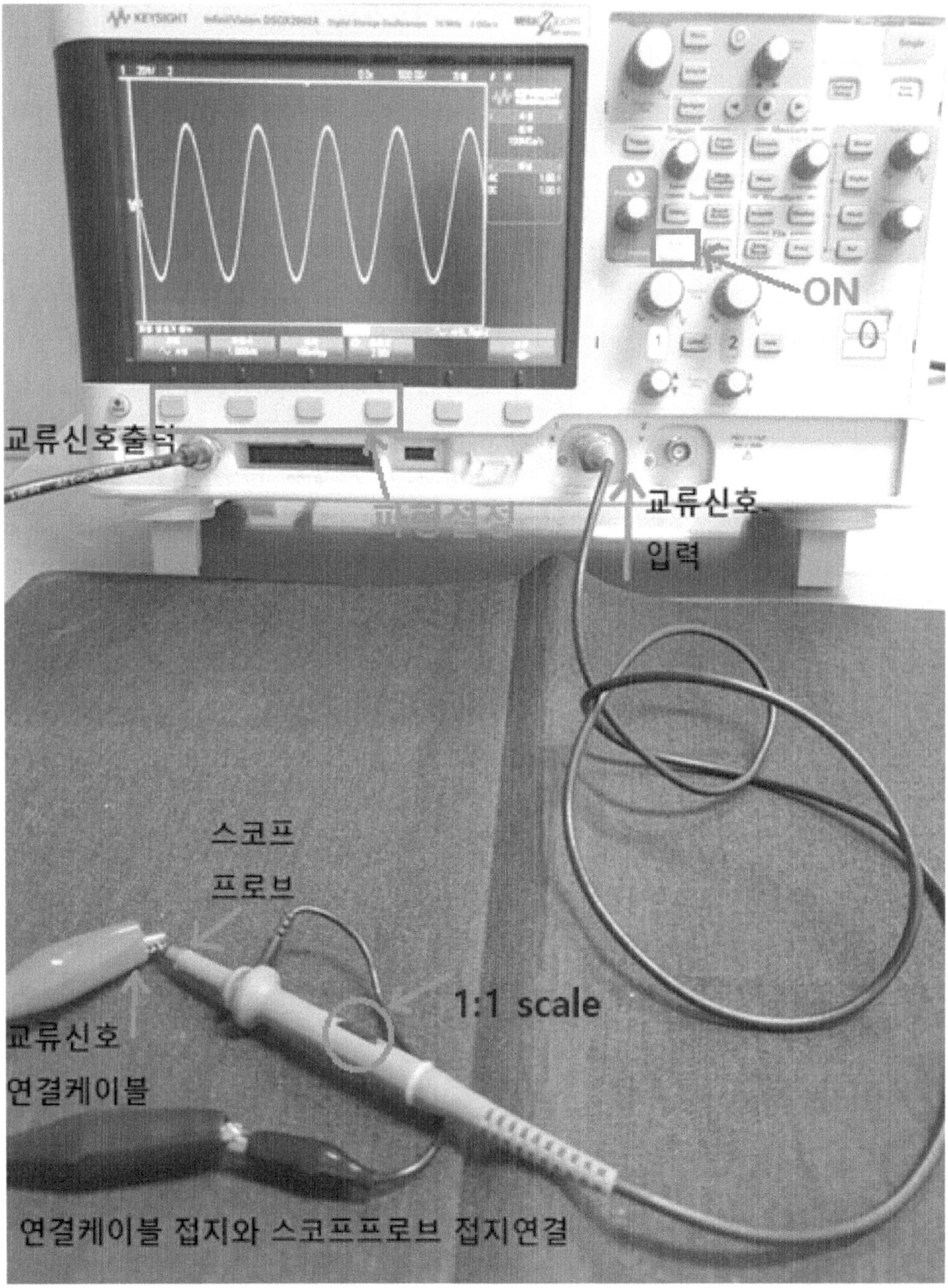

[그림 2-18] 오실로스코프 셀프 측정 환경 구성(화면에 표시된 내용은 본 측정과 무관)

본 장비(Keysight DXOX2002A)는 자체에 '파형발생' 기능을 가지므로 다음 식 (2-11)을 기준으로 정현파 교류전원(Vs)을 발생시키고, 이 신호를 오실로스코프 입력단자를 통해 화면에서 관찰하고 측정할 수 있다.

$$Vs(t) = V_{offset} + V_m \sin(2\pi \cdot f\ t)\ m[V] \qquad (2\text{-}11)$$

① 측정용 케이블들의 연결방법, 구조 및 프로브 스케일 설정

- 케이블 상호 연결: [그림 2-18]과 같이 스코프 출력단자와 연결된 교류신호 케이블과 스코프 입력단자(CH1)와 연결된 스코프 프로브 케이블을 직접 연결한다. 케이블들을 연결할 때 중심도체끼리, 접지 단자끼리(검정색) 상호 연결한다. 또한, 스코프 출력단자들은 BNC Female() 구조를 갖는다.
- [그림 2-19](a)에서 교류신호 연결케이블을 볼 수 있으며 한쪽은 BNC Adapter() 다른 한쪽은 악어케이블 구조이다. 악어케이블의 중심도체는 빨강으로, 접지도체는 검정이다. [그림 2-19](b)는 스코프 프로브를 볼 수 있으며 한쪽은 BNC Adapter 구조이고 사각형의 커패시터 박스가 연결되었다. 스코프 프로브의 다른 한쪽은 중심도체 역할을 하는 탐침과 검정 악어케이블 구조이다.

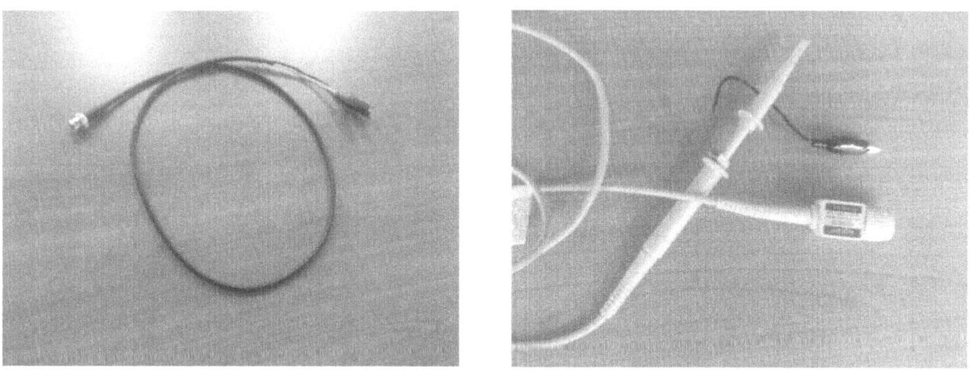

(a) 교류신호 연결 케이블 (b) 오실로스코프 프로브

[그림 2-19] 교류회로 실험과 측정에 필요한 악세서리

[그림 2-20]에는 스코프 프로브의 BNC adapter의 상세구조를 볼 수 있다. BNC adapter는 사각형의 커패시터 박스와 이웃하고 있다. BNC adapter 부분을 스코프의 CH1

입력단자 또는 CH2 입력단자에 연결한다. 체결 시에 커패시터 박스를 돌리면 파손될 수 있으니 주의한다. [그림 2-20](b)에 보는 바와 같이 스코프 프로브의 표면에 스위치가 부착되었고 프로브로 입력되는 신호의 스케일을 결정한다. 일반적인 스위치 위치는 1:1(1X) 위치가 기본이니 **스케일(scale) 스위치를 확인한다.** 10X의 경우 신호가 10배로 확대됨을 의미한다.

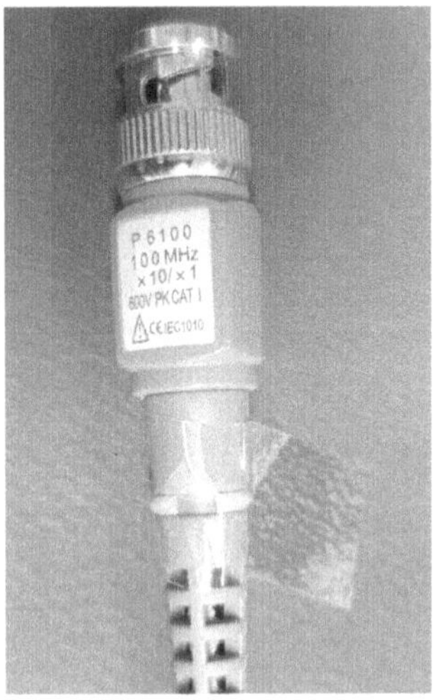

(a) BNC 어댑터의 상세구조

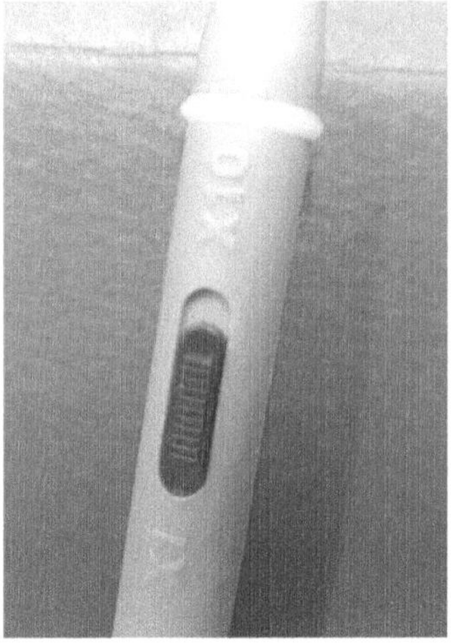

(b) 스케일표시(1:1/10:1)

[그림 2-20] 스코프용 프로브의 주요부

② **장치 ON**: 스코프의 전원 버튼을 ON 시킨다.

③ **스코프 출력파형(사인파) 설정**: 스코프의 '10.Wave Gen' 버튼을 ON 시키고, [그림 2-21]에서 'A' 로 표시된 소프트키에서 교류신호 파형(사인, 정현파), 주파수, 진폭, offset 전압을 설정한다. 이때 식 (2-11)으로부터 진폭과 교류신호의 주기를 계산하면 다음과 같다. 특정 값은 [그림 2-16]에서 '1' 번 노브(값입력/조정)를 시계방향 또는 반대방향으로 돌리면서 선택한다.

- 파형: 사인파, 진폭: Vm[Vpp], 주기: 1/f [S], offset 전압=Voffset [V]

④ **신호 커플링선택**: 'B' 로 표시된 '채널 1' 을 눌러 녹색광이 켜지는지 확인하고 스코프 화면 하단의 버튼들에서 'AC커플링' 을 선택한다.

⑤ **접지(⏚) 위치 조정**: 'C' 로 표시된 접지(⏚,0[V]) 위치를 화면에 중심으로 파형을

이동한다. 이때, 한 칸당(/div) 전압 스케일을 조정하는 'D' 노브와 위치를 조정하는 'E' 노브를 돌려 조정한다.

⑥ **스코프 화면의 세로축 파형 크기확대**: 화면의 중심에 접지(⏚,0[V])를 맞춘 상태에서 'D' 노브를 이용하여 화면 전체에 가득하도록 교류파형 크기를 확대한다.

⑦ **스코프 화면의 시간축(수평축) 측정 파형 조정**: 위의 ③에서 계산한 주기(주파수의 역수)를 고려하여 화면에 약 5주기를 볼 수 있도록 한다. 이때 한 칸당(/div) 시간을 조정하는 'G' 노브를 조정한다. 동시에 한 칸당(/div) 시간을 나타내는 'H' 값의 변화를 살핀다.

⑧ **파형 흔들림 고정**: 교류파형이 흔들릴 때 이를 고정하기 위해 'I' 로 표시된 Trigger 버튼을 누른다. 화면의 하단에 표시된 메뉴 중에서 '파형발생' /트리거(Trigger) 소스를 선택한다.

⑨ **측정 중 파형발생(Wave Gen) 동작 확인**: 측정하는 동안에 'Wave Gen' 버튼이 파란색으로 켜져 있는지 확인한다.

⑩ **교류신호 측정(크기와 주파수) 방법**: 화면에 있는 교류신호의 전압 크기와 주기는 'F' 로 표시되는 한 칸당(/div) 전압 (50m[V]/)값과 'H' 로 표시된 한 칸당 시간(500us/)을 이용하여 측정한다. 주파수는 주기를 역수로 계산한 결과인데 스코프 화면의 우측에서 찾을 수 있다. 측정 결과는 위의 ③에서 설정한 교류신호 입력값과 같은지 확인한다. 더 정확한 측정은 Measure 메뉴 버튼 중에 cursor를 이용할 수 있다.

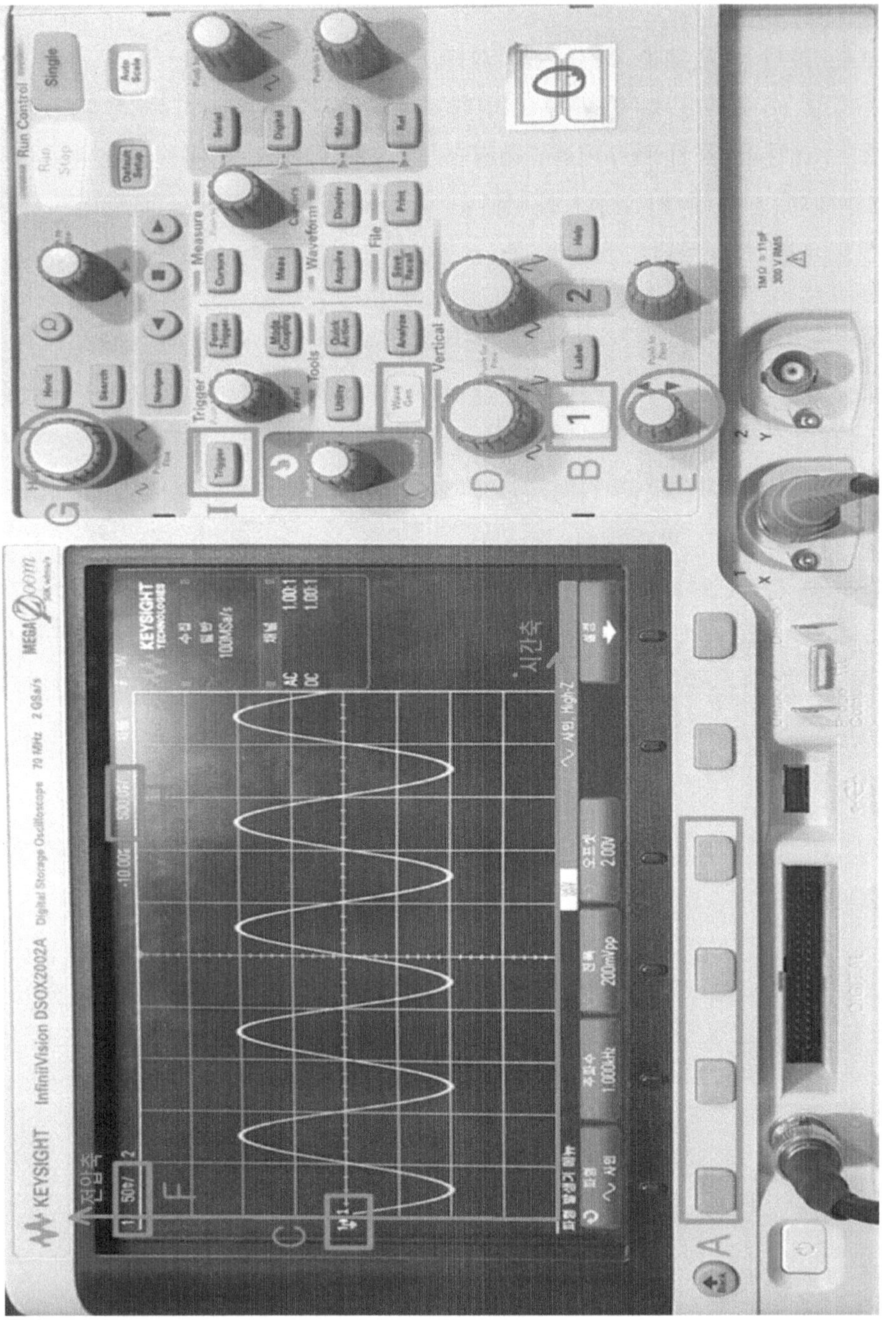

[그림 2-21] 기본 교류신호(정현파) 측정을 위한 절차표시(A,B,C,D,E,F,G,H,I)

2.4.3 정현파 교류 신호 측정 연습

시뮬레이션으로 확인된 [그림 2-10] 회로의 **R4 저항에 걸린 전압**을 스코프로 측정하고 시뮬레이션 결과와 비교한다.

[그림 2-10] 회로를 브레드보드에 결선한다. 교류전원 신호를 공급하기 위해 오실로스코프의 'Wavegen(파형발생)' 신호를 설정하고 저항(R4)에 걸린 전압을 측정한다.

교류전원(Vs)를 수식으로 표현하면 다음과 같다.

$$V_s = 2[V] + 100\sin(2\pi \cdot 1KHz\ t)\, m[V]$$

■ 교류 신호 설정(Wavegen 버튼 ON)

[그림 2-10] 회로 좌측에 있는 교류전원(Vs)을 공급하기 위한 설정은 다음과 같다.

정현파 교류신호(Vs)는 offset 전압(중심 직류전압)이 2[V]이고 크기는 100m[V], 주파수는 1KHz다. 아래 순서에 따라 사인파(정현파)를 설정한다([그림 2-17]과 [그림 2-21] 참고) .

- 스코프의 '(Wave gen)' 버튼을 누른다.
- 스코프 화면 하단에 '소프트 키' 들이 나타나고 항목별로 값을 입력:
  -Sine파, offset 전압(직류전압) 2[V], Vpp 200m[V], 주파수 1KHz
  ※ 참고로, 스코프는 peak to peak 전압을 표시하므로 Vpp는 Vampl의 2배이다.
- 값의 입력 및 조정을 위해 [그림 2-16]의 '1.값입력/조정' 노브를 돌려준다.

■ DC 커플링 방식에 따른 측정

교류파형이 offset 전압, 즉, 직류전압 위에 실려있으므로 이를 확인하기 위해서는 DC 커플링을 선택한다. 이를 위해 다음과 같이 한다.

- [그림 2-21]에서 'B' 로 표시된 채널 1을 눌러 녹색광이 켜지는지 확인하고 스코프 하면 하단에 있는 소프트키를 눌러 'DC커플링' 을 선택한다
- 접지(,0[V])를 화면 하단으로 이동시킨다('E' 로 표시된 노브를 조성)

[그림 2-22]에서 측정된 화면을 볼 수 있다. 화면의 상단에 한 칸당 전압(500mV/)를 확인하고 파형의 중심전압이 2[V]임을 표시하고 있다.

■ AC 커플링 방식에 따른 측정

[그림 2-22]에서 측정된 화면에서 교류신호가 직류보다 매우 작은 것을 관찰할 수 있

다. AC 커플링을 통해 <u>**교류파형만을 선택하여**</u> 정확한 크기와 주파수 등을 측정할 수 있다. .

- [그림 2-21]에서 'B' 로 표시된 채널 1을 눌러 녹색광이 켜지는지 확인하고 스코프 하면 하단에 있는 소프트키를 눌러 'AC커플링' 을 선택한다
- 접지(⏚,0[V])를 화면의 중심으로 이동시킨다('E' 로 표시된 노브를 조정).
- 세로축의 전압 스케일(한 칸당(/div) 전압)을 조정('D' 로 표시된 노브)하여 파형이 화면이 가득차게 한다.
- 가로축의 시간 스케일(한 칸당(/div) 전압)을 조정('G' 로 표시된 노브)하여 2~5주기 파형으로 한다.
- [그림 2-23]에 직류 offset 전압이 제거되고 정현파 신호 만을 보여주는 AC 커플된 파형을 볼 수 있다. 화면 상단의 좌측에 한 칸당 전압이 50m[V]/이므로 정현파 신호의 진폭이 100m[V]임을 쉽게 볼 수 있다. 또한, 시간 축으로도 적절히 조정되어 총 5주기의 파형이 화면에 잡혀있고, 화면 상단이 우측에 한 칸당 시간이 500us/ 이므로 정현파의 한주기를 쉽게 측정할 수 있다.

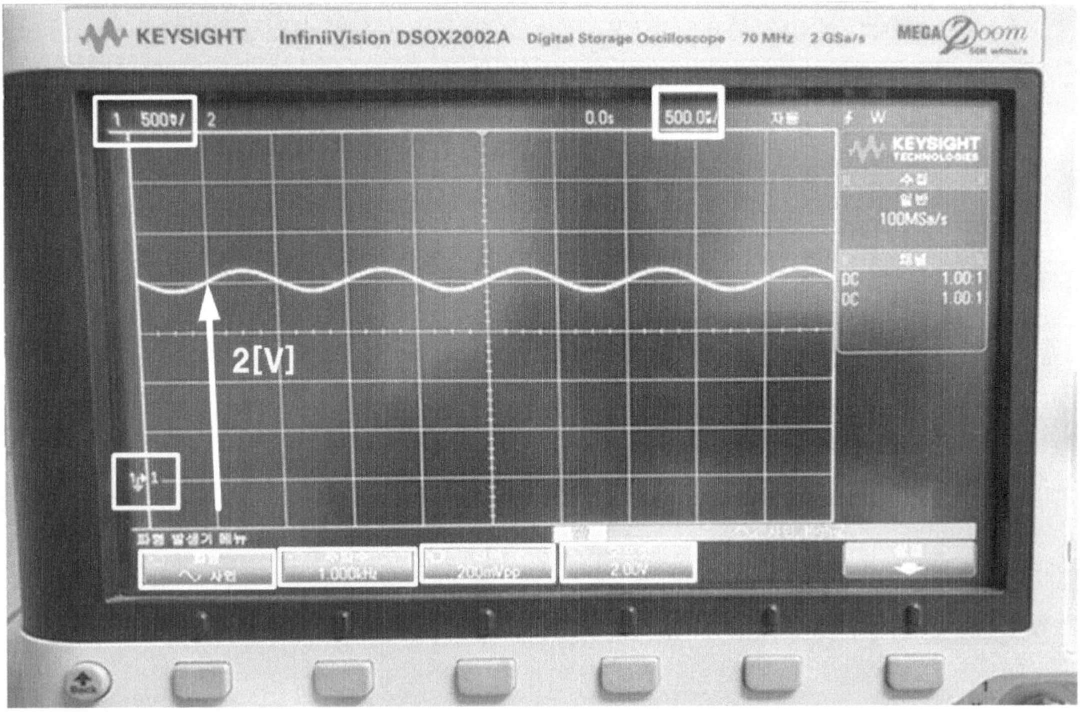

[그림 2-22] 교류파형(R4 전압)의 직류전압 측정 (DC Coupling 방식)

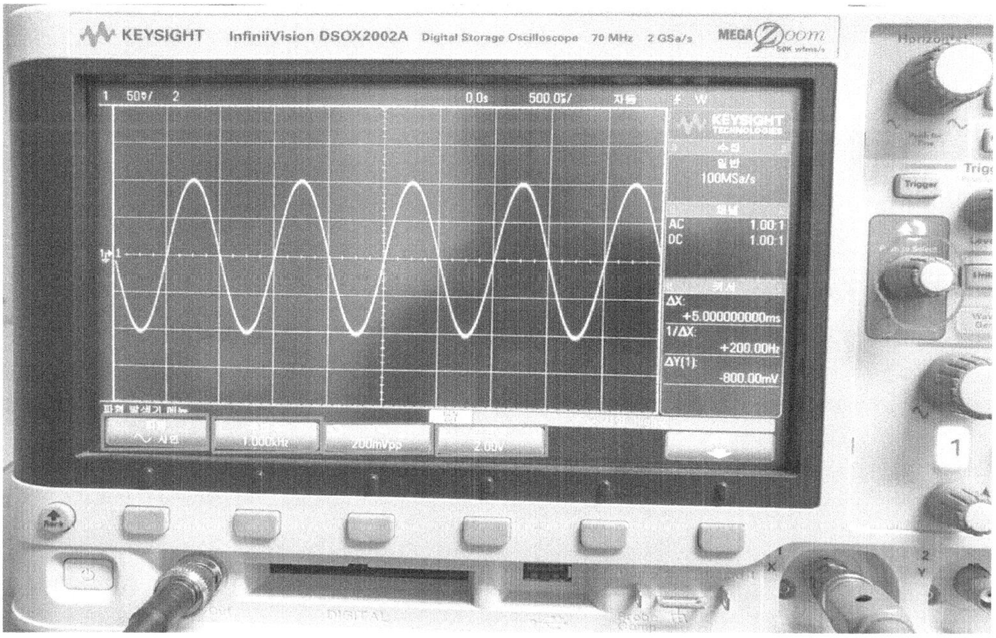

[그림 2-23] 직류 위의 교류파형(R4 전압)의 측정(AC Coupling 방식)

■ Cursor 기능을 이용한 상세 측정(R4 에 걸린 신호의 전압과 주기)

[그림 2-24]에는 AC 커플링된 R4 저항에 걸린 전압을 정확히 측정하기 위해 cursor 기능을 사용하였다. 이의 절차는 다음과 같다.

- [그림 2-16]에서 측정 메뉴인 '4.측정메뉴(Meas)' 버튼을 누르면 [그림 2-24]처럼 스코프 화면 우측면이 활성화되고 cursor와 연관된 값들이 표시된다.
- '4.측정메뉴(Meas)' 버튼 위의 'Cursors' 버튼을 누르면 [그림 2-24] 하단에 보이는 것처럼 수평선인 X1과 X2, 수직선인 Y1과 Y2 버튼이 나타나면 이들 중에 하나를 선택하기 위해 반복해서 누른다.
- 4.측정메뉴(Meas)' 버튼 우측의 '6.측정용커서' 원형 노브([그림 2-24] 참고)를 돌리면 X1,X2 그리고 Y1,Y2의 위치를 이동할 수 있다. X1,X2를 이용하여 주기를, Y1,Y2를 이용하면 크기를 측정한다. $\Delta X = X2 - X1$이며 두 지점 시간 간격을 나타내고, $1/\Delta X$는 시간의 역수이므로 주파수를 나타낸다. $\Delta Y = Y2 - Y1$은 세로축 전압값의 차이를 나타낸다. 이 값들이 스코프 화면의 우측에 표시된다.
- [그림 2-24]에서 cursor들을 이용하여 수평축 $1/\Delta X$(주파수) 값과, ΔY이 표현되어 측정된 화면을 볼 수 있다. 화면 상단의 왼쪽에 한 칸당 전압이 10mV/, 우측에 한 칸당

시간이 500us/임을 확인하고, cursor들로 표시된 값들과 비교해본다.

- [그림 2-24]는 확대된 교류신호를 기반으로 여러 종류의 cursor(X1,X2,Y1,Y2)를 이용하여 작은 크기를 갖는 교류신호 만을 정밀하게 측정하는 예를 보여주고 있다. 화면의 우측에 $1/\Delta X$, ΔY 값들을 볼 수 있다. 이때 파형은 고정돼 있어야 한다.

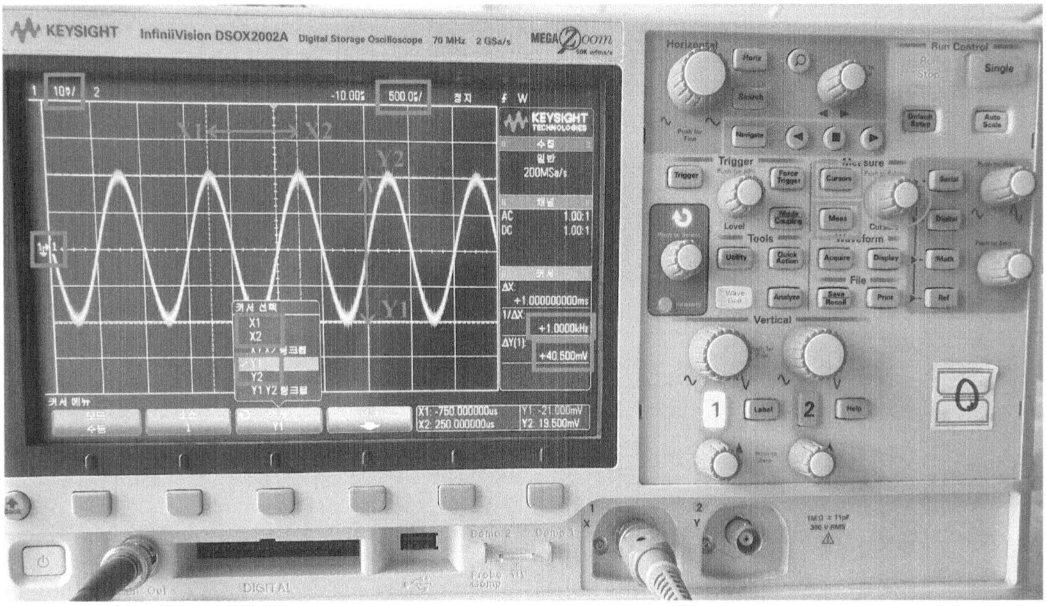

[그림 2-24] R4 저항에 걸린 전압파형의 정밀 측정

2.5 기초 교류회로 실험

2.5.1 실험목적

- 기초 교류회로를 해석하고 내용을 이해한다.
- 교류회로 시뮬레이션 기법을 익힌다.
- 교류회로 실험 방법과 오실로스코프의 사용법을 익힌다.

2.5.2. 실험내용

2.3장의 회로 예제에서 이해된 내용을 바탕으로 [그림 2-25] 교류회로를 시뮬레이터를 이용하여 구성하고 실험한다. 교류전원(Vs)은 조별로 아래에 주어진다. 이론적인 해석과 시뮬레이션을 통해 실험한 후 측정 결과들을 토대로 [표 2-3]을 작성한다. 전체 실험절차는 다음과 같다.

교류파형	주파수	Vpp(peak to peak)	Voffset
정현파신호	(10+x)KHz	100mV	(1.5+0.1x)V

※ x는 실험조 번호의 끝자리수

1) 교류회로 해석을 통한 이론 값 계산

저항(R5, R6)에 걸린 교류전압을 옴의 법칙과 키르히호프 법칙 또한 전압분배식을 이용하여 계산한다.

- 조별로 주어진 교류신호를 수식으로 표현한다.
- 교류신호의 평균값과 실효치(RMS) 값을 계산한다.
- 저항(R5, R6)에 걸리는 교류전압을 계산하고 수식으로 표현한다. 교류전압의 크기(평균값, 실효값)들을 계산한다.
- 위 과정을 통해 얻은 값들을 이용하여 [표 2-5]에 해당 공간을 채운다.
- 시뮬레이션을 통해 위에서 계산한 수식들을 확인한다. [그림 2-25] 회로의 P1과 P2 지점에서 교류전압의 시뮬레이션 결과 파형을 캡처하여 [표 2-3]과 [표2-4]의 해당란을 작성한다.

이론계산과 시뮬레이션 결과들을 이해하고 있어야, 측정할 때 파형 잡기가 쉽고 측정 결과가 적절한지 판단기준으로 삼을 수 있다.

2) 브레드보드 회로 구성

[그림 2-25] 그림을 참고하여 브레드보드에 회로를 구성하고, 스코프를 이용하여 [그림 2-25] 회로에서 P1 지점과 P2 지점의 전압을 측정할 수 있도록 교류신호 케이블과 프로브 케이블을 연결한다.

[그림 2-26]에서 보는 바와 같이 교류파형(V_s)는 오실로스코프 출력단자에서 출력되고 교류신호 연결 케이블의 끝단에 있는 한 쌍의 악어 클립을 브레드보드 상단에 있는 2개의 단자(빨강, 검정)에 연결한다. 브레드보드 상단에 있는 2개의 단자는 점퍼선들(빨강, 검정)을 이용하여 저항 회로에 연결한다.

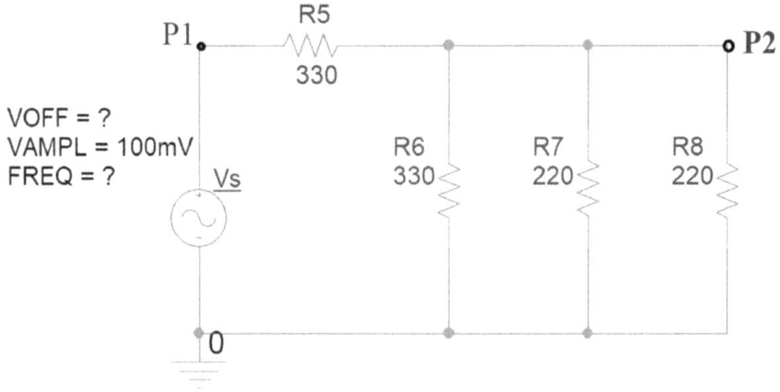

[그림 2-25] 교류 회로의 실험(시뮬레이션 회로)

3) 측정 내용 및 결과의 수식표현

■ **P1, P2 지점([그림 2-25] 회로)의 교류전압 측정**

오실로스코프를 이용하여 다음 2개 지점에서 offset 전압을 포함하는 교류파형과 offset 전압을 배제한 교류신호를 각각 DC 커플링과 AC 커플링을 이용하여 파형을 측정한다.

- P1 지점: 교류 입력신호 측정

측정된 교류 파형에 대한 스코프 화면을 캡처하여 [표 2-3]과 [표 2-4]의 해당란을 작성한다.

- P2 지점: 저항 R6(또는 R7이나 R8)에 걸린 교류 전압측정

측정된 교류 파형에 대한 스코프 화면을 캡처하여 [표 2-3]과 [표 2-4]의 해당란을 작성한다.

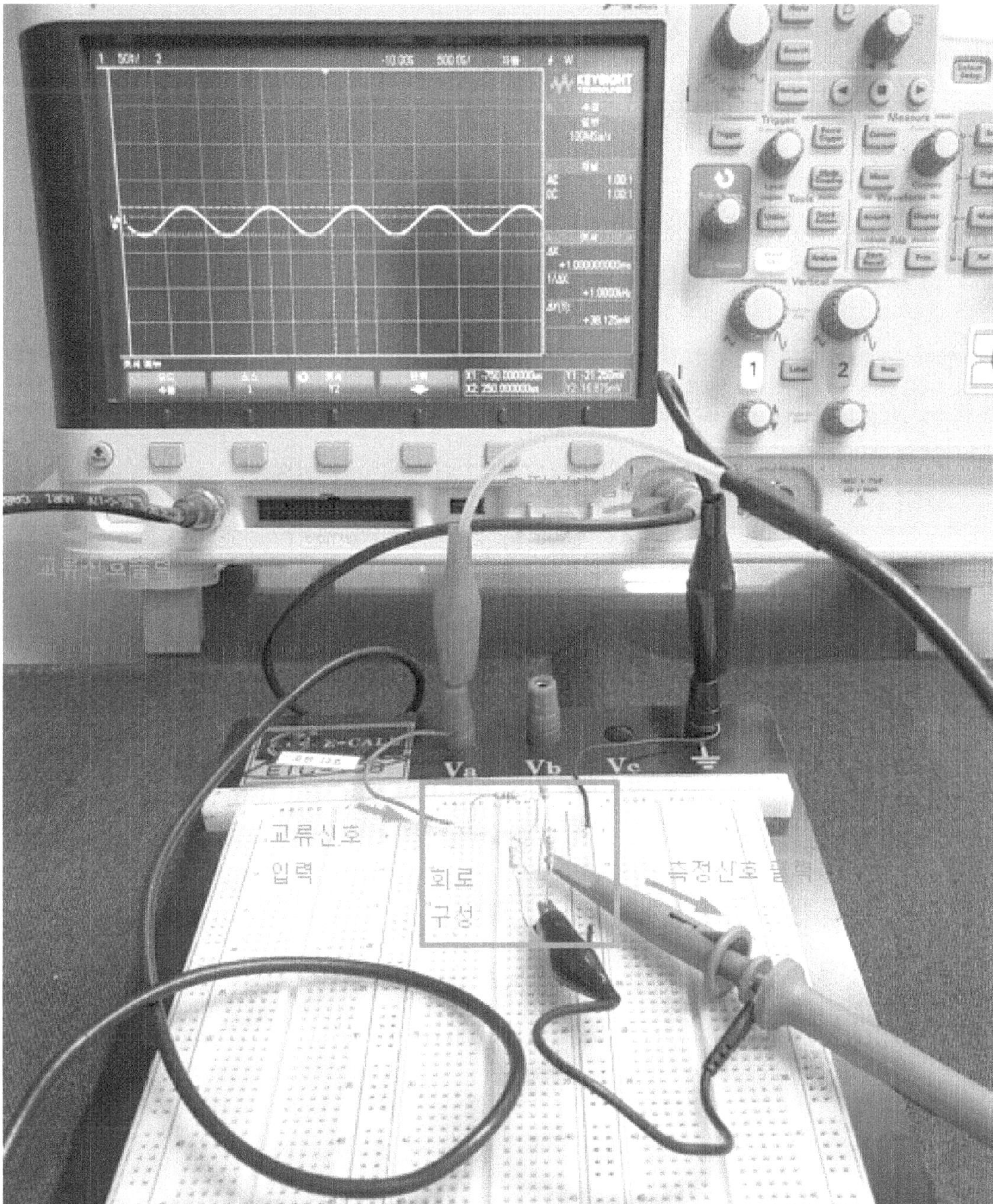

[그림 2-26] 교류회로 실험을 위한 전체 회로 구성의 예(스코프 화면파형은 본 실험과 관련 없음)

■ **R5와 R6에 걸린 측정 전압의 수식 표현 및 계산:**

<u>**R5에 걸린 교류 전압은 상대전압**</u>으로 P1 지점에 걸린 전압과 P2 지점에 걸린 전압의 차이이다. 반면에 <u>**R6에 걸린 전압은 절대 전압**</u>이다. 이점들을 고려하여 시뮬레이션 결과와 측정된 전압들을 수식으로 표현하고 평균값과 실효값을 계산하여 [표 2-5]를 작성한다.

- 정확한 측정을 위해 측정 메뉴에서 Cursor 기능을 사용할 수 있다.

2.5.3 실험 부품, 장치 및 악세서리 목록

장치	부품 목록 (저항)	기타 액세서리
- 디지털멀티미터(DMM) 1대 - 브레드보드 1개 - 오실로스코프 1대	220Ω 2개 330Ω 2개	-교류신호 연결 용 케이블 1개 -오실로스코프 용 프로브 1set -회로 연결용 점퍼선 (검정, 빨강)

2.5.4 측정 방법(오실로스코프 사용방법)

■ <u>**스코프의 교류 신호 발생**</u>

- ‘wavegen(파형발생)’ 버튼 ON
- 파형설정: Sine 파, 주파수(조별), OFFSET 전압(조별), 신호크기 200m[V]pp

■ <u>**오실로스코프 화면 및 환경설정**</u>

- **세로축설정**: 세로축 스케일(V/div)을 지속적으로 조정하여 신호 크기를 최대한 크게 한다.

  ① DC 커플링: 파형에 실려있는 직류 전압을 측정할 경우 선택한다. 이때, 접지를 최대한 화면 하단에 위치시켜야 정확한 측정이 가능하다.

  ② AC 커플링: 교류 파형만을 관찰할 경우 선택한다. 이때, 접지는 화면 중심에 위치시켜야 정확한 측정이 가능하다.
- **가로축설정**: 입력주파수에 따라 가로축의 스케일(시간/div)을 지속적으로 조정하여 화면 당 최소 2~5주기 신호를 표시해야 정확한 측정이 가능하다.
- **트리거링(triggering)**: 스코프 화면에 파형이 흔들릴 경우, 트리거 소스를 ‘wavegen(파형발생)’으로 선택한다. 주파수가 갑자기 증가하거나 교류신호 크기가 50m[V] 이하로 작을 때 파형 고정이 안 돼 파형이 흔들릴 수 있다.
- **정밀 측정방법**: 측정 메뉴에서 Cursor(x,y, $\Delta x, \Delta y$,) 이용한다.

2.5.5 실험데이터 정리

이론으로 계산한 값들, 시뮬레이션 결과 그리고 오실로스코프에서 측정한 값들을 다음 목록으로 정리하고 관련 내용은 캡처하여 사진파일(*.jpg/*.png)로 첨부한다.

■ **전체 사진 1개**

오실로스코프를 포함하여 브레드보드에 조립된 회로 전체가 보이는 사진을 첨부한다. 이를 통해 다음 내용이 적절한지 보여준다.

- 스코프와 브레드보드의 적절한 연결
- 브레드보드의 회로 연결 및 사용 부품의 정확성

1) 전체 실험회로사진

전체 실험회로(오실로스코프+브레드보드) 구성	브레드보드 회로 상세사진

*전체 연결구성과 브레드보드내의 회로 연결을 알수 있는 수준의 해상도

■ **[그림 2-25] 회로의 P1 지점 오실로스코프 측정 사진 및 시뮬레이션 결과**

[표 2-3] P1 지점에서 교류전원파형 스코프 캡처 사진 및 시뮬레이션 결과

	AC 커플링된 파형	DC 커플링된 파형
스코프 캡처		
시뮬레이션 결과		

■ [그림 2-25]의 P2 지점 오실로스코프 측정사진 및 시뮬레이션 결과

[표 2-4] P2 지점에서 교류전원 파형 스코프 캡처 사진 및 시뮬레이션 결과

	DC 커플링 파형	AC 커플링 파형
스코프 캡처		
시뮬레이션 결과		

■ 회로해석 및 측정결과 정리

조별로 주어진 교류전원에 대해서 [그림 2-25] 회로의 각 저항에 걸리는 교류전압과 교류전류들을, 이론에 근거하여 계산한 값들과 오실로스코프로 측정한 값들을 수식으로 표현하여 [표 2-5]의 해당란에 작성하시오. 또한, 이들의 평균값과 실효값을 계산하시오.

[표 2-5] [그림 2-25] 회로의 해석(수식표현) 및 계산결과

구분		offset전압을 갖는 교류전압 파형(수식표현)	교류전압의 평균값	교류전압의 실효값
전압 (R5)	이론값	[V]	[V]	[V]
	측정값	[V]	[V]	[V]
전압 (R6)	이론값	[V]	[V]	[V]
	측정값	[V]	[V]	[V]

2.5.6. 회로 구성 유의사항

- 브레드보드에 결선 된 부품들로부터 쉽게 회로도를 연상할 수 있도록 회로를 간결하게 구성한다. 이를 위해 아래 표처럼 색을 구분한다.

구분		용 도/연결방법
오실로스코프 프로브	프로브(probe)	측정하고자 하는 위치에 프로브 고리를 건다.
	검정 악어클립	회로의 접지에 연결한다.
교류신호 연결케이블	빨강 악어클립	교류신호가 출력되는 중심선으로 일반적으로 브레드보드 상단에 빨강 단자와 연결한다.
	검정 악어클립	교류신호가 출력되는 접지선으로 일반적으로 브레드보드 상단에 검정 단자와 연결한다.
점퍼선	빨강 점퍼선	교류신호가 입력되는 부품에 사이를 연결한다.
	검정 점퍼선	회로의 접지는 사이를 연결한다.

- **<u>모든 접지선은 검정색으로 일치할 것</u>**: 오실로스코프의 접지와 브레드보드 연결을 위한 단자의 접지, 브레드보드에 실장된 부품의 접지 및 접지들을 연결하는 점퍼선 들은 모두 검정으로 하여 회로 이해도 개선 또는 오동작을 방지한다.

실험 결과 보고서 양식1

실험 제목			제출자 이름	
조구성 및 참여율	이름(학번)	실제 실험 참가율(%)	이름(학번)	실제 실험 참가율(%)

※ 보고서 분량은 가급적 적은 페이지로 핵심내용을 중심으로 작성합니다. 불필요한 내용을 나열하는 것은 중요 부분을 파악하지 못한 것으로 간주된다.

1. 실험목적

작성 안내	-본 실험에서 달성하고자 하는 실험 내용과 목적을 요약 정리한다 (1/4 페이지 이내). -조별로 할당된 실험목표 표시.

2. 실험데이터

작성 안내	-측정한 각종 실험 DATA들을 표와 그림 등을 활용하여 쉽게 표현한다. -실험 사진은 실험 내용이나 결과를 확인할 수 있는 해상도로 표현한다.

3. 실험 결과분석

작성 안내	-가장 중요한 부분으로 '실험데이터' 에서 표시된 값들을 바탕으로 데이터가 갖는 의미와 내용을 이론에 근거하여 분석한다. 시뮬레이션 결과들과 비교한다. -분석 결과들을 바탕으로 실험을 통해 이해한 내용과 성취 수준 등을 서술한다.

4. 문제점 해결 및 개선내용

작성 안내	-실험과정에서 발생했던 문제점들을 나열하고 어떻게 해결하였는지에 대한 과정과 개선된 사항들을 서술한다. -실험과정에서 변경 혹은 내용을 조정한 경우 이유를 논리적이고 구체적으로 설명한다.

5. 결론

작성 안내	-실험목적에 대비하여 실험과정이나 측정결과들로부터 도출된 결론 또는 이해된 내용을 요약하여 작성한다 (표나 요점들을 개조 식으로 나열).

실험 결과 보고서 양식 2(요약)

실험 제목	기초 교류회로 실험		제출자 이름	
조구성 및 참여율	이름	실제 실험 참가율(%)	이름	실제 실험 참가율(%)

1. 전체 실험회로 사진

전체 실험회로 구성(오실로스코프+브레드보드)	브레드보드 회로 연결사진

*전체 연결구성과 브레드보드내의 회로 연결을 알수 있는 수준의 해상도

2. 기초교류회로([그림 2-25]) 측정 및 시뮬레이션 결과

1) 조별로 할당된 실험 조건 표시

2) P1과 P2 지점 전압의 측정 및 시뮬레이션 결과

측정위치		DC 커플링 파형	AC 커플링 파형
P1 지점	스코프 캡처		
	시뮬레이션 결과		
P2 지점	스코프 캡처		
	시뮬레이션 결과		

3) 회로의 해석(수식표현) 및 계산결과

구분		offset전압을 갖는 교류전압 파형(수식표현)	교류전압의 평균값	교류전압의 실효값
전압 (R5)	이론값	[V]	[V]	[V]
	측정값	[V]	[V]	[V]
전압 (R6)	이론값	[V]	[V]	[V]
	측정값	[V]	[V]	[V]

3. 측정 데이터 분석 및 이해된 내용

- 측정 데이터 분석
- 실험목적 대비 이해된 내용

제3장 수동부품 및 필터

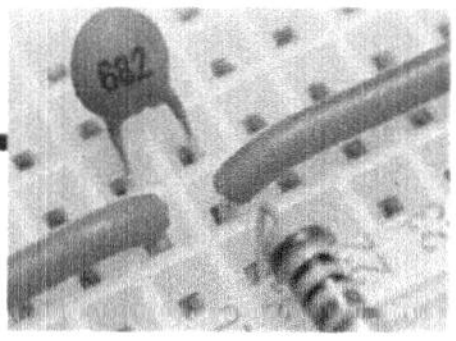

기초이론

3.1 수동부품 종류 및 특성
3.2 수동부품의 임피던스
3.3 신호전달개념 및 dB 단위
3.4 RC 필터(filter) 종류 및 특성파라미터
3.5 RC 필터(filter) 설계

시뮬레이션/실험

3.6 저역통과필터 실험
3.7 대역통과필터 실험

전자회로에서 사용되는 부품은 크게 능동부품과 수동부품으로 구분된다. 능동부품은 다이오드와 트랜지스터를 비롯하여 각종 IC(integrated circuit) 들이며 이들이 동작하기 위해서는 직류전원이 필요하다. 반면에 수동부품은 직류전원 없이 고유의 동작 특성을 나타낸다. 교류회로에서 기초가 되는 수동부품는 저항과 커패시터 및 인덕턴스이다. 이 중에서 저항은 주파수 변화에 무관하나 커패시터(capacitor)와 인덕터(inductor)는 주파수에 따라 임피던스(교류저항)가 변화하는 특성을 가진다. 전자기기나 통신시스템에서 주파수 변화에 따라 시스템 특성이 변하는데 이를 주파수 응답특성이라 한다. 시스템의 주파수 응답특성을 파악하기 위해서는 기본이 되는 수동부품의 임피던스 이해가 우선이다.

본 장에서는 커패시터와 인덕터의 임피던스를 정의하고 주파수에 따른 임피던스 변화를 알아본다. 또한, 전자기기나 통신회로에서 필수 부품인 필터는 저항과 커패시터, 그리고 인덕터가 핵심 부품이다. 각종 필터의 구성을 알아보고 동작을 이해하며, 이들의 성능을 나타내는 파라미터들을 소개한다. 본 단원의 중반부터는 저역통과 필터와 대역통과 필터 예제를 들어 시뮬레이션 해보고 이들 실험에 적용하여 설계목표를 달성하는 과정을 전개한다.

본 단원의 핵심 주제는 다음과 같다.

- 수동부품(R, L, C)의 종류, 특성, 임피던스 개념과 주파수 특성 이해
- 필터의 주파수 응답 성능을 나타내는 파라미터들의 이해
- 필터 설계 및 실험 능력 확보

3.1 수동부품 종류 및 특성

3.1.1 저항(resistor) 및 종류

수동부품 중에서 주로 사용되는 저항(Resistor; R)은 회로에 흐르는 전류량을 조절하는 역할을 하며, 회로 심볼은 아래 [그림 3-1]에 있다. 용도와 저항 크기에 따라 종류가 매우 다양하다. 탄소 저항은 가장 널리 사용되는 형태의 저항으로 세라믹 로드에 탄소분말을 피막 형태로 입힌 후 나선형으로 홈을 파서 저항값을 조절하는 방법으로 만든다. 탄소 저항은 가격이 저렴한 장점은 있으나, 저항 온도계수가 크며 잡음이 크다는 단점이 있다.

저항을 사용할 때 중요시해야 하는 것은 정격전력, 저항값, 오차가 있다. 이중 정격전력은 저항이 견딜 수 있는 소비전력(Watt, W)을 의미한다. 전력과 저항과의 관계는 $P=I^2R$ (여기에서 I 는 저항에 흐르는 전류)로 표시된다. 전자회로에서 많이 사용되는

것으로 1/16W, 1/8W, 1/4W, 1/2W, 1W, 5W 등이 있다. 전원회로 등의 대 전류제어용 저항 들은 큰 전류가 흐르기 때문에 정격전력을 반드시 지켜야 한다.

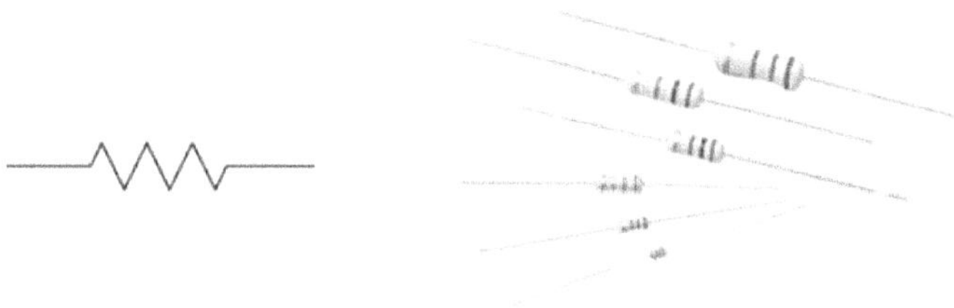

(a) (b)

[그림 3-1] 저항의 심볼(a) 및 소비전력별 탄소 저항의 예(b)

저항에는 탄소 저항이라 부르는 탄소피막 저항, 금속피막 저항, 시멘트저항, 어레이 저항 등 사용처나 정격용량에 따라 많은 종류가 있다. 보드에 연결될 수 있는 리드 타입과 칩(Chip) 타입으로 구분된다. 실험실에서 많이 사용하는 정격전력으로는 1/8W, 1/4W, 1/2W 등이 있다.

저항값은 12계열 또는 24계열의 값을 가진다. 12 계열보다는 24 계열이 상세한 값을 나타낸다. 즉, 모든 숫자의 값을 가지지 않고 각국에서 지정하는 공업규격에 맞는 특수한 저항값들이 존재한다. 상세한 내용은 해당 규격을 살펴보기로 한다.

3.1.2 커패시터(Capacitor)

1) 커패시터 동작특성

커패시터(Capacitor; C)는 전하를 충전하는 기능과 직류전류를 차단하고 교류전류를 통과시키려는 기능을 가진 수동부품이다. 전하를 충전하는 기능을 갖는 큰 용량의 커패시터는 배터리로 사용되며, 작은 용량의 커패시터는 주로 통신용 제어회로에 사용된다. [그림 3-2]에 기본적인 커패시터의 구조를 나타내며 식 (3-1)에서 기본동작을 수식으로 표현하였다. 식 (3-1)과 같이 인가되는 전압(V)의 시간적인 변화에 따라 교류 전류(i)가 흐른다.

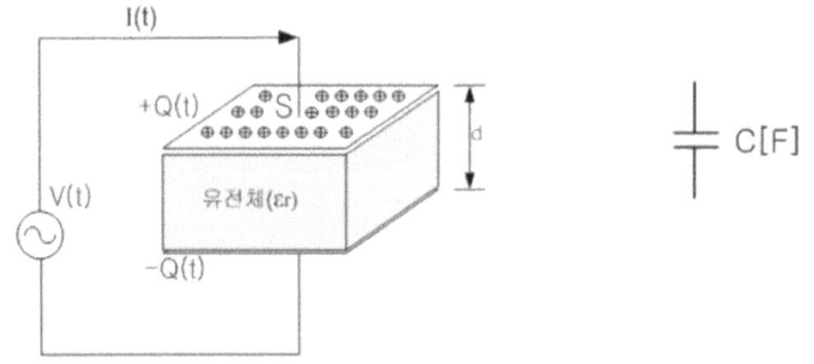

(a) 기본구조 (b) 회로 심볼

[그림 3-2] 커패시터의 기본구조 및 회로 내의 심볼

짧은 시간에 커패시터 양단에 전압(직류전압(V(t))이 상승하면, 도선을 따라 전하의 흐름(전류)이 발생되어 양단 사이에 충전된다. 역시, 단시간에 커패시터 양단 전압이 떨어지면 전하 흐름이 발생하고 방전된다. 즉, 충전 또는 방전하고 있는 도중에만 전류(i)가 흐른다. 인가된 전압(V)까지 충전이 완료된 상태에서는 전압변화가 없어 식 (3-1)의 미분 값이 '0' 이 되므로 전류는 흐르지 않는다. 따라서 일반적으로 커패시터 양단에 전압변화가 있는 교류전압에서는 전류가 흐르나, 전압변화가 없는 직류상황에서는 전류가 흐르지 않는다. 결과적으로, 커패시터는 전하를 충전/방전하는 배터리로, 교류회로에서는 직류를 차단하고 교류전류 흐름을 제어하는 용도로 사용된다.

$$i = C\frac{dV}{dt} \quad \text{C: capacitance 단위 farad [F]} \qquad (3\text{-}1)$$

구조적으로 커패시터는 [그림 3-2]와 같이 면적 S를 갖는 금속판을 일정한 간격(d)을 두고, 이들 사이에 절연체의 일종인 유전체를 넣는다. 금속판에 전압을 공급하면 금속판 사이에 전하가 충전된다. 전극판의 면적(S)이 클수록, 두 전극판의 거리(d)가 짧을수록, 그리고 유전체의 상대유전율(ϵ_r)이 높을수록 전하(Q)가 많이 충전된다.

$$C = \epsilon_r \frac{S}{d} \quad \text{(S: 도체판의 면적, d: 판사이 간격, : } \epsilon_r \text{ 상대유전율)} \qquad (3\text{-}2)$$

따라서 위 식 (3-2)에 따라 커패시터의 용량은 구조적으로 크게 또는 작게 할 수 있다. 두 전극 간에 삽입하는 절연체(유전체)들로 세라믹, 전해질 등이 있으며 이들의 이름을 따서 세라믹 커패시터, 전해 커패시터라 부른다.

커패시터의 용량은 커패시턴스(capacitance)라 칭하며, 단위는 패러드(farad: F) 다. 1[F]이란 1[V]의 전압을 가하여 1[C]의 전하가 충전된 용량이다.

일반적으로 배터리로 사용되는 커패시터는 많은 전하를 충전할 수 있도록 1[F] 이상의 매우 큰 용량을 사용한다. 또한, 교류회로에 사용되는 커패시터 전하 용량은 매우 적어, μF(마이크로 패러드: 10^{-6}[F])~pF(피코 패러드: 10^{-12}[F])에 걸친 용량들이 주로 사용된다.

2) 커패시터의 종류

커패시터는 도체판 사이에 삽입되는 유전체의 종류에 따라 다양하게 사용되며, 현재 가장 많이 쓰이고 있는 커패시터는 세라믹커패시터, 전해 커패시터로서 이들의 특성과 용량 판독법을 알아보기로 한다.

■ 세라믹 커패시터

도선 전극을 갖는 세라믹 커패시터는 모양이 원반형으로 되어 있으며, 용량은 비교적 작은 편이다. 극성이 없으며 많이 쓰이는 기본 용량 단위는 p[F] 이다. 세라믹 커패시터는 전극 사이의 유전체로 티탄산바륨(Titanium-Barium)과 같은 유전율이 큰 재료가 사용되고 있다. 이 커패시터는 다른 종류에 비해 고주파 특성이 양호하다는 특징을 가지고 있다.

커패시터의 용량은 주로 3자리의 숫자로 표시하든가, 그대로 표시한다. 3자리 숫자로 나타내는 경우, 앞의 2자리 숫자가 용량의 제1 숫자와 제2 숫자이고, 3번째가 승수가 된다.

[그림 3-3]에 값이 표기된 세라믹 커패시터의 예를 표시하였다. 표시의 단위는 p[F]이다. 그림에서 104로 표시되어 있으므로 이의 값은 아래와 같다.

$$C = 10 \times 10^{4}\ p\,[F] = 100\ \mu[F]$$

[그림3-3] 세라믹 커패시터 용량표시의 예

■ 전해 커패시터

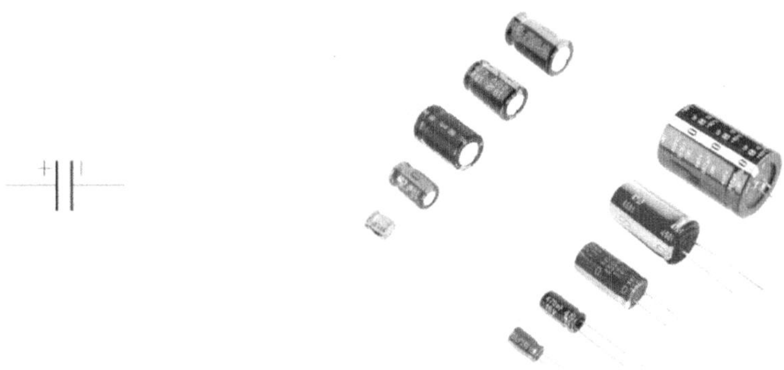

(a) (b)

[그림 3-4] 전해 커패시터의 심볼(a) 및 lead 타입 예(b)

전해 커패시터는 직류전원공급을 위한 전원 단자의 잡음 제거에 주로 많이 적용되며, 이를 위해 1μ[F] 이상의 큰 용량들이 사용된다. 이 커패시터는 유전체로 전해질을 사용하고 있으며, 적용되는 정격전압에 유의한다. 유전체의 유전율과 구조적인 이유로 체적에 비해 큰 용량을 얻을 수 있다. 여타 커패시터들과는 다른 외형적인 특징은 [그림 3-4]와 같이 극성(+ 전극과 - 전극)이 몸체에 표시되어 있고, 흔히 마이너스(-) 전극을 표시한다. 또한, 회로 연결을 위한 lead 단자 중에서 긴 쪽이 (+), 짧은 쪽이 (-)다.

한편, 외관에 인가할 수 있는 정격전압과 정전용량도 표시되어 있다. 극성을 잘못 접속하거나, 전압이 너무 높으면 커패시터가 파손되므로 주의해야 한다. 용량은 1μ[F] 부터 1000μ[F] 범위의 것이 많이 사용한다.

[그림 3-4]에 전해 커패시터의 예를 볼 수 있다. 용량이 클수록, 정격전압이 높을수록 큰 크기를 갖는다.

3.1.3 인덕터

1) 인덕터의 동작 특성

인덕터(Inductor; L)는 자기장을 이용하는 전자부품이다. 과도전류의 변화를 이용해서 전압의 변화를 유도해낸다. [그림 3-5]처럼 내부코어(Inner core)로는 공기를 사용하는 공심코일이 있고 자성체나 철심 페라이트를 사용한 것이 있다. 인덕터의 심볼은 [그림 3-6]과 같다.

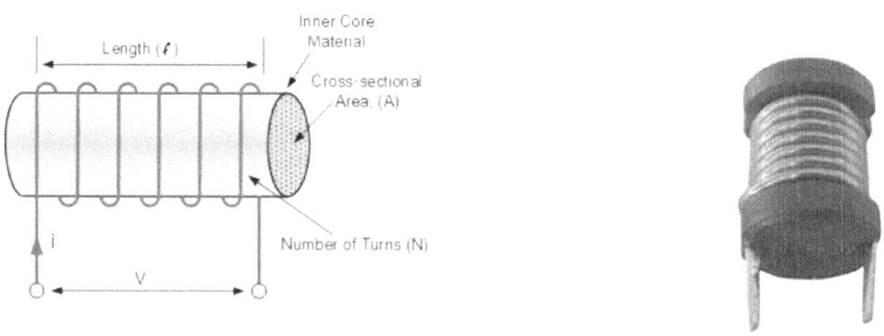

[그림 3-5] 인덕터의 구조(A: 단면적, N: 감은회수,ℓ: 길이) 및 상용제품의 예

[그림 3-6] 인덕터의 심볼

[그림 3-7]처럼 도선에 전류가 흐르면 그 주위에 자기장(magnetic field)이 형성된다. 전류 크기가 변화하면 인덕터에 교류 전압이 유도되며 다음 수식으로 표현할 수 있다.

$$v(t) = L\frac{di}{dt} \text{ , L : inductance} \tag{3-3}$$

전류변화에 따라 유도되는 자기장의 능력지수로서 L을 인덕턴스라고 하며 단위는 H(henry)를 쓴다. 1[H] 인덕턴스는 단위 시간당 1[A]의 비율로 변화되면서 코일을 통해 흐르는 전류가 인덕터 양단에 1[V] 전압을 유도했을 때의 용량을 의미한다.

따라서 인가되는 전류가 같더라도 인덕터에 저장되는 에너지는 인덕턴스(L)에 따라 다르다. [그림 3-7]에서 내부 코어(inner core)로 사용되는 자성체의 비투자율(μ_r)이 클수록, 코일의 단면적과 감은 횟수가 많을수록 식 (3-4)처럼 인덕턴스는 증가한다.

$$L = \mu_r \frac{N^2 A}{l} \quad , \mu_r\text{: 투자율, N: 감은 횟수, A: 단면적} \qquad (3-4)$$

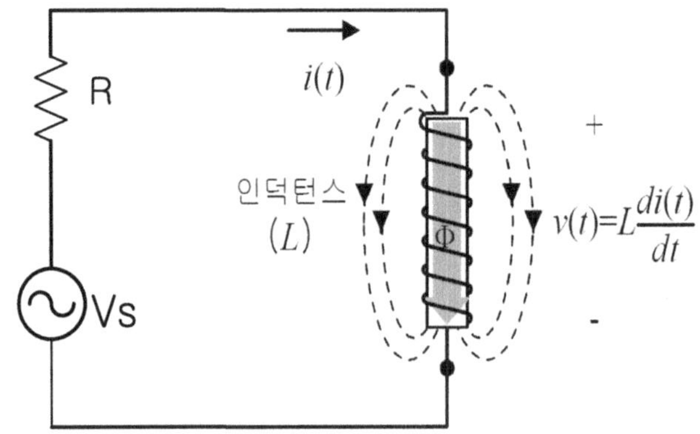

[그림 3-7] 교류회로에서 인덕터의 기본동작

2) 인덕터의 종류

인덕터를 용도에 따라 필터용 부품, 동조 코일, 잡음방지용 코일, 트랜스포머 등이 있다. [그림 3-8]에 상용제품들의 외관을 볼 수 있다.

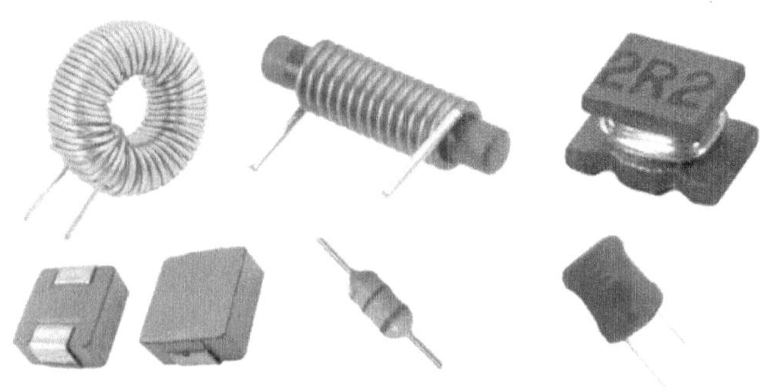

[그림 3-8] 종류별 인덕터 제품들의 외관

■ **전원 트랜스포머(Power Transformer)**

전원 트랜스(Power Transformer)는 인가된 입력 교류전압을 상호 전자유도작용을 통해 출력신호 전압을 크게 하거나 낮춰 필요한 전압을 얻는다. 일반적으로 가정용 전자기기는 전원 전압 220 V_{rms}를 응용에 맞춰 적정 교류전압으로 낮춘다.

[그림 3-9](a)에 전원 트랜스의 심볼을 나타내며 [그림 3-9](b)는 자기장의 상호유도작용 동작을 보여준다. 일차 측(primary) 인덕터에 인가된 교류전압에 의해 흐르는 교류전류에 의해 형성된 자기장이 2차 측(secondary)에 철심을 통해 유도되는 현상을 볼 수 있다. 2차 측에 유도된 자기장에 의해 교류전압이 관찰된다. [그림 3-9](c)는 상용 제품의 예이다.

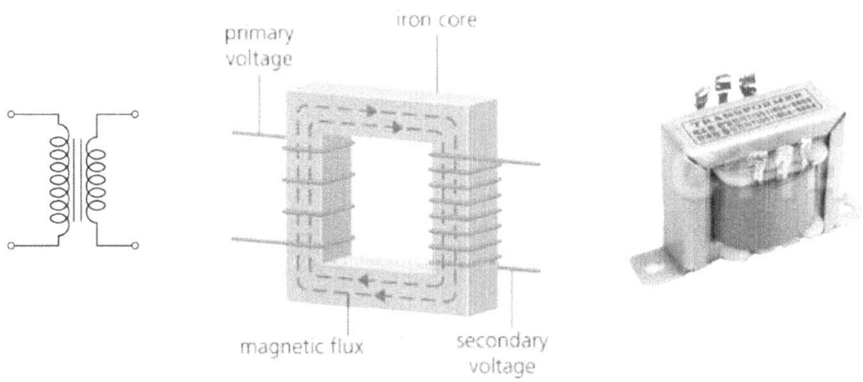

(a) (b) (c)

[그림 3-9] 전원트랜스의 심볼(a), 상호유도 동작(b), 상용제품 예(c)

[그림 3-10]에 전원 트랜스의 회로 동작을 나타낸다. 전원트랜스의 일차 측 권선수를 N_1이라 하고 2차 측 권선비를 N_2라 한다. 일반적으로 $N_1 > N_2$로 하여 전압을 떨어뜨려 사용한다.

전원 트랜스의 상호유도 작용이 이상적인 상태로 동작할 때, 1차 측 전력이 2차 측에 손실 없이 전달된다. 즉, $V_1 I_1 = V_2 I_2$ (V_1, I_1은 1차 측 전압과 전류이고 V_2, I_2는 2차 측 전압과 전류)이다. 권선비(N1, N2)에 따른 2차 측 전압(V_2)는 다음과 같다.

$$V_2 = \frac{N_2}{N_1} V_1 \tag{3-5}$$

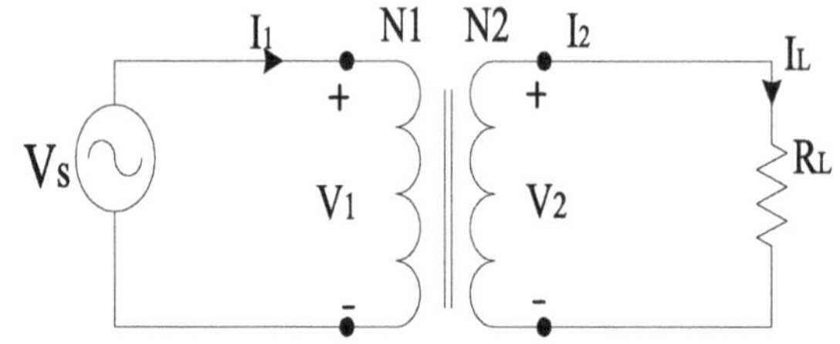

[그림 3-10] 전원트랜스의 동작회로

따라서, 출력전압이 증가하면 출력 전류는 감소한다. 일반적으로 많이 사용되는 권선비에 따라 전원트랜스의 제품들이 이미 생산되어 있으며 회로 설계 시에는 회로 규격에 적합한 부품을 목록에서 선택한다.

전원 트랜스의 동작 원리를 최근 생활주변에서 많이 이용한 예를 [그림 3-11]에서 볼 수 있다.

(a) (b)

[그림3-11] NFC 적용 예(a) 및 무선충전 적용 예(b)

3.2 수동부품의 임피던스

3.2.1 임피던스 개념

직류에서 저항이 회로에서 전류를 제어하는 개념과 마찬가지로, 교류에서서는 임피던스(impedance) 개념을 사용한다. 회로의 교류 저항(resistance)라는 개념과 매우 유사하다. 기본 정의는 다음과 같다.

$$Z = \frac{V}{I} \tag{3-6}$$

여기에서 V는 교류전압이고 I는 교류전류이다. 즉, 임피던스(Z)는 회로상의 특정 위치에서의 교류전압과 교류전류의 비이고 직류와 마찬가지로 교류전류를 제어한다. 저항 R의 임피던스는 주파수와 무관하게 크기가 일정하나, 인덕터와 커패시터는 주파수에 따라 임피던스 크기가 변화한다.

임피던스는 복소수이며 다음 식과 같이 실수인 저항 성분 R과 허수인 리액턴스 성분 X로 표현된다. 단위는 저항과 같은 ohm(Ω)이다.

$$Z = R + jX \tag{3-7}$$

3.2.2 수동부품의 임피던스

1) 저항 R

[그림 3-12]의 회로에 교류전(압)원 $V = V_m \sin(\omega t)$이 회로에 공급될 때 회로에 흐르는 교류전류는 다음 식과 같다.

$$i = V_m \sin(\omega t)/R$$

이때 저항(R)의 임피던스(Z_R)는 ohm의 법칙에 따라 다음 식과 같다.

$$Z_R = \frac{v}{i} = \frac{V_m \sin(\omega t)}{V_m \sin(\omega t)/R} = R$$

즉, 교류회로에서도 저항에서의 전류-전압 관계는 옴(ohm)의 법칙에 따라 다음 수식으로 표현된다.

$$V = IR$$

저항 R에 대한 임피던스를 Z_R이라고 표현하면 Z_R은 다음과 같다.

$$Z_R = R \tag{3-8}$$

여기에서 저항 R은 주파수와 무관한 일정한 값을 갖는다.

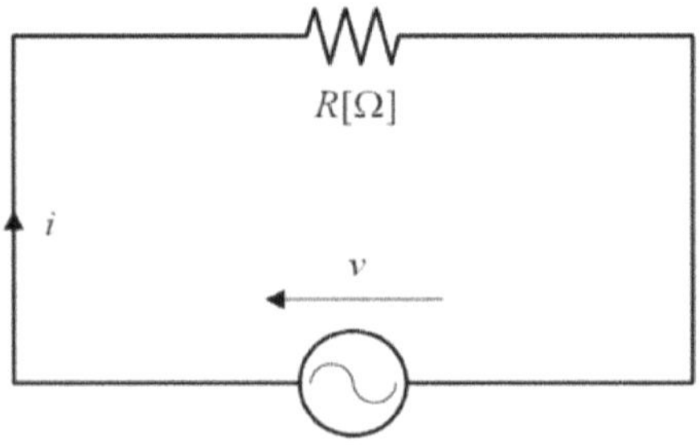

[그림 3-12] 교류 전(압)원이 연결된 저항 회로

2) 인덕터 L

인덕터에서 전압-전류 관계는 다음 미분 식으로 표현된다.

$$v(t) = L\frac{di}{dt}, \quad \text{L : inductance} \tag{3-9}$$

인덕터에 교류전류(i)가 흐르면 변화(주파수)에 따라 전압이 걸리고, 직류전류가 흐를 때 인덕터 양단에 걸린 전압은 '0'의 값을 가진다. 위 식을 이용하여 인덕터 L의 임피던스 Z_L 을 구하면 다음과 같다.

$$Z_L = \frac{V}{I} = j\omega L \tag{3-10}$$

위 식에서 j는 허수이고, 각주파수 $\omega = 2\pi f$이다. 높은 주파수를 가진 교류신호가 흐를 때 임피던스(Z_L)는 커지며 교류전류가 작게 흐른다. 반면에 낮은 주파수로 갈수록 교류전류가 잘 흐른다. 즉, 인덕터는 주파수가 높을수록 임피던스가 커진다. 이를 이용하여 고주파 회로 또는 잡음 차단용으로 사용하며, 필터에서 특히 중요한 부품으로 사용된다.

인덕터의 주파수에 따른 임피던스의 크기는 [그림 3-13]처럼 주파수에 비례한다.

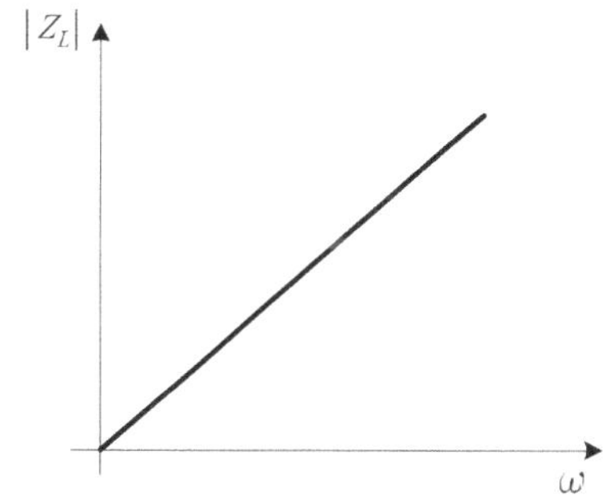

[그림 3-13] 인덕터 임피던스의 주파수 특성

3) 커패시터 C

커패시터에서 전압-전류 관계는 다음 미분 식으로 표현된다.

$$i(t) = C\frac{dv}{dt} \text{ , C : capacitance} \tag{3-11}$$

전류가 흐르기 위해서는 양단에 걸리는 전압(V)에 시간에 따른 변화가 있어야 한다. 순간적으로 변화하는 직류 전압이나, 주기적으로 변화하는 교류전압에 대해 전류가 흐른다. 위 식을 이용하여 커패시터 C의 임피던스 Z_C 를 구하면 다음과 같다.

$$Z_C = \frac{V}{I} = \frac{1}{j\omega C} = \frac{-j}{\omega C} \tag{3-12}$$

위에서 j는 허수이고, 각주파수 $\omega = 2\pi f$ 이다. 인덕터와는 반대로 높은 주파수를 가진 교류전압 신호가 걸릴 때 임피던스는 작다. 반면에, 주파수가 작아질수록 임피던스가 거져 교류전류가 감소한다. 정리하면 커패시터는 [그림 3-14]처럼 높은 주파수를 갖는 고주파 신호일수록 잘 통과시키고 저주파 신호들을 감쇠시키는 특성을 갖는다.

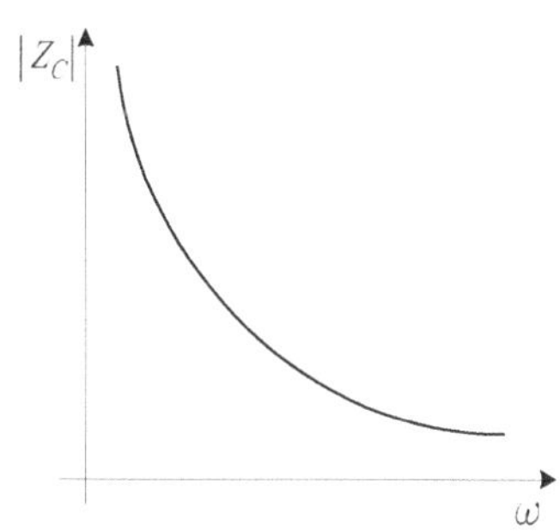

[그림 3-14] 커패시터 임피던스의 주파수 특성

3.3 신호전달개념 및 dB 단위

3.3.1 신호전달 개념

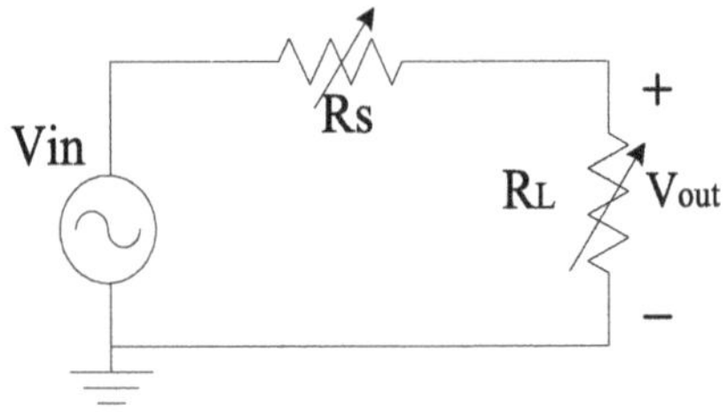

[그림 3-15] 신호전달 개념 이해

교류 입력신호(V_{in})가 시스템을 통해 출력(V_{out})되는 경우, 그 전달과정을 간단한 회로로 표시하기 위해 [그림 3-15]와 같이 간단히 2개의 저항으로 시스템을 나타낼 수 있다. 이때 편의상 **저항들은 주파수 따라 변화한다고 가정할 때 주파수에 따라 임피던스가 변화하는 커패시터나 인덕터로 대신할 수 있다**. 부하저항(R_L)에 걸린 전압을 출력전압(V_{out})이라 할 때 이는 전압분배법칙에 따라 다음과 같이 쓸 수 있다.

$$V_{out} = \frac{R_L}{R_s + R_L} \cdot V_{in} \tag{3-13}$$

입출력 임피던스 비를 전달 이득(A)라 할 때 다음 식과 같다.

$$A = \frac{V_{out}}{V_{in}} = \frac{R_L}{R_s + R_L}$$

저항 R_L 이 주파수 변화에 따라 증가하여 $R_s \ll R_L$가 돼, R_s을 무시할 수 있게 될 때, 전달이득이 1에 접근하여 출력단에 입력 교류신호(V_{in})가 모두 검출되고 신호가 100% 전달되었다고 한다. 반대로 R_s가 커지는 경우 전달 손실이 증가한다. 따라서 부하저항 R_L 이 커질수록 Rs 가 작을수록 신호전달 이득(A)이 증가한다.

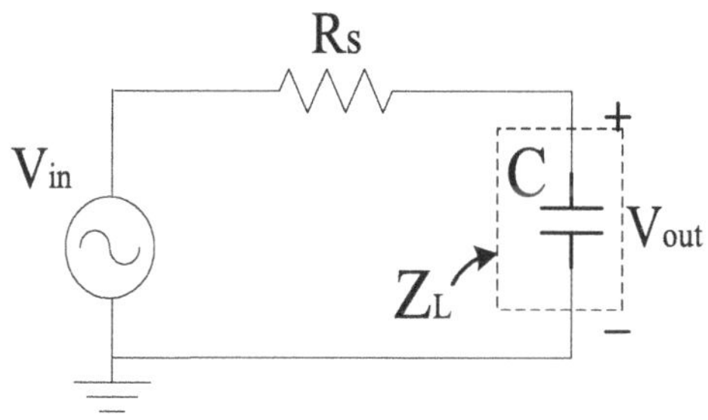

[그림 3-16] 커패시터에서 출력을 얻을 때의 회로 구조

[그림 3-15] 회로에서 부하저항(R_L)을 커패시터로 대체하면 [그림 3-16]으로 표시할 수 있다. 커패시터 임피던스 $Z_L = 1/(j\omega C)$로 표시되며 작은 주파수에서 임피던스가 크고, 높은 주파수에서 작다. 따라서 전달이득(A)은 작은 주파수에서는 높고, 큰 주파수에서는 이득이 작다. 즉, 저역통과 필터 특성을 갖는다. 만약, 커패시터와 저항의 위치가 서로 반대일 경우 같은 논리로 고역통과 필터 특성을 나타낸다.

3.3.2 dB 단위

dB는 decibel의 약자로서 어떤 수치 값(X)에 $10\,Log\,(X)$단위를 취하는 것을 기본으로 한다. 일반적으로 물리량의 상대적인 값을 비교할 때 사용하며 수학적인 Log 단위의 특성을 물리량에 적용하는 것이다. 물리량이 매우 작거나, 매우 큰 값을 Log 함수의 특성을 이용하여 우리가 일상에서 자주 사용하는 작은 수(주로 2자리)로 표현할 수 있다. 즉, dB 단위를 사용하면 부품이나 시스템의 성능이나 특성을 쉽게 이해하고 표시할 수 있다.

dB 단위는 두 전력(watt)의 비로 다음과 같이 정의된다.

$$dB = 10\,Log\left(\frac{P_{out}}{P_{in}}\right) \tag{3-14}$$

여기에서 P_{in} 은 시스템 입력전력이며, P_{out}은 시스템 출력전력이다. 따라서 dB 단위는 입출력 전력의 상대적인 크기 비이다. 전력은 $P = V^2/R$ 이므로 전압을 이용하여 위 식 (3-14)을 다음과 같이 바꿀 수 있다.

$$dB = 20\,Log\left(\frac{V_{out}}{V_{in}}\right) \tag{3-15}$$

따라서 전압이 주어지는 경우 위 식 (3-15)를 사용하여 dB 단위로 환산할 수 있다.

필터에서 주로 사용하는 dB 값을 아래 [표 3-1]에 나타냈다. [표 3-1]에서 -3dB 인 경우 출력전압이 입력 전압에 비해 0.707(70.7%)로 작아진 것이며 필터에서 통과 여부를 가늠하는 경계지점인 **차단주파수를 결정하는 값**이다. 또한, 필터는 항상 출력보다 입력이 작아서 음의 dB 값을 가지므로 특별히 '-' 를 표시하지 않는다.

[표 3-1] 필터에서 자주 사용하는 dB 값

dB 값	P_{out}/P_{in}	V_{out}/V_{in}
-3dB	1/2	$1/\sqrt{2}$=0.707
-6dB	1/4	
-10dB	1/10	
-20dB	1/100	
-30dB	1/1000	

3.4 RC 필터 종류 및 특성파라미터

필터(Filter)는 입력된 여러 주파수 성분 중 원하는 주파수만 통과시키고 나머지는 감쇠시키는 역할을 한다. 즉, 필터는 통신회로 또는 여러 전자회로 응용에서 원하는 신호의 주파수 선택을 위해 꼭 필요한 부품이다. 이는 RLC(resistor, inductor, capacitor) 수동부품만으로 또는 OPAMP 등과 결합한 형태로서 구현된다.

필터는 통과시키는 주파수 특성에 따라 3가지의 종류로 구분할 수 있다.

- 저역통과필터(low pass filter, LPF)
- 고역통과필터(high pass filter, HPF)
- 대역통과필터(band pass filter, BPF)

3.4.1 저역통과필터 (low Pass filter, LPF)

LPF는 고주파 신호를 제거하고, 저주파를 갖는 신호만을 골라내는 기능을 한다. 이를 통해 직류전원 회로에서 고주파 잡음을 제거하거나, 여러 채널을 갖는 통신회로에서 저주파 신호만을 선택하는 응용에 사용된다.

LPF의 회로구조는 주파수에 따른 신호전달 개념상 직렬 인덕터와 션트(shunt) 커패시터 구조가 가장 효과적이다. 그러나 저주파에서 동작하는 LPF는 인덕터의 구현상 문제점 때문에, [그림 3-17]처럼 인덕터 대신 저항으로 대체된 RC 필터가 LPF의 가장 간단한 구조로 이용된다.

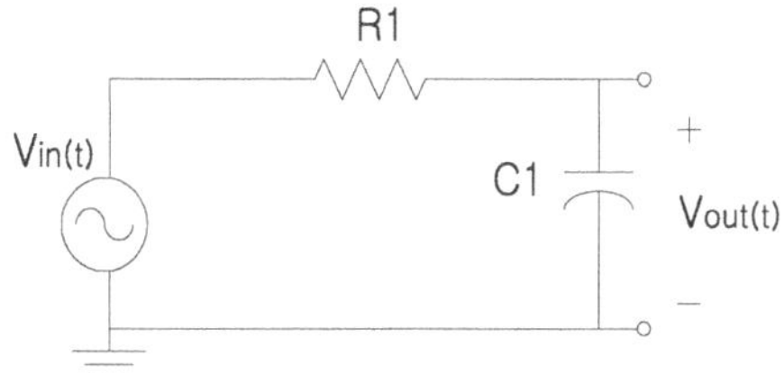

[그림 3-17] RC를 이용한 저역통과필터 회로

교류신호(V_{in})이 LPF에 인가될 때 커패시터(C1)에서 출력을 얻는다. 이때 필터의 전달 전압이득(A_V)은 전압분배법칙에 따라 임피던스를 이용하여 식 (3-16)과 같이 쓸 수 있다. 이를 전압이득의 크기로 표시하면 식 (3-17)과 같다. 여기에서 각 주파수 $\omega = 2\pi f$ 이다.

$$A_V = \frac{V_{out}}{V_{in}} = \frac{1/(j\omega C1)}{R1 + [1/(j\omega C1)]} = \frac{1}{1 + j\omega R1\,C1} \tag{3-16}$$

$$|A_V| = \frac{1}{\sqrt{1 + (\omega R1\,C1)^2}} \tag{3-17}$$

위 식 (3-17)에서 주파수가 증가할수록 분모 값이 커져 전달 전압이득(A_V)이 작아진다. 저역통과필터에서 통과 대역과 차단 대역의 경계로 하는 주파수를 '차단주파수(f_c)' 라 하는데 기준이 되는 전달이득(A_V) 값은 $1/\sqrt{2} = 0.707$이고, 이를 전력으로 환산하면 입력전력의 1/2에 해당한다. dB 단위로는 -3dB이다.

식 (3-17)으로부터 차단주파수를 구하면 다음 식과 같다.

$$\frac{1}{\sqrt{1 + (\omega_c R1\,C1)^2}} = 1/\sqrt{2}$$

$$\rightarrow f_c = \frac{1}{2\pi\,R1\,C1} \tag{3-18}$$

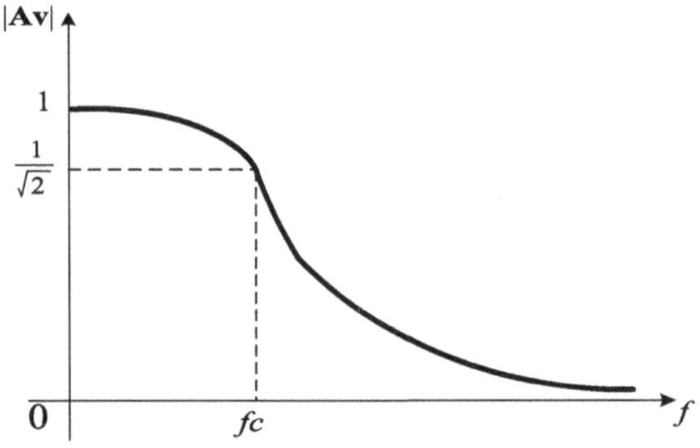

[그림 3-18] RC를 이용한 저역통과필터 주파수 응답

3.4.2 고역통과필터 (high Pass filter, HPF)

HPF 는 LPF와 대칭되게 저주파 신호를 차단시키고 높은 주파수를 통과시킨다. 저역통과 필터와 같이 차단주파수를 두어 이의 경계 값으로 한다. 고역통과필터의 회로구조는 [그림 3-19]처럼 커패시터(C1)를 교류신호원(V_{in})과 직렬로, 저항(R1)에서 출력을 얻는다.

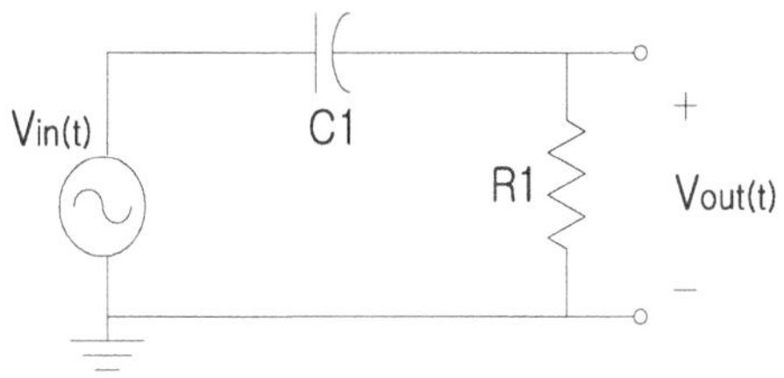

[그림 3-19] CR를 이용한 고역통과필터 회로

필터의 전달 전압이득(A_V)은 전압분배법칙에 따라 식 (3-19)와 같이 쓸 수 있다. 이를 전압이득의 크기로 표시하면 식 (3-20)과 같다. 여기에서 각주파수 $\omega = 2\pi f$ 이다.

$$A_V = \frac{V_{out}}{V_{in}} = \frac{R1}{R1 + [1/(j\omega C1)]} = \frac{j\omega R1\,C1}{1 + j\omega R1\,C1} \tag{3-19}$$

$$|A_V| = \frac{\omega R1\,C1}{\sqrt{1 + (\omega R1\,C1)^2}} \tag{3-20}$$

위 식 (3-20)에서 주파수를 증가할수록 분모와 분자 값이 커져 전달 전압이득(A_V)이 '1' 의 값에 접근한다. 반대로 주파수가 작아질수록 분모 크기의 값에 비해 분자 크기가 매우 작아져서 '0' 의 값에 접근한다. 전압이득(A_V)이 '1' 이 되는 것은 교류신호 입력이 출력단에서 모두 관찰되는 것으로 '통과' 를 나타낸다. '0' 은 차단됨을 의미한다.

고역통과필터에서 통과 대역과 차단 대역의 경계로 하는 주파수를 '차단주파수(f_c)' 라 하는데 기준이 되는 전달이득 값은 $1/\sqrt{2} = 0.707$이고 전력으로 환산하면 입력전력의 1/2에 해당된다. dB 단위로는 -3dB 다. 식 (3-20)으로 부터 차단주파수(f_c)를 구하면 다음과 같이 저역통과필터와 동일하게 표현된다.

$$f_c = \frac{1}{2\pi\,R1\,C1} \tag{3-21}$$

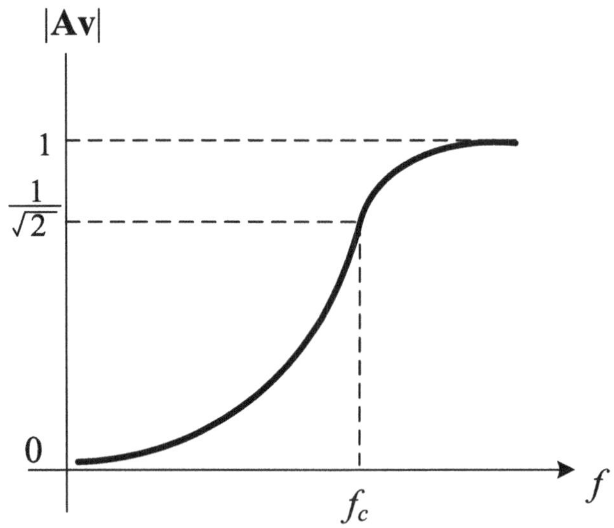

[그림 3-20] CR를 이용한 고역통과필터 주파수 응답

3.4.3 대역통과필터 (band pass filter, BPF)

대역통과필터란 어떤 주파수를 중심으로 하여 일정 범위의 주파수 대역만 통과시키는 필터이다. 특히 통신시스템에서 필요한 주파수 범위를 갖는 신호(채널)들만을 정확히 골라내고, 불필요한 채널 들을 억제하는 역할을 한다.

기본적인 회로는 인덕터와 커패시터로 구성되는 공진기 형태이다. 그러나 저주파 대역에서 동작하는 BPF는 인덕터 구현 문제로 저항으로 대체한다.

[그림 3-21]과 같이 저항과 커패시터로 구성된 저역통과필터와 고역통과필터를 종속 연결하면 대역통과필터 특성을 얻어낼 수 있다. [그림 3-22]와 같이 필터들은 각각의 차단주파수를 가지므로 통과 대역은 $f_{cL}-f_{cH}$이고 이를 대역통과필터의 3dB 대역폭이라 한다. 여기에서 f_{cL}은 저역통과필터의 차단주파수이며 f_{cH}는 고역통과필터의 차단주파수이다. 이들은 다음 식들로 구한다.

$$f_{cL}=\frac{1}{2\pi R1\ C1}\quad,\qquad f_{cH}=\frac{1}{2\pi R2\ C2} \tag{3-22}$$

$$3dB\ BW=f_{cL}-f_{cH} \tag{3-23}$$

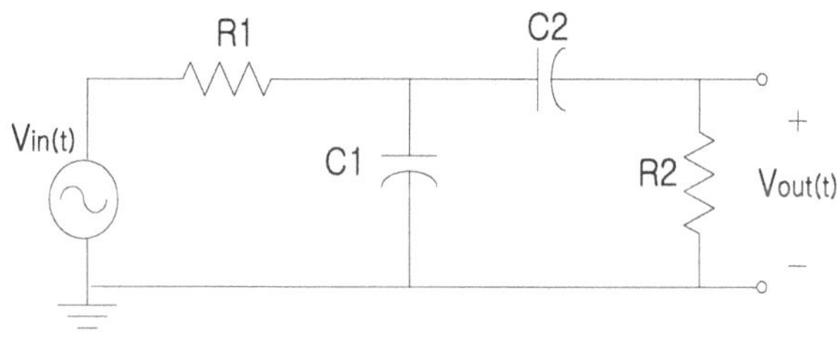

[그림 3-21] 저역통과필터와 고역통과필터가 결합된 대역통과필터 회로

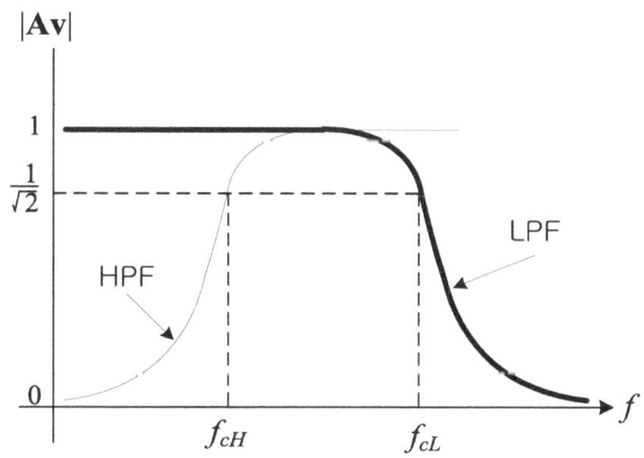

[그림 3-22] 대역통과필터 주파수 응답

3.4.4 필터의 특성 파라미터

지금까지 설명한 필터들은 회로구조 또는 사용부품의 수에 따라 성능 차이들을 갖는다. 일반적으로 필터의 성능은 [그림 3-23]과 같이 저역통과필터를 기준으로 다음과 같은 성능파라미터들로 기술되며, 고역통과필터 및 대역통과필터도 같은 개념으로 성능 파라미터들이 정의된다.

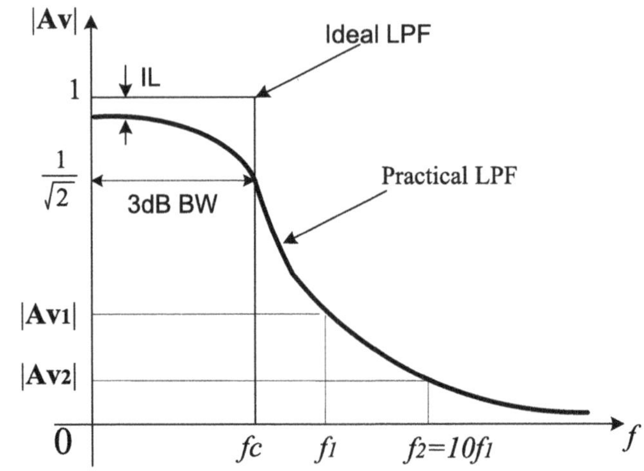

[그림 3-23] 저역통과필터 주파수 응답특성과 성능파라미터들

1) 삽입손실(insertion loss, IL)

- 기본 정의 : 필터는 시스템에 삽입되어 사용되는데, 삽입결과 발생한 손실을 삽입 손실(insertion loss, IL)이라 하고, dB 단위로 표시하며 통과대역 내에서 손실이 제일 작은 주파수에서 정의된다.

2) 3dB 차단주파수(f_c) 및 대역폭

- 정의: 전압이득을 기준으로 입력신호의 $1/\sqrt{2}$값을 갖는 주파수이며 전력 단위로는 -3dB이다. 일반적으로 '-' 를 제거하고 3dB 차단주파수라 한다.
- 대역폭: 0Hz~3dB 차단주파수(f_c)

  LPF의 경우 이론적으로 0Hz에서 차단주파수(f_c)까지를 대역폭으로 한다.

3) 차단기울기

- 정의: 차단 영역에서 불필요한 신호를 감쇠시키는 수준을 나타낸다. 차단영역에서 차단주파수(f_c) 보다 큰 특정 주파수를 f_1이라 하고 이의 열배(decade) 주파수 $f_2 = 10f_1$라 할 때, 두 지점의 감쇠 기울기 차이를 dB 단위로 측정한다.
- 차단 영역에서 기울기 개선방법: [그림 3-24](a)와 같이 저항과 커패시터 한 조를 일차(1st order)필터라 부르며, [그림 3-24](b)와 같이 저항과 커패시터 조합이 두 번 반복된 것을 이차(2nd order)필터라 한다. 차수가 증가할수록 차단 영역에서 기울기가 증가한다. 차단 기울기는 회로의 차수가 커질수록 이론적으로 20dB씩 증가한다. f_1을

가능한 차단주파수에 근접하면 측정이 편리하다. [그림 3-23]에서 차단주파수 f_1와 $f_2 = 10f_1$ 지점에서 차단 기울기는 dB 단위로 다음 식과 같다.

$$20\log\left(\frac{|A_{V2}|}{|A_{V1}|}\right) \tag{3-24}$$

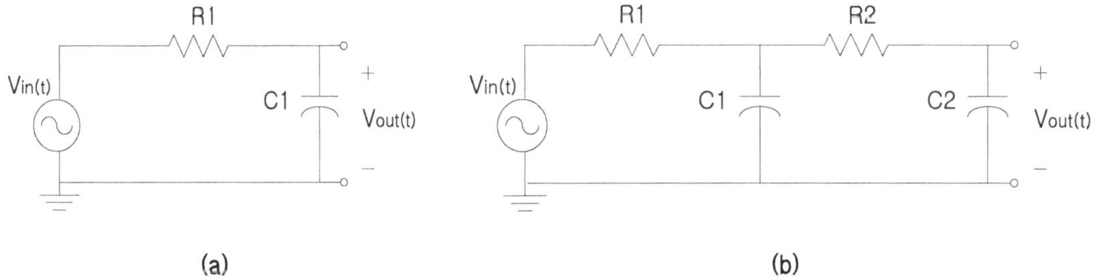

[그림 3-24] 저역통과필터의 차수: 일차(a), 이차(b)

3.5 RC 필터 설계

저항과 커패시터로 구성된 필터를 설계한다. 필터는 부품 구성에 따라 회로 전달개념에 기반하여 저역, 고역 또는 대역통과 필터가 된다. 또한, 회로 차수가 증가함에 따라 차단 기울기가 증가한다.

한편, 필터에 사용되는 부품값들은 제한적이어서 조별로 소지하고 있는 부품의 용량을 확인해야 시뮬레이션 결과와 실험을 일치시킬 수 있다. 반대로 조별로 소지하고 있는 부품을 기반으로 시뮬레이션하게 되면 훨신 효율적이다. 저항은 직렬 또는 병렬등을 통해 값을 다양하게 조합해서 사용할 수 있으므로 편의상 설계 시에 커패시터 값을 먼저 고정한다.

필터의 차단주파수는 LPF의 식 (3-18)이나 HPF의 식 (3-21)은 같다. 필터 설계를 위해 차단주파수가 미리 정해지기 경우, 같은 차단주파수를 제공하는 저항과 커패시턴스의 조합은 매우 많다. 그러나 1차 필터의 경우 3.3.1절에서 소개된 신호전달개념을 바탕으로 부품값들을 선택한다.

■ **필터 설계순서**

① 부품 재고 파악: 조별로 주어진 저항 값(12/24계열)과 Capacitor 값들의 정보 파악

② 초기 R,C 값 계산: 차단주파수 식에서 커패시턴스(C) 값을 먼저 고정한 후 저항값을 결정하는 것이 부품 선택에 유리하다.

③ 최초 시뮬레이션 결과 확인: 위에서 계산된 R, C값을 바탕으로 시뮬레이션을 하여, 설계 목표의 근접성 판정한다. 이때 3.3.1절에서 소개된 신호전달개념을 적용하여 값을 조정한다.

④ 최적화 설계: 설계 목표에 도달하기 위해 부품 값, 회로 차수(Order)들을 조정하여 설계 목표를 달성하도록 최적화한다.

3.5.1 저역통과필터 설계 예제

[그림 3-25] 저역통과필터 회로구조에 대한 설계목표에서 차단주파수가 미리 정해지므로 [식 3-18] 에 근거하여 저항(R)과 커패시터(C)의 값들을 결정한다. 또한, 여타 설계 목표에 있는 삽입손실과 차단기울기 등의 성능을 추가로 만족하는 부품값과 필터 차수의 결정을 위해서는 시뮬레이션이 필요하다.

저역통과필터의 설계 목표 예제
• 3dB 차단주파수: 150KHz • 대역폭: 0~150KHz • 삽입손실: 1dB 이내 • 차단기울기: 30dB/decade

■ 기초 설계를 위한 차단주파수에 따른 R, C 계산

차단주파수가 150KHz이므로 식 (3-18)을 이용하여, 커패시터를 1000pF(1nF)로 고정하면 저항값을 약 $1k\Omega$(12계열 저항의 근접값)으로 얻을 수 있다.

$$f_c = 150KHz \approx \frac{1}{2\pi R_1 C_1} = \frac{1}{2\pi R_1 (1 \times 10^{-9})} \tag{3-25}$$

■ 기본 회로 구성 및 시뮬레이션

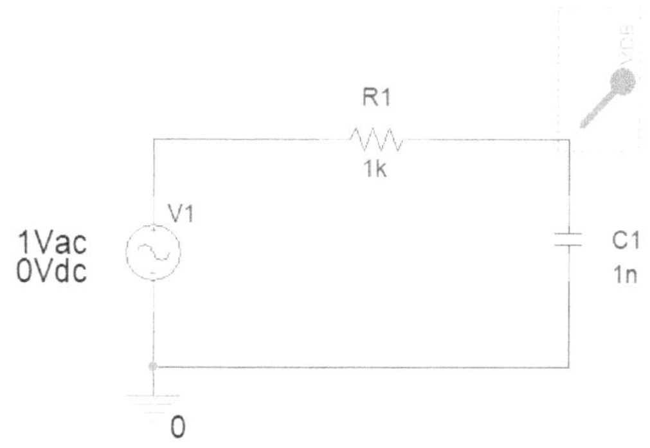

[그림 3-25] 저역통과여파기 기초 회로(schematic diagram)

위의 과정에서 계산된 부품값을 토대로 [그림 3-25]처럼 회로를 구성한다. 오실로스코프의 프로브 역할을 하는 VDB는 커패시터(C1)이 상단에 위치시켜 커패시터(C1)와 접지 사이에 걸린 전압을 출력전압(V_{out})으로 표시한다. 출력전압(V_{out})을 dB 단위로 표시하기 위해서는 시뮬레이터에서 [그림 3-26]처럼 Pspice 메뉴에서 'Advanced Marker'를 선택한다.

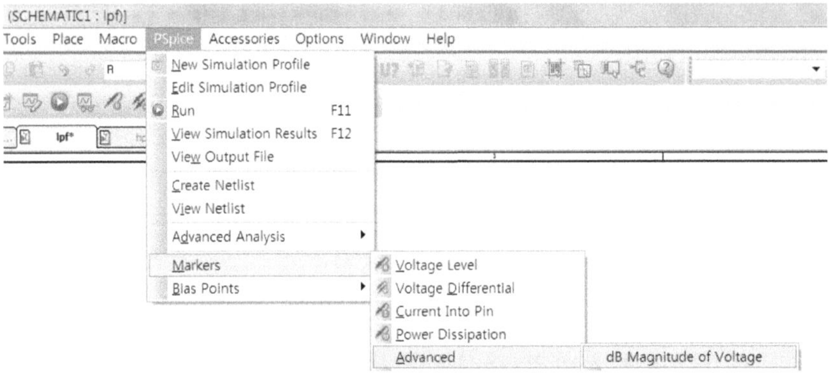

[그림 3-26] pspice dB 단위 마커(marker) 선택

■ 실행환경 및 주파수 설정

- **시뮬레이션 전체 주파수 설정**: [그림 3-27]에서 밑 줄친 type(analysis type, AC sweep type) 들을 선택한다. 차단주파수가 150KHz 이므로 시뮬레이션 start 주파수는 100Hz로 하고, 종료주파수를 2MHz로 한다. 이 경우 전체 필터 특성을 파악할 수 있으며 decade 주파수 범위($f_2 = 10f_1$)에서 차단기울기 측정을 할 수 있다.
- **상세 주파수 설정**: [그림 3-29]처럼 주파수 범위를 100~500KHz로 좁히면 차단주파수, 삽입손실, 통과대역 등을 상세하게 볼 수 있다.

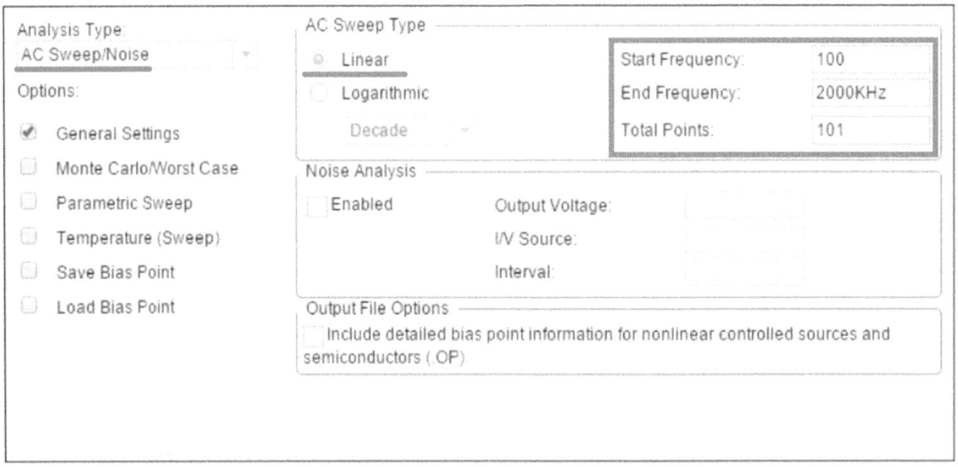

[그림 3-27] 시뮬레이션 환경 설정의 예

■ 기초 회로(RC 1차 회로) 시뮬레이션 결과 평가

[그림 3-28]에서 전반적인 저역통과필터의 모습을 볼수 있다. 즉, 저주파인 100Hz에서 삽입손실이 0dB이고 주파수가 높아질수록 감쇠량이 커진다. 이를 설계 목표 파라미터들과 비교한 결과는 다음과 같다.

- **차단 기울기**: [그림 3-28]에서 보는 바와 같이 f_1을 차단주파수(f_c)로 일치시키고, f_2를 $10f_1$으로 할 때 입력 교류신호 차단 기울기는 약 -20-(-3)=-17dB 로 설계 목표에 미달한다. 이를 위해 회로 차수(order)를 늘려 **재설계**할 필요가 있다.
- **3dB 차단주파수**: 식 (3-18)에 따라 계산된 값을 토대로 수행한 시뮬레이션 결과는 [그림 3-28]처럼 이론 값과 일치한다.
- **통과대역**: 통과대역은 저주파로 설정한 100Hz에서 차단주파수 f_c까지 이므로 이론 계산 값과 일치하는 것을 [그림 3-29]에서 확인할 수 있다.
- **삽입손실**: 통과대역 내에서 손실이 제일 작은 주파수에서 감쇠로 정의되므로 100Hz에서 전달이득(A_v)이 0dB로 손실이 없다.

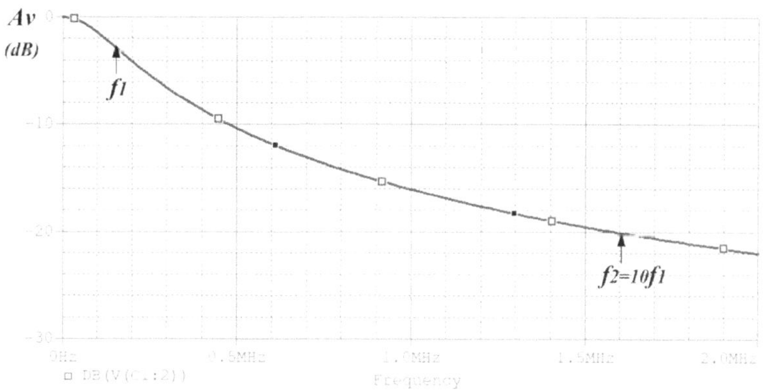

[그림 3-28] 저역통과여파기 시뮬레이션 결과(차단 기울기 측정)

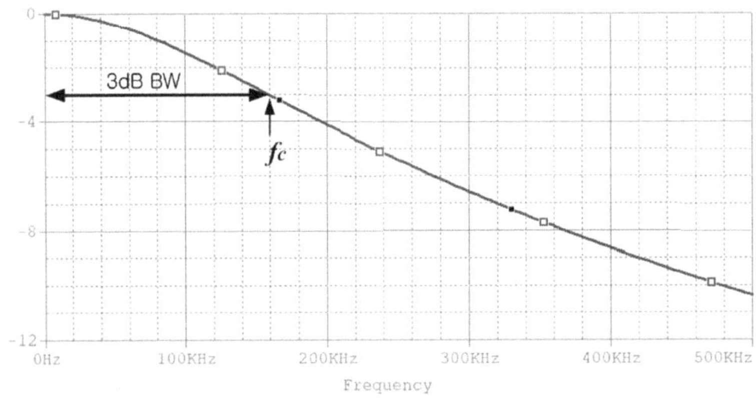

[그림 3-29] 저역통과여파기 시뮬레이션 결과(차단주파수, 3dB BW, 삽입손실 측정)

■ 성능 개선을 위한 재설계

1차 RC 저역통과 필터는 설계목표 중의 하나인 차단영역에서 기울기가 부족하다. 이를 개선하기 위해 필터 차수를 2차(order)로 늘린다. 필터 차수를 증가하면 차단 기울기는 증가하나 단순히 같은 회로를 반복하면 회로들 사이에 서로 영향을 주며, 특히 차단주파수가 감소한다. 따라서 부품값의 조정을 통해 4종류의 설계 목표 파라미터들이 최대한 만족할 수 있게 한다. 또한, 실제 실험실에서 존재하는 12계열 또는 24계열 부품값들을 사용하여 [그림 3-30]과 같은 결과를 얻었다.

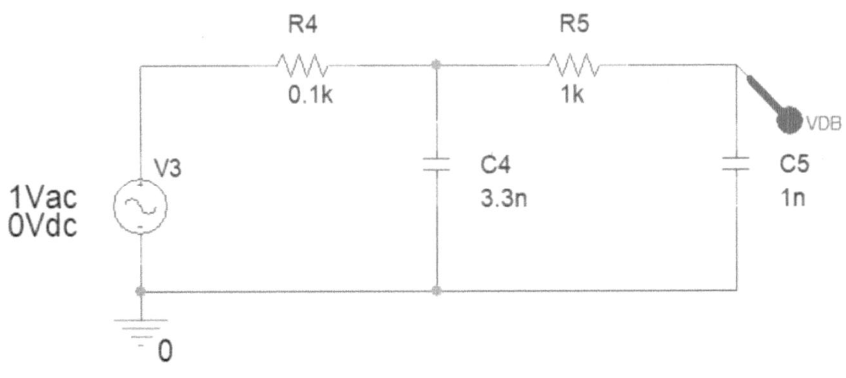

[그림 3-30] 개선된 2차 저역통과여파기 회로

■ 재설계된 2차 RC 저역통과필터의 성능 평가

- **차단 기울기**: [그림 3-31]에서 보는 바와 같이 f_1을 차단주파수 f_c로 일치시키고, f_2를 $10f_1$으로 할 때 차단 기울기는 약 -36-(-4)=-32dB로 설계 목표를 만족한다.
- **3dB 차단주파수**: [그림 3-32] 시뮬레이션 결과처럼 재설계된 회로는 목표 차단주파수인 160KHz에서 -3dB 보다 1dB 떨어진 약 -4dB 값을 보인다. 이로써 3dB 차단주파수는 150KHz에서 정해진다.
- **통과대역**: 재설계된 회로는 3dB를 기준으로 하는 통과대역은 설계 목표보다 10KHz 감소된 150KHz를 나타낸다. [그림 3-32] 시뮬레이션 결과에서 볼 수 있다.
- **삽입손실**: 통과대역 내에서 손실이 제일 작은 주파수에서 감쇠로 정의되므로 100Hz에서 전달이득(A_v)이 0dB로서 감쇠가 없다. 설계 목표를 만족한다. [그림 3-32] 시뮬레이션 결과에서 볼 수 있다.

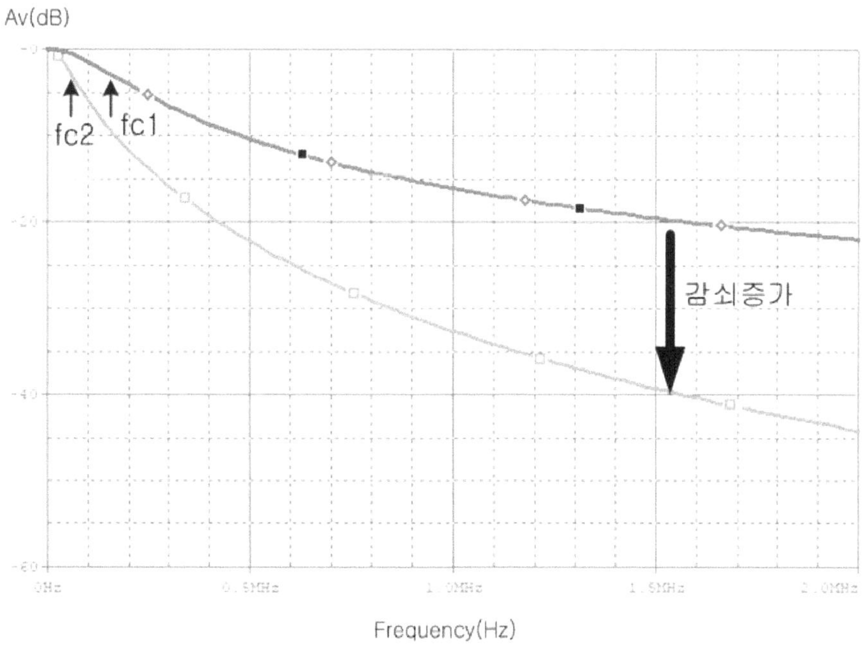

[그림 3-31] 차단 기울기가 개선된 차수(order) 증가에 따른 감쇠 기울기 증가

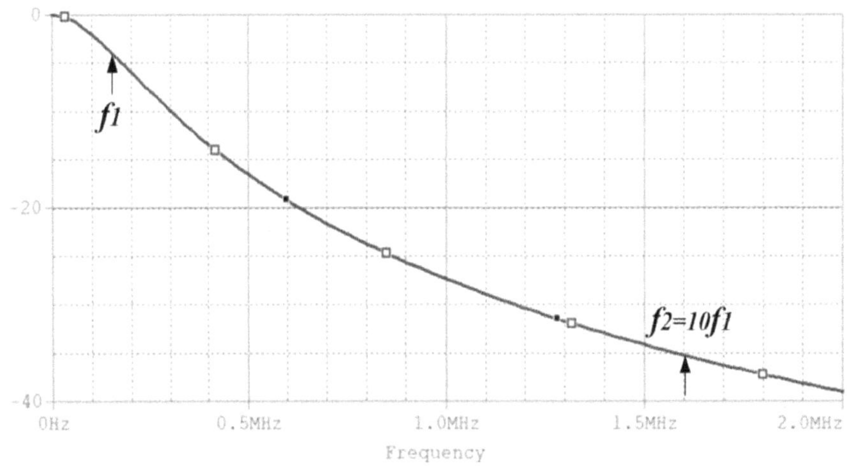

[그림 3-32] 개선된 2차 RC 저역통과여파기 시뮬레이션 결과

3.5.2 대역통과필터 설계 예제

저역통과필터와 고역통과필터를 종속 연결하여 대역통과여파기를 설계한다. 저역통과여파기는 3.5.1절에서 설계된 2차 RC 회로를 이용한다. 대역통과필터의 설계목표는 아래 표에서 볼 수 있다.

대역통과필터의 설계 목표
• 중심주파수: 100KHz • 대역폭: 중심주파수의 ±50%(50KHz~150KHz) 이상 • 삽입손실: 5dB 이내 • 상위 및 하위 차단기울기: 15dB/decade 이상

대역통과필터를 구성하는 저역통과필터의 회로는 [그림 3-30]을 이용한다. 따라서 고역통과필터의 설계가 필요하다. 고역통과필터 설계를 위해 기본적인 이론 수식은 식(3-21)을 이용하여 저항과 커패시터를 구하는 것부터 시작한다. 그러나 설계 목표 항목들을 만족하는 부품값과 필터 차수의 결정을 위해서는 시뮬레이터의 도움이 필요하다.

1) 필터 구성: RC 저역통과필터+ RC 고역통과필터

필터 대역폭의 상한 주파수가 150KHz 이므로 3.5.1절에서 설계한 저역통과필터를 그대로 사용한다. 고역통과필터의 차단주파수를 50KHz로 설계하여 [그림 3-33]처럼 회로를 구성한 후 저역통과필터와 연결한다.

2) 고역통과 필터 설계

■ 기초 설계를 위한 R, C 계산

차단주파수가 50KHz이므로 식 (3-21)을 이용하여, 커패시터(C7)를 0.47nF(또는 470pF)을 기준으로 저항을 계산하면 R8 저항값을 $6.8K\Omega$로 구할 수 있다.

$$f_{ch} = 50KHz \approx \frac{1}{2\pi R_1 C_1} = \frac{1}{2\pi R_1 (0.47 \times 10^{-9})} \qquad (3\text{-}26)$$

■ 시뮬레이션 환경 및 주파수 설정([그림 3-27] 설정)

시뮬레이터의 AC 해석을 통한 시뮬레이션을 위해 주파수를 설정해야 하는 데 우선 차단영역의 기울기를 관찰할 수 있도록 주파수 범위를 설정한다. 고역통과필터의 차단기울기 역시 차단주파수 영역에서 decade 주파수 범위에 해당하는 2개의 주파수(f_1, $f_2 = f_1/10$)를 선택한다. 첫 번째 주파수(f_1)을 차단주파수인 f_{ch}로 설정할 경우, 두 번째 주파수는 5KHz가 된다.

- Analysis type: Ac Sweep
- Ac Sweep type: Linear(default) or Log
- Start and stop frequency: 100Hz ~ 5MHz

■ 기본 회로 구성 및 시뮬레이션 결과

식 (3-26)를 이용하여 계산된 부품값을 토대로 [그림 3-33]처럼 회로를 구성하였다. 회로도에 표시된 마커 VDB는 측정하고자 하는 위치에서 dB 단위의 결과를 표시한다.

[그림 3-34]에서 시뮬레이션 결과를 볼 수 있다. 50KHz에서 3dB 차단주파수(f_{ch})를 얻었다. 이의 1/0 지점인 5KHz에서 20dB 손실을 나타내 1차 RC 회로로 대역통과필터에서 요구하는 낮은 주파수 영역에서 차단기울기를 만족한다.

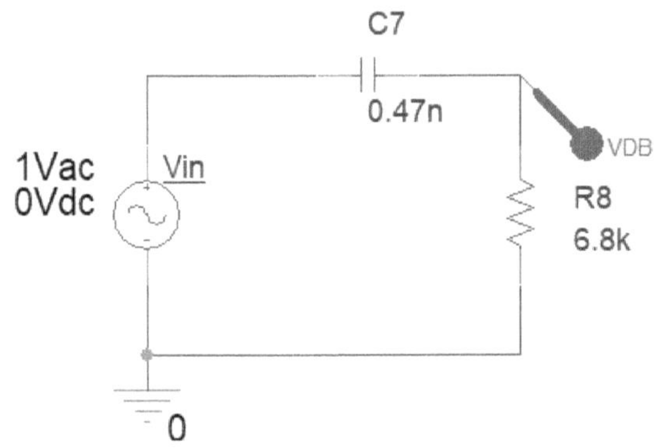

[그림 3-33] 고역통과여파기 기초 회로

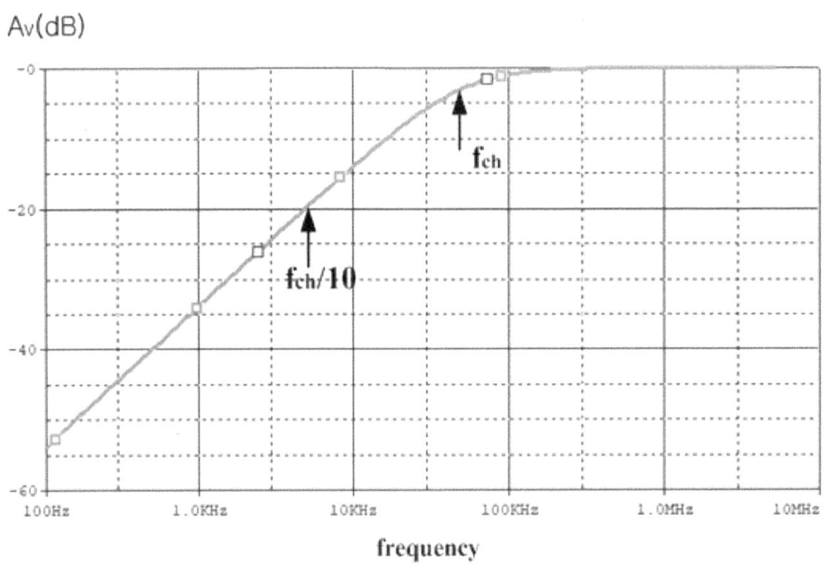

[그림 3-34] 설계된 고역통과필터의 전달특성

3) 대역통과 필터회로 구성

지금까지 설계된 고역통과필터와 3.5.1절에서 설계한 저역통과필터를 연결하면 [그림 3-35]와 같은 회로를 얻을 수 있다.

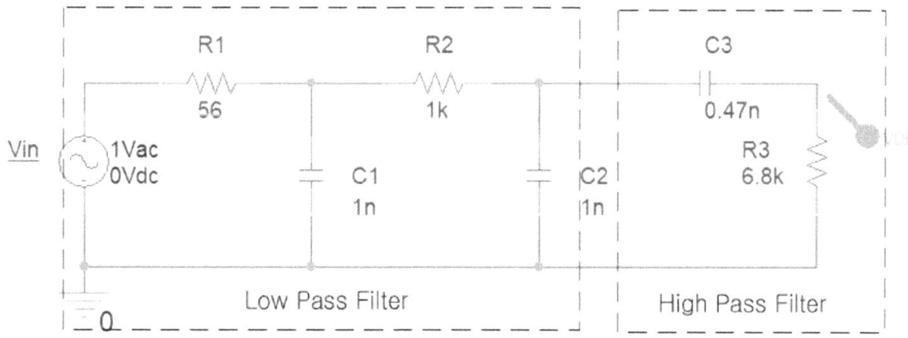

[그림 3-35] 설계된 대역통과필터의 회로도

■ 시뮬레이션 결과 평가

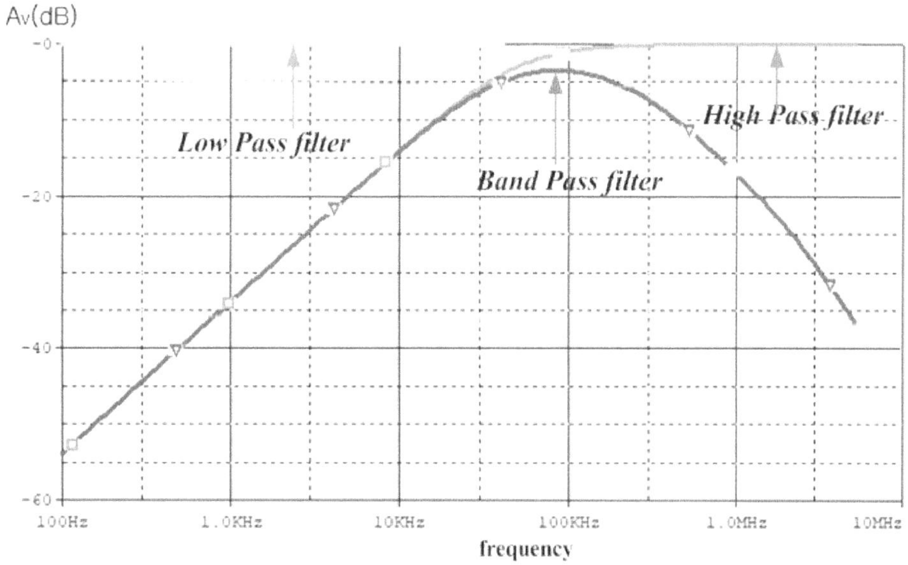

[그림 3-36] 대역통과여파기 시뮬레이션 결과(BPF 구성 개념 이해)

[그림 3-36] 그래프는 저역통과필터 회로의 특성결과와 고역통과필터 회로의 특성결과 그리고 대역통과회로의 특성결과를 모두 볼 수 있다. 대역통과필터의 대역폭, 차단기울기 등이 모두 저역통과필터 및 고역통과필터의 특성으로부터 얻어짐을 알 수 있다. 특히, 대역통과 필터의 차단기울기는 각기 저역통과 및 고역통과필터의 기울기와 매우 흡사함을 알 수 있다.

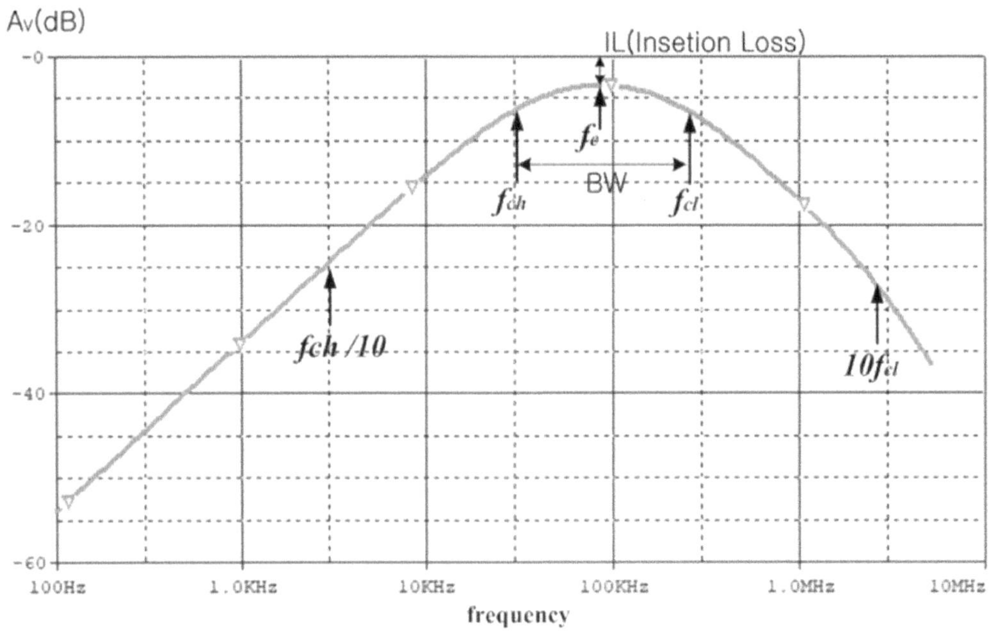

[그림 3-37] 대역통과여파기 시뮬레이션 결과(특성 파라미터들)

[그림 3-37] 그래프는 시뮬레이션 결과([그림 3-36]) 위에 대역통과 필터의 전달이득(A_v)에 대한 성능파라미터들을 표시하였다. 이들을 정리하면 아래와 같다.

- **중심주파수**:(f_0) 가장손실이 작은 주파수는 약 90KHz~100KHz 범위 내에 있다. 설계주파수인 100KHz를 포함한다.
- **삽입손실**: 중심주파수(f_0)에서 가장 작은 약 3.5dB의 손실을 나타낸다.
- **통과대역폭(bandwidth)**: 통과대역에서 삽입손실이 가장 작은 3.5dB 지점의 주파수 보다 3dB 작은 주파수를 기준으로 30KHz(f_{ch})~250KHz(f_{cl})이다. 이 결과는 설계목표 주파수(50KHz~150KHz)를 포함한다.

- **하위 차단기울기**: 하위 3dB 차단주파수인 30KHz($f_{ch}=f_1$)보다 1/10 작은 (1/10) $f_{ch}=f_2$사이의 dB 차이 값은 약 25-(6.5)=18.5dB로 설계 목표인 15dB를 달성한다.
- **상위 차단기울기**: 상위 3dB 차단주파수인 250KHz($f_{cl}=f_1$)보다 10배 큰 $10f_{cl}=f_2$사이의 dB 차이 값은 약 26.5-(6.5)=20dB로 설계 목표를 달성한다.

■ 성능 개선을 위한 재설계 가능성 평가

저역통과필터와 고역통과필터를 합성하여 대역통과필터를 얻었다. 합성된 대역폭은 각각의 대역폭 차이보다 훨씬 늘어나며 삽입손실도 증가하였다. 설계목표를 정확하게 달성하기 위해서 저역통과필터와 고역통과필터의 차단주파수를 재설계하여 최적화 시뮬레이션을 수행할 수 있다. 재설계를 통해 저역통과 필터의 차단주파수(f_{cl})을 작게하고, 고역통과필터의 차단주파수(f_{ch})을 크게 하여 설계목표인 50KHz~150KHz를 맞춘다. 시뮬레이터를 이용하여 현재의 부품 값들을 미세조정 해본다.

3.6 저역통과필터 실험

3.6.1 실험목적

- 저역 통과 필터 특성을 이해하고 성능파라미터들의 측정을 통해 각각의 의미를 이해한다.
- 필터 시뮬레이션 기법 및 오실로스코프 등 실험장치의 사용법을 터득한다.

3.6.2 실험내용 및 회로구성

조별로 아래 실험 목표를 달성 할 수 있도록 아래 절차에 따라 이론에 근거하여 부품값을 계산하고 시뮬레이션하여 회로를 구성한다.

저역통과필터의 조별 실험 목표
• 3dB 차단주파수: (100+2x)KHz • 대역폭: 0~(100+2x)KHz • 삽입손실: 1dB 이내 • 차단기울기: 30dB/decade

※ x는 실험조 번호의 끝자리수

■ 실험 내용

[그림 3-38]에 있는 저역통과필터(LPF) 들의 회로를 브레드보드에 구성하고 실험한다. [그림 3-38](a)는 기본회로이며, 차단주파수 대역에서 차단기울기가 부족한 경우 [그림 3-38](b)를 선택한다.

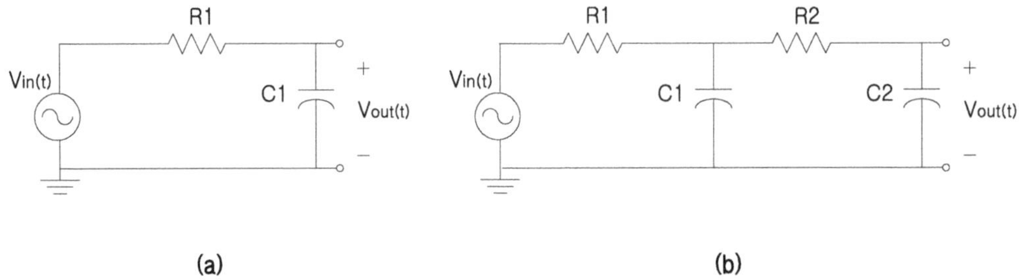

[그림 3-38] 저역통과필터 실험회로: 일차(a), 이차(b)

오실로스코프의 파형발생(wavegen) 기능을 이용하여 교류전원(V_{in})을 입력하고 커패시터에 걸린 출력전압(V_{out})을 오실로스코프로 프로브로 측정한다.

- 교류전원(V_{in}) 설정: 사인파 선택, 진폭 0.5Vpp, 오프셋 0 [V]

■ 회로 구성(부품 값 결정)

① **차단주파수에 맞는 RC 이론 값 계산**: LPF를 실현하는 차단주파수는 식 (3-18)에 정의되었으며 이에 적합한 R과 C값을 선택한다. 선택방법은 3.5장의 설계 및 시뮬레이션 이론에서 소개된 바 있다.

② **시뮬레이션을 통한 부품 값 확정**: 선택된 R과 C값을 기본으로 시뮬레이션을 하여 조별 실험 목표달성 가능성을 평가해본다. 시뮬레이터를 이용하여 아래 내용을 고려하여 R과 C값을 조정할 수 있다.

- 조별로 보유한 부품값과 이론값이 다를 때
- 여러 종류의 설계목표를 동시에 만족시킬 때 : 이론적으로 계산된 R과 C값은 차단주파수만을 고려한 것이므로 삽입손실이나 기울기 등을 위해 시뮬레이션을 통해 R과 C값을 다시 조정한다.

3.6.3 실험순서 및 측정데이터 정리

① **브레드보드 위에 회로 구성 및 교류전원과 연결**

시뮬레이션 완료 후 결정된 부품들을 이용하여 [그림 3-38](a) 또는 [그림 3-38](b)와 같은 저역통과필터를 브레드 보드를 이용하여 구성한다(아래의 '3.6.7 회로구성 유의사항'을 참고할 것).

② **주파수별로 필터 출력 전압측정 ⇒[표 3-3]과 [그림 3-39] 완성**

오실로스코프 파형발생(wavegen)의 출력전압을 1 V_{ampl}(또는 0.5Vpp)로 설정하고 낮은 주파수부터 높은 주파수까지 서서히 증가시키면서 회로의 출력전압(V_{out})을 주파수 별로 오실로스코프를 이용하여 측정하여 [표 3-3]의 해당 빈칸을 채운다. 이 값들은 엑셀(Excel)을 이용하여 [그림 3-39]에 주파수 축에 대한 저역통과필터 특성을 plot한다.

③ **LPF 입력 및 출력파형 측정⇒[표 3-2] 작성**

위의 측정(②) 과정에서 다음 3개의 주파수에서 오실로스코프로 측정한 입력전압(Vin) 파형과 출력전압(V_{out}) 파형 화면을 캡처하여 [표 3-2]를 채운다.

- 통과 대역 중에서 삽입손실이 가장 작은 주파수

- 3dB 차단주파수(f_c)
- 차단영역의 기울기를 측정하기 위한 f_2 주파수는 $f_2 = 10f_1$가 되게 한다. 또한, $f_1 \geq f_c$되도록 한다.

3.6.4 실험장치 및 부품 목록

실험장치	악세사리	기타
-디지털멀티미터 1대 -오실로스코프 1대	-브레드보드 1개 -교류신호 입력용 케이블 1셋 -오실로스코프 프로브 2셋	-저항 set -커패시터 set -회로 연결용 점퍼선 (빨강, 검정, 흰색/파랑)

3.6.5 오실로스코프 화면 및 환경설정

- **wavegen(파형발생) 및 주파수 설정** : OFFSET 전압은 0, 신호크기는 1[Vampl](또는 0.5Vpp), 정현파(Sine), 주파수는 조별 차단주파수(f_c)를 중심으로 100Hz부터 약 5MHz 까지 증가. 스코프 노브(knob)를 이용하여 주파수를 가변시킨다.
- **세로축(전압) 설정**: AC 커플링(coupling)으로 하여 파형을 화면의 중심에 맞춘다. 세로축의 접지는 항상 중앙에 위치시킨다. 차단영역에서 크기가 작은 신호일수록 잡음신호에 섞여 측정하기 어려우므로 세로축(전압) 스케일을 다시 조정하고, 세로축 위치조정 노브(knob)를 이용해서 화면 중앙에서 크게 보일 수 있게 해야 측정오차를 줄일 수 있다. 이때 스코프의 커서 기능을 이용하면 정확한 측정에 도움이 된다.
- **가로축(시간) 설정**: 입력주파수에 따라 가로축의 스케일(시간/div)을 지속적으로 조정하여 화면 당 최소 2~5주기 신호를 확보한다.
- **트리거링(triggering)**: 높은 주파수나 신호 크기가 매우 작을 때 쉽게 파형이 흔들린다. 트리거 소스를 'wavegen(파형발생)'으로 한다.
- **파형 정밀 측정방법**: 측정 메뉴에서 Cursor 이용(상세 내용은 본 교재 51 페이지를 참조)

3.6.6 측정 데이터 정리

1) 전체 실험회로(오실로스코프 + 브레드보드 구성) 사진

전체실험회로(오실로스코프+브레드보드) 구성사진	브레드보드 회로 상세사진

*전체 연결구성과 브레드보드내의 회로 연결을 알수 있는 수준의 해상도

2) 오실로스코프 측정 화면 사진(아래 주어진 주파수)

[표 3-2] 주파수에 대한 출력 전압(V_{out}) 측정표

	입력파형(Vin=0.5Vpp)의 스코프화면	출력파형(V_{out}) 스코프화면
통과 대역 내의 임의 주파수		
차단 주파수 (f_c)		
차단 영역 주파수 (f_2)		

3) 저역통과 필터 특성 측정

- **주파수별 출력전압(V_{out}) 측정표([표 3-3]**: 시뮬레이션에 근거하여 필터 특성을 나타낼 수 있는 측정 주파수 수들을 선정하고 이에 해당하는 출력전압을 오실로스코프로 측정하여 아래 표에 기입한다.
- **<u>측정 주파수 포인트 수 결정</u>**: 필터 전체특성을 파악할 수 있게 한다. 차단주파수 근처는 좀 더 세밀해야 하며, 차단기울기(dB/decade)를 측정할 때는 차단 영역에서 가까운 곳에서 첫 번째 주파수(f_1)을 $f_1 \geq f_c$되도록 잡아야 열 배의 주파수인 두 번째 주파수(f_2)에서 측정이 편리하다.

[표 3-3] 주파수에 따른 출력 전압(V_{out}) 측정표

주파수	$Vout/Vin$ ($V_{in} = 0.5V_{pp}$)
100Hz	
200Hz	
.	
.	
2MHz	

- 위의 표를 Excel을 이용하여 아래 표의 우측에 <u>dB 단위로 plot</u>한다. 좌측은 시뮬레이션 결과를 삽입한다. [그림 3-29][그림 3-32] 들을 참고하여 plot된 데이터 위에 저역통과 필터의 성능파라미터(3dB 차단주파수(f_c), 대역폭(3dB), 차단기울기(dB/decade)) 등을 표시함으로써 시뮬레이션 결과 또는 이론과 비교·분석한다.

시뮬레이션 결과	측정결과
[그림 3-29] 또는 [그림 3-32] 참고	

[그림 3-39] 주파수에 따른 저역통과필터 특성 측정 결과

3.6.7 회로 구성 유의사항

- **부품결선 방법**: 브레드보드 상에 결선된 부품들로부터 쉽게 회로도를 연상할 수 있도록 부품을 간결하게 연결하는 것이 고장진단에 쉽다.
- 브레드보드 상의 연결용 점퍼선은 적게 쓰되 짧은 것을 사용하고 색별로 적절한 것을 사용한다.

[표 3-4] 색별 점퍼선의 권장사용 내역

색별 점퍼선	용 도
빨강 점퍼선	양의 교류 신호 공급선
검정 점퍼선	음의 직류전원, 회로의 접지선
파랑/하얀 점퍼선	교류신호의 입출력단자, 교류신호 전달을 위한 부품연결

- **모든 접지선은 검정으로 일치할 것**: 교류신호 입력용 케이블의 접지선과 오실로스코프 프로브의 접지선, 그리고 교류회로의 접지선은 모두 검정색으로 하여 공통 접지를 확보해야 회로가 정상 동작한다.
- 오실로스코프 케이블사용방법: 케이블의 한쪽은 회로상의 신호를 탐지(probing)하기 위한 날카로운 단자가 있으며, 반대쪽은 오실로스코프와 연결을 위한 BNC 어댑터(adapter)이다. BNC 어댑터에는 커패시터 회로가 박스 형태로 구현되어 있으니 파손되지 않도록 유의한다. 케이블 중간에 전압신호 스케일링을 위한 **배율(1:1 또는 10:1)**이 표시되어 있으므로 선택에 유의한다. 일반적으로 1:1로 한다.

3.7 대역통과필터 실험

3.7.1 실험목적

- 대역 통과 필터의 주파수 응답특성을 이해하고 성능파라미터들의 측정을 통해 각각의 의미를 이해한다.
- 필터 시뮬레이션 기법 및 오실로스코프등 실험장치의 사용법을 터득한다.

3.7.2. 실험내용 및 방법

조별로 아래 실험 목표를 달성 할 수 있도록 아래 절차에 따라 이론에 근거하여 부품값을 계산하고 시뮬레이션하여 회로를 구성한다.

대역통과필터의 조별 목표
• 중심 주파수: (100+2x)KHz • 대역폭: 중심주파수의 ±50% 이상 • 삽입손실: 5dB 이내 • 차단기울기: 15dB/decade 이상

※ x는 실험조 번호의 끝자리수

1) 실험 내용

대역통과필터의 기본 구성인 [그림 3-40] 회로를 시뮬레이터를 이용하여 조별로 주어진 설계목표에 따라 3.5.2절의 예제를 참고하여 설계한다. 설계된 회로를 브레드보드에 구성하고 실험한다. [그림 3-40]은 2차 저역통과필터 회로와 1차 고역통과필터 회로의 연결이다. 실험 측정 과정에서 실험목표에 미달하는 경우 재구성할 수 있다.

오실로스코프의 파형발생(wavegen) 기능을 이용하여 교류전원(V_{in})을 입력하고 저항(R3)에 걸린 출력전압(V_{out})을 오실로스코프로 프로브로 측정한다. 이를 통해 대역통과필터의 주파수 특성을 측정한다.

- 교류전원(V_{in}) 설정: 사인파 선택, 진폭 0.5Vpp, 오프셋 0 [V]

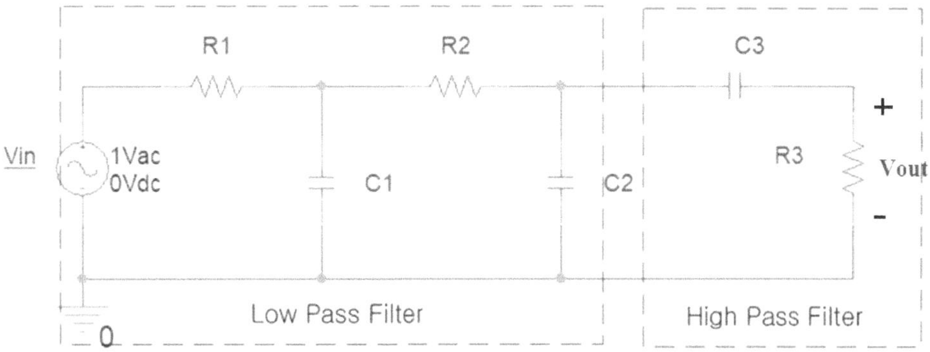

[그림 3-40] 대역통과필터 실험 회로(LPF + HPF)

2) 회로 구성(부품 값 결정)

① **차단주파수에 맞는 RC 이론 값 계산**: LPF와 HPF를 실현하는 차단주파수는 식 (3-18)과 식 (3-21)에 각각 정의되었으며 이에 적합한 R과 C값을 선택한다. 선택 방법은 3.5.2절의 설계 및 시뮬레이션 이론에서 소개된 바 있다.

② **시뮬레이션을 통한 부품 값 확정**: 이론으로 계산된 R과 C값을 기본으로 시뮬레이션을 하여 실험 목표달성 가능성을 타진해본다. 시뮬레이터를 이용하여 아래 내용을 고려하여 최초에 계산된 R과 C값을 조정할 수 있다.

- 조별로 보유한 부품값과 이론값이 다를 때
- 일반적으로 LPF와 HPF를 각기 설계하여 결합할 때 3dB 대역폭이 증가한다. 조별 설계목표를 달성하고자 할 때 재설계 할 수 있다.
- 여러 종류의 설계목표를 동시에 만족시킬 때: 이론적으로 계산된 R과 C값은 차단주파수들만을 고려한 것이므로 3dB 대역폭, 삽입손실이나 기울기 등을 위해 R과 C값을 변경할 수 있다.

3.7.3 실험순서 및 측정데이터 정리

① **브레드보드 위에 회로 구성 및 교류전원과 연결**: 시뮬레이션 완료 후 결정된 부품들을 이용하여 [그림 3-40]와 같은 대역통과필터를 브레드보드를 이용하여 구성한다.(아래의 '3.7.7. 실험유의사항' 참고할 것) 이때 차단 영역에서 기울기에 대한 목표 성능을 개선하기 위해 차수(order)를 증가시킬 수 있다.

② **주파수별로 필터 출력 전압측정** ⇒[표 3-6]: 오실로스코프 파형발생(wavegen)의 출력 전압을 1 V_{ampl}(또는 0.5Vpp)로 설정하고 낮은 주파수부터 높은 주파수까지 서서히 증가시켜 가면서 회로의 출력전압(V_{out})을 주파수 별로 오실로스코프를 이용하여 측정하여 **[표 3-6]의 빈칸**을 채운다.

③ **핵심주파수별 출력파형(V_{out}) 측정 ⇒[표 3-5]**

위의 측정 과정(②)에서 다음 5개의 주파수에서 스코프로 측정한 출력전압(V_{out})에 대한 화면을 캡처하여 [표 3-5]을 채운다.

- 통과 대역 내의 중심주파수: $(f_0 = (f_{cl} - f_{ch})/2)$
- 상위 및 하위 3dB 차단주파수: f_{cl}, f_{ch}
- 차단영역의 기울기를 측정하기 위한 상위 및 하위의 2개의 주파수:
  상위 차단영역 주파수 $f_2 = 10f_1$, 하위 차단영역 주파수 $f_2 = f_1/10$, 이때 f_1은 f_{cl}, f_{ch}과 같거나 근접하게 할 수 있다.

④ **주파수별 응답특성을 위한 Excel Plot ⇒[그림 3-41**

[표 3-6] 데이터로부터: 엑셀(Excel)을 이용하여 [그림 3-41]에 주파수 축에 대한 대역 통과필터 특성을 plot한다.

3.7.4 실험장치 및 부품

실험장치	악세사리	기타
-디지털멀티미터 1대 -오실로스코프 1대	-브레드보드 1개 -교류신호 입력용 케이블 1셋 -오실로스코프 프로브 2셋	-저항 set -커패시터 set -회로연결용 점퍼선 (빨강, 검정, 흰색/파랑)

3.7.5 오실로스코프 화면 및 환경설정

- **wavegen(파형발생) 및 주파수 설정** : OFFSET 전압은 0, 신호크기는 1[Vampl](또는 0.5Vpp), 정현파(Sine), 주파수는 조별 중심주파수(f_0)를 중심으로 100Hz부터 약 5MHz까지 증가. 스코프 노브(knob)를 이용하여 주파수를 가변시킨다.
- **세로축(전압) 설정**: AC **커플링(coupling)**으로 하여 파형을 화면의 중심에 맞춘다. 세로

축의 접지는 항상 중앙에 위치시킨다. 차단 영역에서 크기가 작은 신호일수록 잡음신호에 섞여 측정하기 어려우므로 세로축(전압) 스케일을 다시 조정하고, 세로축 위치조정 노브(knob)를 이용해서 화면 중앙에서 크게 보일 수 있게 해야 측정오차를 줄일 수 있다. 이때 스코프의 커서 기능을 이용하면 정확한 측정에 도움이 된다.

- **가로축(시간) 설정**: 입력주파수에 따라 가로축의 스케일(시간/div)을 지속적으로 조정하여 화면 당 최소 2~5주기 신호를 확보한다.
- **트리거링(triggering)**: 높은 주파수나 신호 크기가 매우 작을 때 쉽게 파형이 흔들린다. 트리거 소스를 'wavegen(파형발생)'으로 한다.
- **파형 정밀 측정방법**: 측정 메뉴에서 Cursor 이용(상세 내용은 본 교재 51 페이지를 참조)

3.7.6 측정 데이터 정리

1) 전체 실험회로(오실로스코프 + 브레드보드 구성) 사진

전체 실험회로(오실로스코프+브레드보드) 구성	브레드보드 회로 상세사진

*전체 연결구성과 브레드보드내의 회로 연결을 알수 있는 수준의 해상도

2) 오실로스코프 측정 화면 사진(아래 주어진 주파수)

[표 3-5] 주파수에 대한 출력 전압(V_{out}) 측정표

	입력파형(Vin=0.5Vpp)의 스코프화면	출력파형(V_{out}) 스코프화면
통과 대역 중심 주파수 (f_0)		
상위		

차단 주파수 (f_{cl})		
하위 차단 주파수 (f_{ch})		
상위 차단 영역 주파수 ($f_2 = 10f_1$)		
하위 차단 영역 주파수 ($f_2 = f_1/10$)		

3) 대역통과 필터 특성 측정

- **주파수별 출력전압(V_{out}) 측정표 [표 3-6] 구성**: 시뮬레이션에 근거하여 필터 특성을 나타낼 수 있는 측정 주파수 수들을 선정(최소 51포인트 이상)하고 이에 해당하는 출력전압을 측정하여 아래 [표 3-6]에 기입한다.
- **측정 주파수 포인트 수 결정**: 필터 전체특성을 파악할 수 있게 한다. 차단주파수 근처는 좀 더 세밀해야 하며, 차단기울기(dB/decade)를 측정할 때는 차단 영역에서 가까운 곳에서 첫 번째 주파수(f_1)를 잡아야 열 배의 주파수($10f_1$) 또는 1/10인 주파수에서 두 번째 주파수(f_2)에서 측정이 편리하다.

[표 3-6] 주파수에 대한 출력 전압(V_{out}) 측정표

주파수	$Vout/Vin$ ($V_{in}=0.5V_{pp}$)
100Hz	
200Hz	
.	
.	
5MHz	

• 위의 표를 Excel을 이용하여 [그림 3-41] 우측에 <u>dB 단위로 plot</u>한다. 좌측은 시뮬레이션 결과를 삽입한다. [그림 3-37]의 시뮬레이션 예제 결과를 참고하여 plot된 데이터 위에 대역통과 필터의 성능 파라미터(삽입손실, 3dB 차단주파수, 대역폭(3dB), 차단기울기(dB/decade)) 등을 표시함으로써, 시뮬레이션 결과 또는 이론과 비교·분석한다.

시뮬레이션 결과	측정결과
[그림 3-37] 시뮬레이션 결과 참조	

[그림 3-41] 주파수 축에 대한 저역통과필터 특성 측정 결과

3.7.7 회로 구성 유의사항

- <u>부품결선 방법</u>: 브레드보드 상에 결선된 부품들로부터 쉽게 회로도를 연상할 수 있도록 부품을 간결하게 연결하는 것이 고장진단에 쉽다.
- 브레드보드 상의 연결용 점퍼선은 적게 쓰되 짧은 것을 사용하고 색별로 적절한 것을 사용한다.

[표 3-7] 색별 점퍼선의 권장사용 내역

색별 점퍼선	용 도
빨강 점퍼선	양의 교류신호 공급선
검정 점퍼선	음의 직류전원, 회로의 접지선
파랑/하얀 점퍼선	교류신호의 입출력단자, 교류신호 전달을 위한 부품연결

- **모든 접지선은 검정으로 일치할 것**: 교류신호 입력용 케이블의 접지선과 스코프프로브의 접지선, 그리고 교류회로의 접지선은 모두 검정색으로 하여 공통 접지를 확보해야 회로가 정상 동작한다.
- 오실로스코프 케이블사용방법: 케이블의 한쪽은 회로상의 신호를 탐지(probing)하기 위한 날카로운 단자가 있으며, 반대쪽은 오실로스코프와 연결을 위한 BNC 어댑터(adapter)이다. BNC 어댑터에는 커패시터가 박스 형태로 구현되어 있으니 파손되지 않도록 유의한다. 케이블 중간에 전압신호 스케일링을 위한 **배율(1:1 또는 10:1)**이 표시되어 있으므로 선택에 유의한다. 일반적으로 1:1로 한다.

실험 결과 보고서 양식 1

<table>
<tr><td>실험 제목</td><td colspan="2"></td><td>제출자 이름</td><td></td></tr>
<tr><td rowspan="3">조구성 및
참여율</td><td>이름(학번)</td><td>실제 실험 참가율(%)</td><td>이름(학번)</td><td>실제 실험 참가율(%)</td></tr>
<tr><td></td><td></td><td></td><td></td></tr>
<tr><td></td><td></td><td></td><td></td></tr>
</table>

※ 보고서 분량은 가급적 적은 페이지로 핵심내용을 중심으로 작성합니다. 불필요한 내용을 나열하는 것은 중요 부분을 파악하지 못한 것으로 간주된다.

1. 실험목적

작성 안내	-본 실험에서 달성하고자 하는 실험 내용과 목적을 요약 정리한다 (1/4 페이지 이내). -조별로 할당된 실험목표 표시.

2. 실험데이터

작성 안내	-측정한 각종 실험 DATA들을 표와 그림 등을 활용하여 쉽게 표현한다. -실험 사진은 실험 내용이나 결과를 확인할 수 있는 해상도로 표현한다.

3. 실험 결과분석

작성 안내	-가장 중요한 부분으로 '실험데이터'에서 표시된 값들을 바탕으로 데이터가 갖는 의미와 내용을 이론에 근거하여 분석한다. 시뮬레이션 결과들과 비교한다. -분석 결과들을 바탕으로 실험을 통해 이해한 내용과 성취 수준 등을 서술한다.

4. 문제점 해결 및 개선내용

작성 안내	-실험과정에서 발생했던 문제점들을 나열하고 어떻게 해결하였는지에 대한 과정과 개선된 사항들을 서술한다 -실험과정에서 변경 혹은 내용을 조정한 경우 이유를 논리적이고 구체적으로 설명한다.

5. 결론

작성 안내	-실험목적에 대비하여 실험과정이나 측정결과들로부터 도출된 결론 또는 이해된 내용을 요약하여 작성한다 (표나 요점들을 개조 식으로 나열).

실험 결과 보고서 양식 2(요약)

실험 제목	저역통과필터 실험		제출자 이름	
조구성 및 참여율	이름	실제 실험 참가율(%)	이름	실제 실험 참가율(%)

1. 전체 실험회로 사진

전체실험회로(오실로스코프 + 브레드보드) 구성사진	브레드보드 회로 연결사진

2. 측정 결과: 저역통과필터의 동작 특정 및 조별 실험 목표

	입력파형(Vin=0.5Vpp)의 스코프화면	출력파형(V_{out}) 스코프화면
통과 대역 내의 임의 주파수		
차단 주파수 (f_c)		
차단 영역 주파수 ($f_2 = 10f_1$)		

실험 목표
• 3dB 차단주파수: (100+2x)KHz • 대역폭: 0~(100+2x)KHz • 삽입손실: 5dB 이내 • 차단기울기: 15dB/decade 이상

3. 측정 데이터 분석 및 이해된 내용

- 측정 데이터 분석
- 실험목적 대비 이해된 내용

실험 결과 보고서 양식 3(요약)

실험 제목	대역통과필터 실험		제출자 이름	
조구성 및 참여율	이름	실제 실험 참가율(%)	이름	실제 실험 참가율(%)

1. 전체 실험회로 사진

전체실험회로(전전원어댑터+오실로스코프+브레드보드) 구성사진	브레드보드 회로 연결사진

2. 대역통과필터의 동작 특정 측정결과 및 실험목표

	입력파형(0.5Vpp)의 스코프화면	출력파형(V_{out}) 스코프화면
통과대역 중심주파수 (f_0)		
상위차단 주파수 (f_{cl})		
하위차단 주파수 (f_{ch})		
상위차단 영역주파수 $f_2 = 10f_1$		
하위차단 영역주파수 $f_2 = f_1/10$		

실험 목표
-중심 주파수: (100+2x)KHz
-대역폭: 중심주파수의 ±50% 이상
-삽입손실: 5dB 이내
-차단기울기: 15dB/decade 이상

3. 측정 데이터 분석 및 이해된 내용

- 측정 데이터 분석
- 실험 목적 대비 이해된 내용

제4장 OPAMP

기조이론

4.1 OPAMP의 구조
4.2 OPAMP의 기본동작 및 특성
4.3 부귀환 증폭기
4.4 능동 RC 필터

시뮬레이션/실험

4.5 OPAMP 회로설계 및 시뮬레이션
4.6 OPAMP 부귀환 증폭기 실험
4.7 능동 대역통과필터 실험

1968년도에 미국의 Fairchild사에서 트랜지스터 회로들을 집적화(integrated circuit, IC)하여 출시된 uA741이 개발되면서 연산 증폭기(operational amplifier, OPAMP)라는 이름으로 사용되기 시작하였으며, 이 부품은 오늘날에도 수많은 전자기기에서 사용되고 있다. 이러한 연산증폭기는 직류전원이 에너지원이 되어 단순한 증폭 기능을 포함하여 다양한 회로들을 아주 쉽고 간단하게 구현할 수 있도록 만들어진 아날로그 집적회로(integrated circuit, IC)이다. 연산(operational)이라는 명칭은 초기 컴퓨터에서 사칙연산을 할 수 있다는 의미로 붙여졌으나, 오늘날 '어디서든지 어떤 용도든지 사용할 수 있도록 만들어진 부품'이라는 의미로 사용된다.

가격 또한 매우 저렴하여 증폭기뿐 아니라 증폭기, 데이터변환기, 논리회로, 각종 센서 구동회로 등 다양한 응용 회로에서 사용된다.

본 단원의 핵심 주제는 다음과 같다.

- OPAMP의 기본 동작 및 부귀환 증폭 이론의 이해
- OPAMP 응용회로 이해
- 능동 대역통과필터의 이해 및 설계

4.1 OPAMP의 구조

연산증폭기(operational amplifier, 이하 OPAMP라 칭함)는 [그림 4-1]과 같이 두 개의 입력단자(반전 및 비반전)와 하나의 출력단자, 그리고 두 개의 전원단자로 구성된다. 반전 입력단자로 입력된 신호는 출력단자와 180° 위상 차이를 가지며, 비 반전 입력단자로 입력된 신호는 출력단자의 신호와 동일한 위상이 된다. OPAMP는 양과 음의 두 개의 전원단자(Vcc+, Vcc-)를 가지며 이들 모두를 사용하거나 음전원(Vcc-)대신 접지(0 V)가 사용되는 단전원(single supply) 급전 방식을 사용하기도 한다.

[그림 4-2]는 8핀 단자들로 구성된 IC를 단자 번호별로 표시한 것이다. 'IN-'는 반전(inverting) 입력단자(2번)이며 'IN+'는 비 반전(non-inverting) 입력단자(3번)다. 6번핀(OUT)은 출력이다. 전원단자(Vcc+, Vcc-)는 각기 7번과 4번핀이다. 나머지 핀들은 일반적으로 사용하지 않는다.

[그림 4-3]은 플라스틱(plastic package)로 만들어진 14핀과 8핀 IC를 보여준다. 14핀 IC는 4개의 OPAMP들이 내장되어 있다. 좌측 두 개는 PDIP(Plastic Dual in-Line Package)라 칭하며 땜납이 가능하고 브레드보드 상에는 그냥 삽입한다. 반면에 우측의 작은 크기를 갖는 두 개의 OPAMP는 표면 실장형이다.

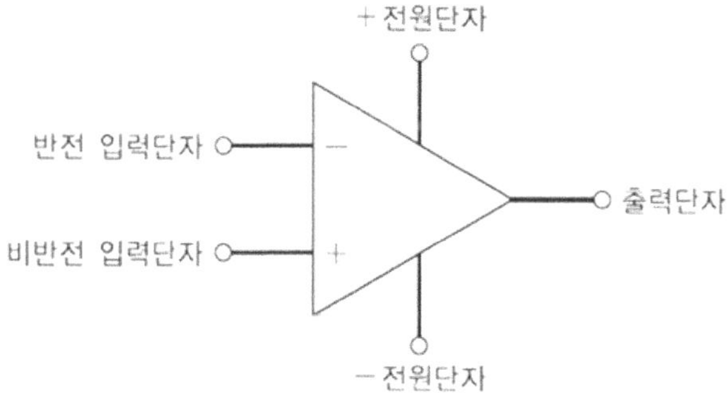

[그림 4-1] OPAMP 심볼 및 핀 단자별 역할

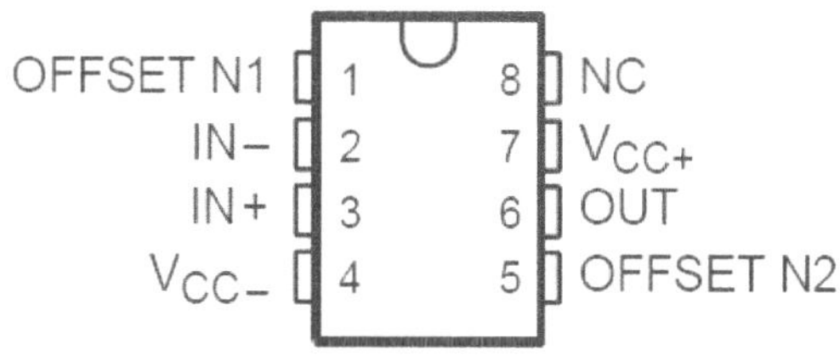

[그림 4-2] 8PIN OPAMP의 각 핀(pin)의 역할

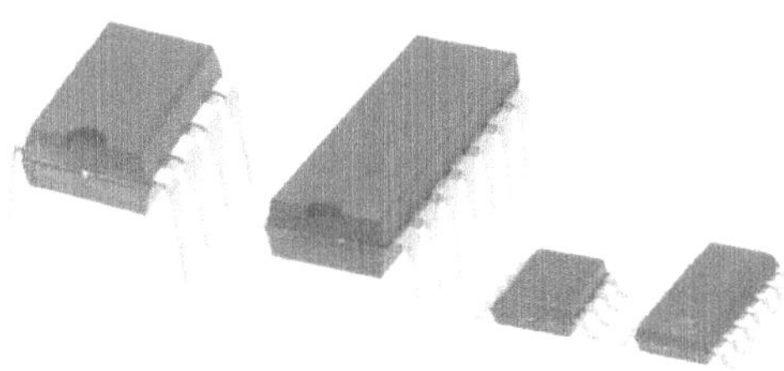

[그림 4-3] OPAMP 플라스틱 패키지(package)의 예

[그림 4-4]는 범용 OPAMP인 uA741의 내부 회로 구조를 나타낸다. 많은 BJT 트랜지스터와 저항, 커패시터들이 상호 연결되어 있다. OPAMP를 구성하는 8개 핀(단자)들에서 8번째 핀을 제외한 7개 핀들이 외부 회로와 연결하기 위한 단자들에 표시되어 있다.

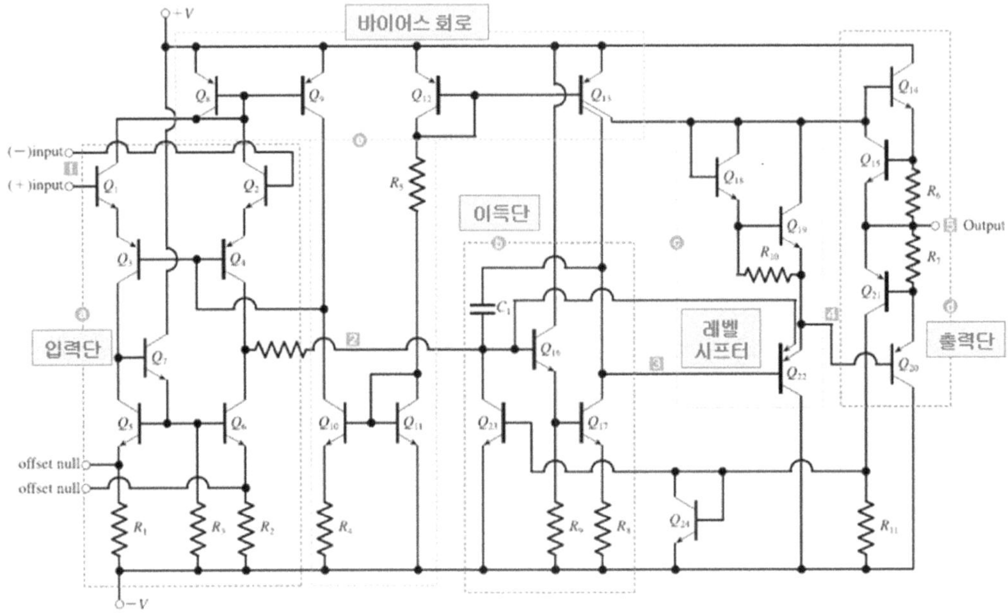

[그림 4-4] uA741 OPAMP의 내부 회로 구조

4.2 OPAMP의 기본동작 및 특성

OPAMP의 입력단자가 2개인 것은 두 단자로 입력되는 신호의 차이(difference)를 증폭하기 위한 것이다. 두 입력단자에 인가된 신호의 차를 OPAMP의 자체이득(또는 개방이득)만큼 증폭한 후, 단일 신호로 출력하는 기본기능을 갖는다.

[그림 4-5]에 이를 표시하였다. 두 신호의 차이란 '-' 단자로 입력되는 전압신호(v_1)를 기반으로 '+' 단자로 입력되는 전압신호(v_2)와의 전압 차이($v_2 - v_1$)를 의미한다. 이들 전압차이는 직류 공급전원들(Vcc+, Vcc-)로부터 에너지를 공급받아 증폭되어 출력된다. 이를 다음 식 (4-1)로 표현할 수 있다.

$$v_{out} = A_{ol}(v_2 - v_1) = A_{ol} \cdot v_d \quad (4\text{-}1)$$

여기에서 OPAMP의 자체이득 A_{ol}을 개방루프(open loop) 이득이라고 한다.

OPAMP는 두 입력신호의 차이를 개방루프 이득(A_{ol})만큼 증폭하여 출력하는 단일 출력 증폭기라 할 수 있다.

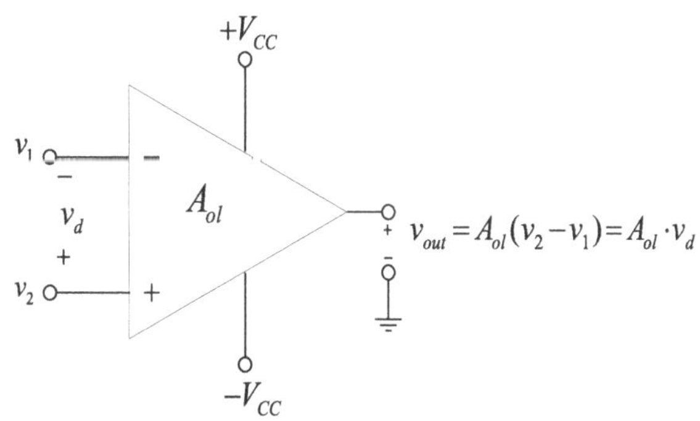

[그림 4-5] OPAMP의 회로 동작

OPAMP의 전기적인 특성은 다음과 같은 중요한 파라미터들로 성능을 표시한다.

■ 개방루프 이득(open loop gain, A_{ol}):

[그림 4-6]의 uA741 OPAMP의 주파수에 따른 개방루프이득(A_{ol})을 보여준다. 개방루프

이득은 두 개의 입력단자 사이의 조그만 차이를 증폭하여 큰 출력 신호를 만들어 낸다. 10Hz 이하에서 20만 배의 이득을 갖으나 주파수가 증가할수록 이득이 감소하여 1MHz에서는 1의 값을 가진다.

실제 OPAMP가 증폭기로 사용되어 매우 큰 이득을 갖게 되는 경우, 회로가 매우 불안정해질 뿐만 아니라, 신호는 물론 잡음도 동시에 증폭하므로 부 귀환 회로 등을 이용하여 이득을 필요한 만큼 적절히 제어하여 사용한다.

■ **입력저항(R_i) 및 입력전류**

OPAMP의 각 입력단자에서 증폭기 내부로 들여다본 입력저항은 무한대에 가까운 매우 큰 저항을 갖도록 설계되었다. 따라서 각 입력단자에서 OPAMP 내부로 흘러 들어가는 직류 전류는 거의 0의 값이다.

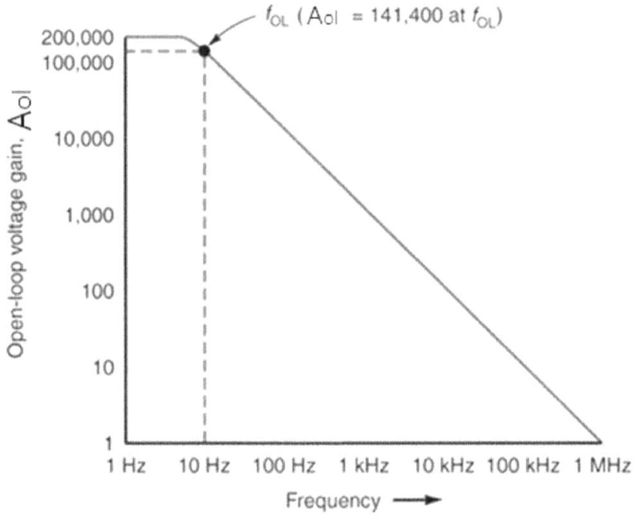

[그림 4-6] uA741 OPAMP의 개방루프이득(A_{ol})의 주파수 특성

■ **출력저항(R_o)**

OPAMP 출력단자의 출력저항(R_o)은 매우 작아 0의 값에 근접한다. 따라서, 부하저항을 10KΩ 정도의 큰 값을 사용하면 OPAMP에서 증폭된 신호는 모두 부하저항으로 출력된다.

■ **동상모드제거비(common mode rejection ratio, CMRR)**

OPAMP의 기본 동작은 두 입력신호 차이를 증폭한다. 그러나 동일한 두 입력신호가 입력되었어도 높은 OPAMP 개방이득으로 인해 입력단의 고주파 기생신호와 잡음신호 들을 증폭한다. 이를 억제하는 능력지수를 동상모드제거비(CMRR)이라 한다.

CMRR은 차동모드 이득과 동상모드 이득 사이의 비율이다. 예를 들어 [그림 4-7]에서 OPAMP에 같은 크기를 갖는 입력신호 v_1과 v_2가 입력(동상모드)되어 OPAMP 출력 값이 0.01인 경우와 이 중 하나만 입력(차동모드)되어 OPAMP 출력 크기가 1000일 때 CMRR을 구하면 다음 식과 같다.

$$CMRR \equiv 20\log\left(\frac{\text{차동모드이득}}{\text{동상모드이득}}\right) = 20\log\left(\frac{1000}{0.01}\right) = 100dB$$

이 값이 클수록 두 개의 입력신호에 공통으로 들어오는 잡음이나 불필요한 고주파 신호들을 제거할 수 있는 능력이 커진다.

많은 종류의 OPAMP가 있으며 CMRR은 OPAMP의 성능 또는 특성을 나타낸다.

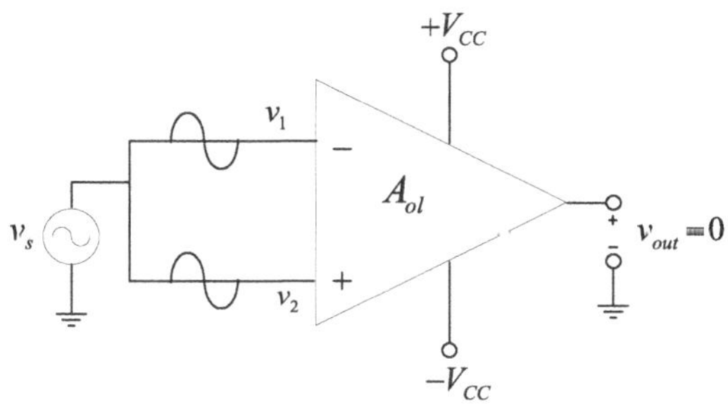

[그림 4-7] 동상모드 신호에 대한 OPAMP 동작

■ **직류 양(dual) 전원 (*+Vcc, -Vcc*) 및 단(single) 전원(*+Vcc, 0* [V]) 에서 교류출력 범위**

직류전압은 OPAMP 교류동작을 위한 직류 바이어스로 작용한다. 양전원과 단전원 방식이 있으며 음전압 발생에 따른 부작용으로 단전원을 많이 사용한다. 이들을 정리하면 다음과 같다.

- 양(dual) 전원은 직류전원(Vcc+, Vcc-)을 모두 공급하며, 일반적으로 입출력 교류파형의 중심(offset 전압)은 접지(0[V])다.
- 단(single) 전원은 직류전원(Vcc+)와 접지(0[V])를 공급하며 입출력 교류파형의 중심직류(offset 전압)은 0~Vcc+/ 2[V] 이다.
- 일반적으로 단(single) 전원 회로가 간결하고 전원잡음이 적어 선호된다.
- [그림 4-7]에서 양(dual) 직류전원(Vcc+, Vcc-)을 그림에서 볼 수 있으나 [그림 4-9]처

럼 일반적으로 회로도에서 직류전원은 특별히 표시하지 않는다. 이는 단 전원도 마찬가지다.

- 증폭된 교류신호 출력은 직류 전원(Vcc+, Vcc-)의 크기를 넘어설 수 없다.
- 음전원(Vcc-) 단자를 접지(0[V])로 하여 양(positive) 전원만 사용하는 단전원(single supply) 경우 교류출력 전압의 스윙(swing) 범위는 $0 \sim +V_{CC}$이다.

■ 이상적인 OPAMP의 회로 표현

이상적인 OPAMP의 전기적인 특성을 [그림 4-8]과 같은 등가회로로 표현된다. 2개의 입력신호 v_1과 v_2의 차이(v_d)가 매우 큰 저항 R에 걸리고, 개방루프 이득(A_{ol})과 곱해져 증폭된 교류신호($A_{ol} \cdot v_d$)가 출력(v_{out})된다.

일반적으로 많이 사용되는 uA741 OPAMP의 특성파라미터들을 [표 4-1]에 소개되었다.

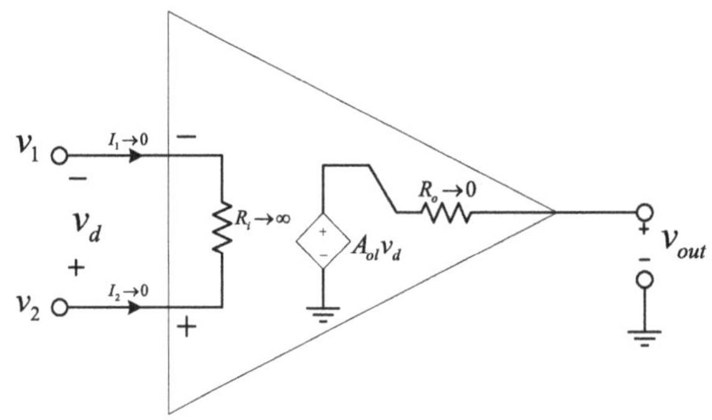

[그림 4-8] OPAMP의 등가회로 및 동작특성

[표 4-1] uA741 OPAMP의 주요 특성 파라미터

파라미터	uA741	이상적인 값
개방루프이득(A_{ol})	200,000	∞
입력저항(R_i)	2 MΩ	∞
입력바이어스전류	80 nA	
출력저항	75 Ω	
공통모드제거비(CMRR)	90 dB	∞

4.3 부귀환(negtive feedback) 증폭기

부 귀환(negative feedback)이란 증폭기 출력 중 일부가 입력신호와 반대위상을 가지고 다시 입력으로 되돌아가는 과정을 말한다. 이를 통해 **회로의 목적에 맞게 개방이득을 줄여 적절한 이득을 갖도록 한다**. 이는 [그림 4-9]처럼 출력 단에서 신호를 부귀환회로를 통해 반전 입력단에 다시 연결하여 귀환경로를 만드는 회로적인 특징을 갖는다. 즉, 귀환되는 전압과 입력전압의 위상이 180° 차이이므로 OPAMP에 인가되는 입력전압이 줄어든다. 결과적으로 출력전압(v_{out})을 감소시켜 OPAMP 이득이 작다.

부 귀환 회로로 구성된 OPAMP는 폐회로(closed loop) 구성을 하며 부 귀환 수준에 따라 이득을 조절할 수 있다.

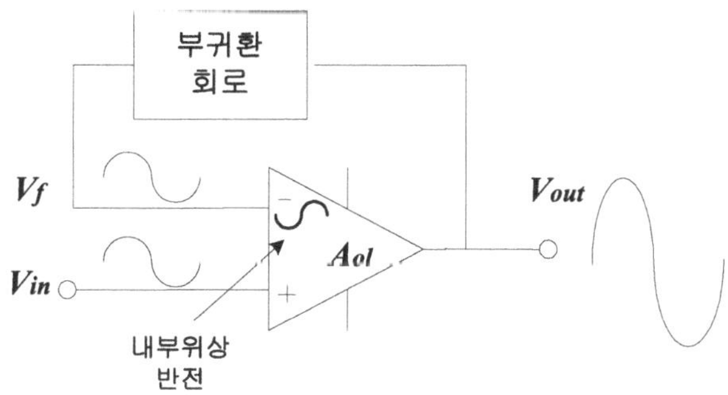

[그림 4-9] 부귀환 증폭기의 구조 및 동작

4.3.1 부귀환 비 반전(Non-Inverting) 증폭기

비 반전 입력단자(양의 입력단자)에 교류신호가 입력(V_{in})될 때 출력단자에서 증폭된 교류신호는 입력신호와 동일한 위상을 갖는다. 폐루프 이득(A_{CL})은 다음과 같다. 주변 저항을 이용하여 간단히 교류신호를 증폭할 수 있다. 또한, 입력과 출력 교류신호의 위상은 같다.

$$A_{CL} = \frac{V_{out}}{V_{in}} = 1 + \frac{R_f}{R_i} \tag{4-2}$$

4.3.2 부귀환 반전(Non-Inverting) 증폭기

반전 증폭기는 입력 신호(V_{in})가 정해진 증폭도로 증폭된 후 출력단자에서 신호가 반전되는 증폭기이다. 입력신호는 OPAMP의 음의 단자로 입력된다.

폐루프(Closed Loop) 전압이득(A_{CL})은 다음 식 (4-3)과 같으며 식에서 '-' 는 입력과 출력의 위상이 반전됨을 나타낸다.

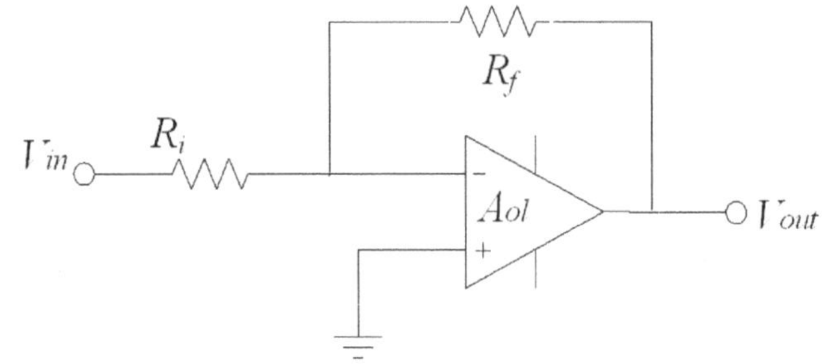

[그림 4-10] 반전 증폭기의 전형적인 구조

$$A_{CL} \equiv \frac{V_{out}}{V_{in}} = -\frac{R_f}{R_i} \tag{4-3}$$

4.3.3 완충 증폭기(buffer amplifier)

전압 팔로워(volage follower)라고도 부르는 완충 증폭기(buffer amplifier)는 출력전압 전부를 그대로 OPAMP의 반전 입력단자로 귀환시키는 비반전 증폭기이다. 이는 매우 높은 임피던스와 낮은 출력임피던스를 갖기 때문에 회로들 사이에서 완충 증폭기(buffer amplifier)로 사용된다. 즉, 완충 증폭기 앞쪽에 있는 회로와 뒤쪽 회로의 고유한 특성을 유지할 수 있는 완충 인터페이스(interface) 역할을 한다. 폐루프(Closed Loop) 전압이득(A_{CL})은 아래 식 (4-4)과 같으며 이득이 1이고, 입력과 동일한 전압과 위상을 갖는다.

$$\therefore A_{CL} \equiv \frac{V_{out}}{V_{in}} = \frac{A_{ol}}{A_{ol}+1} \approx 1 \tag{4-4}$$

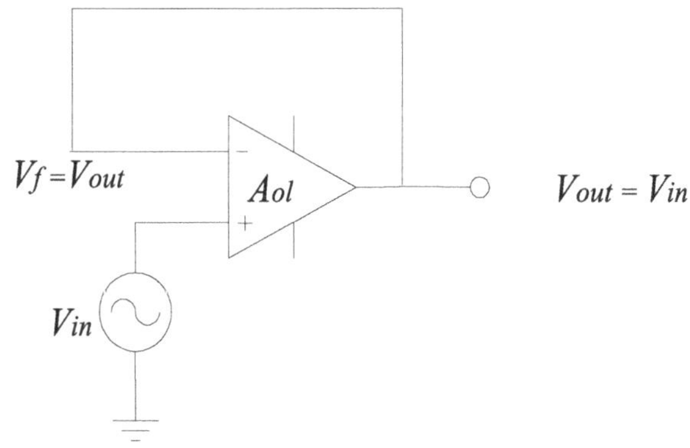

[그림 4-11] 완충(buffer) 증폭기 구조

4.4 능동 RC 필터

3장에서 소개된 **필터 회로와 OPAMP 증폭기를 결합**하여 전체 회로 성능이 이득을 갖는 필터특성을 갖을 때 이를 능동 필터라 칭한다. OPAMP만이 갖는 장점들, 예를 들어 손쉽게 구현되는 이득, 그리고 높은 입력 임피던스 및 낮은 출력임피던스특성들을 이용하여 OPAMP와 수동 RC 필터를 결합할 때 다음과 같은 특성을 나타낸다.

- RC 필터의 차수를 증가시키거나 각종 필터를 종속으로 연결할 때 OPAMP는 각 필터의 독립성을 개선시킬 수 있다. 즉, 회로 간의 임피던스 간섭을 줄일 수 있다.
- 필터의 삽입손실을 OPAMP의 이득으로 보상할 수 있다.

4.4.1 능동 저역통과필터

저역통과필터(low pass filter, LPF)는 직류에서 차단주파수(f_c)까지의 교류신호를 통과시키며 이들 범위를 통과대역(pass band)라 한다. 또한, 차단주파수 이상에서 주파수가 증가할수록 신호를 더욱 크게 감쇠시키며 회로 차수(order)에 따라 감쇠정도가 달라진다.

저역통과필터의 상세특성은 [그림 4-12]에 있다. 삽입손실(insertion loss)는 통과대역에서 필터를 회로 내에 삽입함으로써 발생하는 손실을 의미한다. 이상적인 필터는 통과대역에서 삽입손실이 없으나 실제 구현된 필터들은 임피던스 정합이나 제작과정 또는 부품들의 오차에 의해 삽입손실이 존재한다. 차단주파수는 입력 교류전압을 출력단에서 70.7%(전력크기로 1/2, dB 단위로 -3dB) 수준으로 얻을 수 있는 3dB 차단주파수(cutoff frequency)로 정의된다.

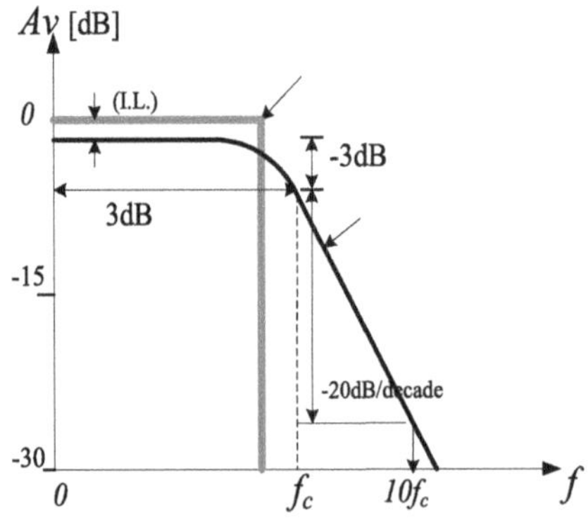

[그림 4-12] 저역통과필터의 특성 파라미터들

$$f_c = \frac{1}{2\pi RC} \quad : \text{3dB 차단주파수} \tag{4-5}$$

식 (4-5)는 저역통과필터의 3dB 차단주파수를 나타낸다. 차단주파수는 저항과 커패시터의 조합으로 구성되며, 하나의 차단주파수에 대해 많은 저합을 찾을 수 있다. 특별히 이들 부품을 선택할 때 12계열 또는 24계열의 값을 고려해야 한다.

한편, [그림 4-12]에서 보는 것처럼 3dB 차단주파수(f_c) 이상에서 입력신호의 감쇠가 시작되며 감쇠되는 정도를 차단 기울기라 한다. 보통 차단주파수로 부터 10배의 주파수(decade frequency)에 걸쳐 출력전압의 감쇠 기울기 수준으로 감쇠성능을 평가한다. 하나의 저항과 하나의 커패시터 세트(RC set)로 구성된 저역통과필터를 **일차 필터(1st order)**라 부르며, 이론적으로 **-20dB/decade 특성**을 나타낸다. 2개의 RC set로 구성된 회로를 2차 필터라 부르며 -40dB/decade 특성을 나타낸다. 그림 [4-13]에서 특성을 볼 수 있다.

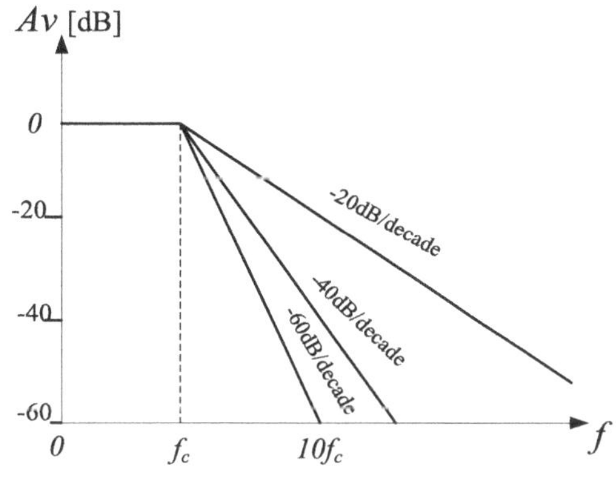

[그림 4-13] 저역통과필터의 차수(order)에 따른 감쇠 기울기

[그림 4-14]에는 부 귀환 OPAMP와 일차 RC 수동필터가 결합된 능동 저역통과필터의 구성을 볼 수 있다. OPAMP의 이득은 식 (4-2)와 같이 2개의 저항(R_f, R_i)의 조합에 따라 결정되며 일반적으로 1KΩ 이상의 큰 저항을 사용한다.

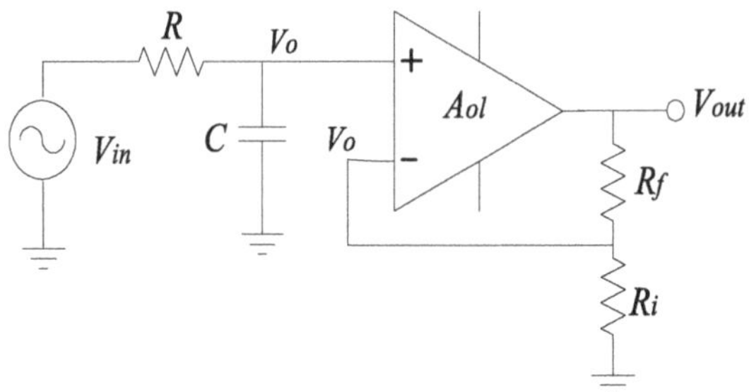

[그림 4-14] OPAMP와 LPF가 결합된 능동 저역통과필터의 기본 구조

4.4.2 능동 고역통과필터

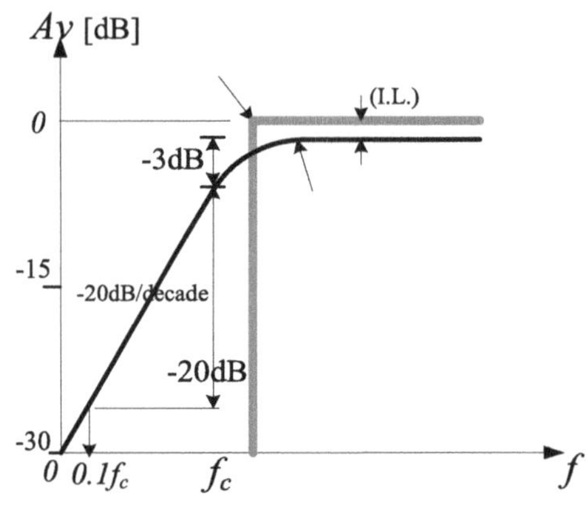

[그림 4-15] 고역통과필터의 특성 파라미터들

고역통과필터(low pass filter, HPF)는 차단주파수(f_c) 까지 낮은 주파수를 갖는 교류신호를 차단시키고 차단주파수(f_c)보다 높은 주파수를 통과시키는 필터이다. 차단주파수 이하의 감쇠대역에서는 주파수가 감소할수록 신호를 더욱 크게 감쇠시키며, 필터의 차수(order)가 증가할수록 감쇠정도가 급격해진다.

상세한 필터특성 파라미터 내용은 [그림 4-15]에서 볼 수 있다. 삽입손실(insertion loss)는 통과대역에서 필터를 회로 내에 삽입함으로써 발생하는 손실을 의미한다.

[그림 4-16]에는 이득을 갖는 OPAMP와 일차 RC 수동필터가 결합된 능동 고역통과필터의 구성을 볼 수 있다. OPAMP 이득은 저항 비(1+ Rf/Ri)에 의해 정해진다. 이 필터의 3dB 차단주파수는 커패시터와 저항 값에 의존한다.

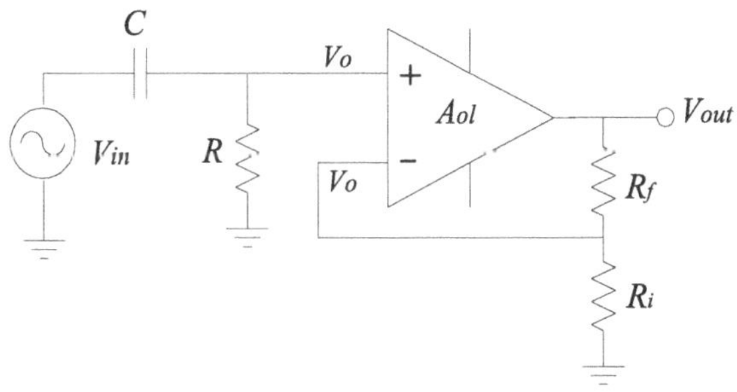

[그림 4-16] 능동 고역통과필터의 기본 구조

4.4.3 능동 대역통과필터

대역통과필터(band pass filter, BPF)는 특정 주파수범위(또는 대역)을 통과시키고 이외의 주파수는 차단시키는 특성을 갖는다. 일반 대역통과필터와 동일하게 능동 대역통과필터도 유사한 특성파라미터들이 정의되며 [그림 4-17]에서 볼 수 있다.

OPAMP를 사용하기 때문에 OPAMP의 이득 만큼 출력신호가 커진다. 따라서, **통과대역에서 삽입손실(I.L.) 대신 이득(Gain)을 나타낸다**. 차단주파수도 최대 이득을 가지는 중심주파수(f_0) 신호보다 3dB 떨어지는 상측(f_{cl})과 하측(f_{ch}) 주파수로 정의된다.

능동 대역통과필터는 OPAMP 임피던스 특성(높은 입력임피던스, 낮은 출력임피던스)들의 장점으로 [그림 4-14]의 능동 저역통과필터와 [그림 4-16]의 능동 고역통과필터를 직접 종속(cascade) 연결하여 구현될 수 있다. OPAMP IC가 2개 또는 4개의 OPAMP를 내장하고 있는 경우 더욱 쉽게 필터를 구현할 수 있으며, 두 종류의 필터 사이에 OPAMP 증폭기를 위치시킬 경우 필터들의 간섭을 줄일 수 있다.

통과대역을 나타내는 3dB 대역폭은 상위 차단주파수(f_{cl})와 하위 차단주파수(f_{ch}) 차이를 통해 얻을 수 있으며 다음 식과 같다.

$$3dB\ BW(bandwidth) = f_{cl} - f_{ch} \tag{4-6}$$

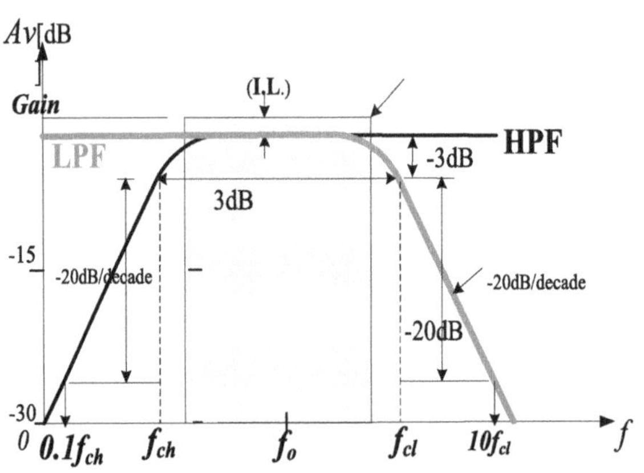

[그림 4-17] 1차 RC 대역통과필터의 특성 파라미터들

한편, BPF의 상위 또는 하위 차단영역에서 감쇠 기울기는 차단주파수를 기준으로 10배 주파수($10f_{cl}$) 또는 1/10 주파수($0.1f_{ch}$)에서 감쇠(dB/decade)로 정의된다. 저역통과필터에서 보듯이 이론적으로 1차 RC 당 개략적으로 -20dB/decade 정도의 감쇠를 제공한다. 또한, OPAMP는 높은 주파수에서 개방루프이득이 감소하므로, 대역통과 필터의 상위 주파수 대역에서 감쇠 특성은 주파수 증가에 따라 더욱 커질 수 있다. 사용되는 OPAMP 마다 다르므로 부품의 데이터쉬트(data sheet)를 확인해야 한다.

[그림 4-18]는 일차(first order) 능동 저역통과필터와 일차 능동 고역통과필터를 종속 접속하여 연결한 구조이다. 대역통과필터의 상향 차단주파수(f_{cl})은 저역통과필터의 차단주파수와 같고, 하위 차단주파수(f_{ch})는 고역통과필터의 차단주파수와 같으며, 이들은 각각 식 (4-7)로 정해진다. 각 필터들이 저항과 커패시터를 하나씩 사용한 일차회로이기 때문에 차단영역에서 약 20dB/decade의 감쇠기울기가 예상된다.

RC 저역통과필터와 RC 고역통과필터의 위치는 최적의 성능을 얻을 수 있도록 시뮬레이션을 통해 이동할 수 있다. 일반적으로 용량이 큰 커패시터가 직렬 경로에 있는 경우 저주파에서 충전되어 직류전압이 누적되므로 출력파형의 왜곡을 유발할 수 있다.

$$f_{cl} = \frac{1}{2\pi R_1 C_1} \quad , \quad f_{ch} = \frac{1}{2\pi R_L C_2} \qquad (4\text{-}7)$$

[그림 4-19]는 [그림 4-18] 회로에서 종속으로 연결된 2개의 OPAMP를 하나로 구현하

여 간략화된 회로이다. 이득이 부족할 경우 궤환저항(Rf) 값을 조정할 수 있다.

한편, [그림 4-18]의 직류전원은 single supply 전원공급방식이나, [그림 4-19]는 +5[V]와 -5[V]를 동시에 공급하는 dual supply 전원공급방식이다. 이들 방식에 따라 교류파형의 중심(offset) 전압이 달라진다. 시뮬레이션을 통해 확인한다.

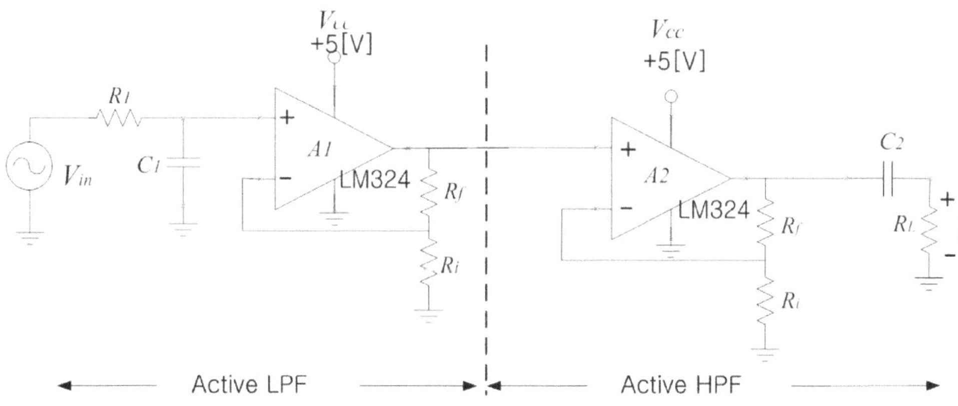

[그림 4-18] 능동저역통과필터와 능동고역통과필터가 종속 접속된 대역통과필터 회로 예1

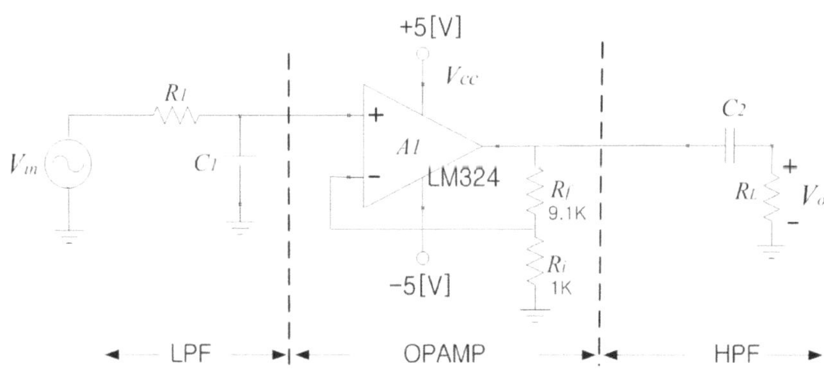

[그림 4-19] 능동저역통과필터와 능동고역통과필터가 종속 접속된 대역통과필터 회로 예2

4.5 OPAMP 회로 설계 및 시뮬레이션

4.5.1 부귀환 비반전 증폭회로 설계 및 시뮬레이션

아래와 같은 설계목표를 갖는 부귀환 비반전 증폭기를 설계한다. Pspice 시뮬레이터를 열고 [그림 4-20]과 같이 회로를 구성한다. 다음 부품들을 Library에서 가져온다.

-OPAMP LM324: \pspice\opamp.olb

- 'Vsin' : Source Library

- 'Vdc' : Source Library

부귀환 증폭기의 설계 목표
• 동작 주파수: 1KHz
• 전압 이득(V_{out}/V_{in}): 11배(20dB 이상)
• 입출력 교류신호의 위상 변화 없슴
• OPAMP는 단전원 동작(+5[V])

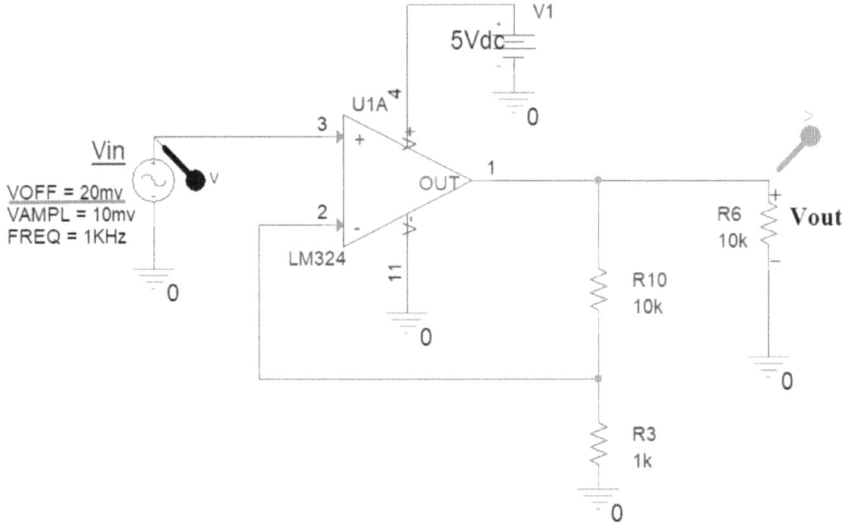

[그림 4-20] 비 반전증폭기 회로도(schematic diagram)

1) 회로 설계 및 전원설정

■ 부품 값 결정

-부하저항(R_6): $10K\Omega$(OPAMP 출력 저항이 작으므로 가급적 큰 부하저항)

-귀환 저항(R_{10}, R_3): 이득이 11이므로 이득에 관한 식 (4-2)을 토대로, R_3=1KΩ로 먼저 선택하면 R_{10}=10KΩ 값을 얻을 수 있다. 참고로 OPAMP는 전압을 이용하는 부품이므로 주변 저항은 가급적 1KΩ 보다 큰 값을 이용한다.

■ 교류전원(V_{in}) 설정: [그림 4-20] 회로

LM324가 단 전원에서 동작하고, 증폭기 이득이 11배인 것을 고려하여 출력 파형이 왜곡되지 않게 0~0.5[V] 사이에 다음과 같은 전압을 예로 설정한다.

-offset 전압: 20m[V] 입력.

-정현파 전압(V_{AMPL}): 10m[V] 입력

-주파수(FREQ): 1KHz(주기 1ms)

-교류전원 수식표현: $V_{in} = 20m[V] + 10\sin(2\pi \cdot 1KHz\, t)$ m[V]

-예상되는 증폭된 출력신호 표현: $V_{out} - 220m[V] + 110\sin(2\pi \cdot 1KHz\, t)\ m[V]$

2) 시뮬레이션 결과

■ 작은 입력 신호의 증폭 성능([그림 4-21])

정현파 신호 크기가 10m[V], offset 전압 20m[V]을 입력시켰을 때의 입력 파형(V_{in})과 출력 파형(V_{out})을 볼 수 있다. 출력 파형의 왜곡이 없으며 입력과 출력 파형의 위상이 반전되지 않았다. 또한, 1KHz 주파수에서 11배의 이득을 확인해 볼 수 있다.

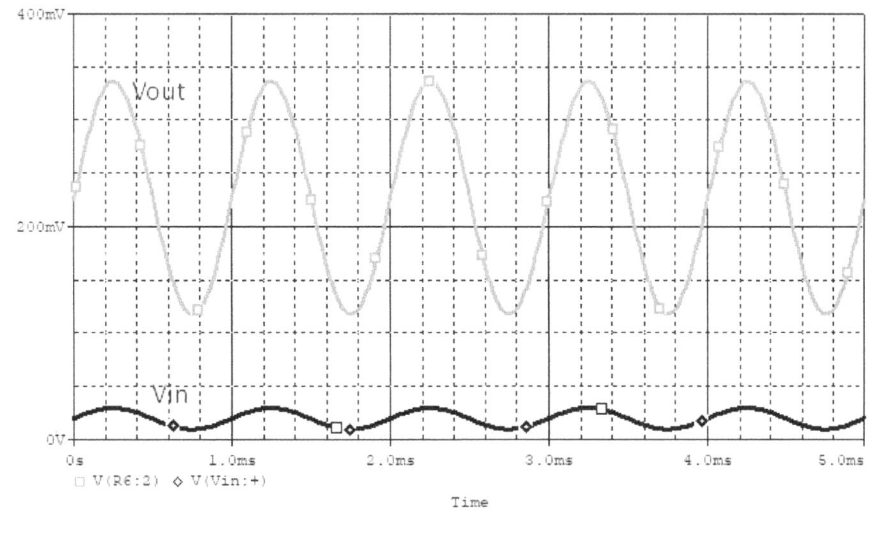

[그림 4-21] 작은 입력신호에서 OPAMP 비반전 증폭 시뮬레이션 결과

■ 최대 출력에서의 증폭 성능([그림 4-22])

정현파 신호 크기를 점점 증가시켜 출력특성을 확인한다. 증폭기가 동일한 증폭을 유지하고 출력 파형이 왜곡되지 않으면 **증폭기는 선형동작을 한다**고 칭한다. 즉, 직류전압이 5[V]에서 동작하므로 출력 파형의 최소 전압과 최대 전압은 0~5[V] 사이에 있다.

예를 들어 offset 전압=200m[V], 입력 파형(V_{in})=180m[V]일 때의 입력 파형(V_{in})과 출력 파형(V_{out})을 [그림 4-22]에서 볼 수 있다. 이보다 값을 점점 크게 하면 출력 파형이 왜곡되는 모습을 볼 수 있다. 마찬가지로, 입력과 출력 파형의 위상이 반전되지 않았으며. 1KHz 주파수에서 11배의 이득을 점검해 볼 수 있다.

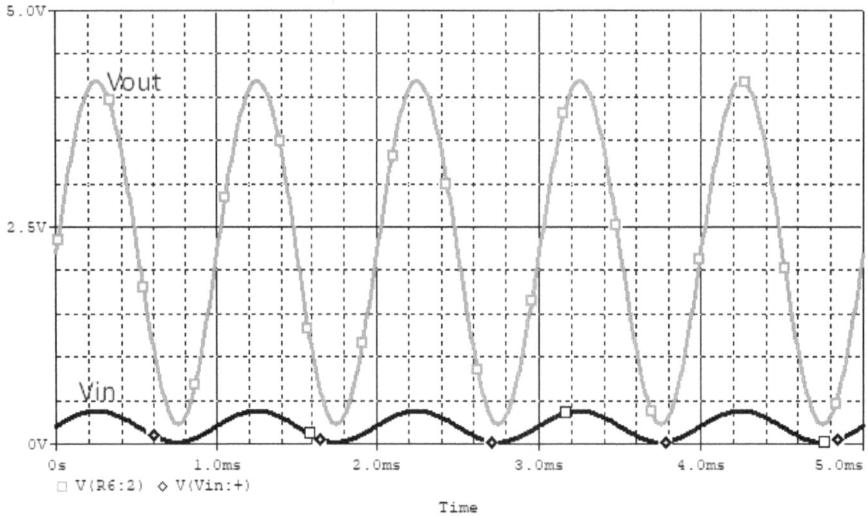

[그림 4-22] 대 출력 증폭 특성을 갖는 OPAMP 비반전 증폭 특성 시뮬레이션 결과

■ 증폭기의 주파수 응답

OPAMP의 주파수 응답특성을 보기 위해서 교류입력 신호를 [그림 4-23]처럼 좌측에 있는 신호원을 ‘Vac’로 바꾸어야 한다. 또한, 시뮬레이션 ‘Analysis’ type을 ‘AC sweep’으로 전환한다.

- Vac 설정: 0.1V AC(신호 크기), 0.1V DC(offset 전압)
- 시뮬레이션 환경설정 ⇒ [그림 4-24] 참고
- 주파수 응답 특성 곡선의 세로축은 이득을 나타내는데 dB 단위로 표시하기 위해서 [그림 4-25]처럼 시뮬레이션 결과 window 창의 Trace Menu 하단에 있는 Trace

expression에서 세로축(dB) 단위를 다음과 같이 설정한다.

DB(V(R11:2)/V(V3+))=20log(V(R11)/V3) (4-8)

- 시뮬레이션 결과

[그림 4-26]에서 회로에 대한 주파수 응답 시뮬레이션 결과를 볼 수 있다. 전압 증폭도가 11이기 때문에 설계주파수인 1KHz 에서 약 21dB의 이득을 갖는다.

특이 사항으로 LM324 OPAMP 부품 자체의 개방이득 특성과 유사하게 100KHz 부근에서 이득이 -3dB 감소하는 특성을 나타낸다. 높은 주파수에서는 증폭 능력이 떨어지는 것을 의미하며, 마치 저역통과필터처럼 동작한다.

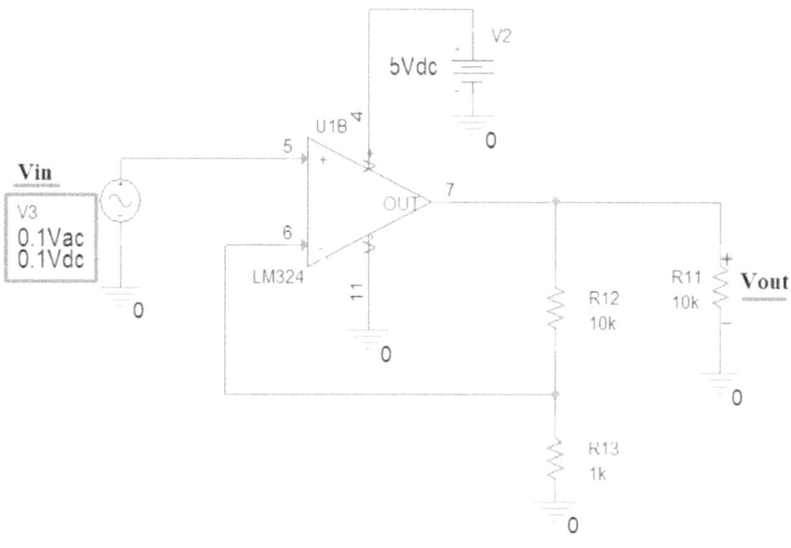

[그림 4-23] 증폭기의 주파수 응답특성을 위한 회로도

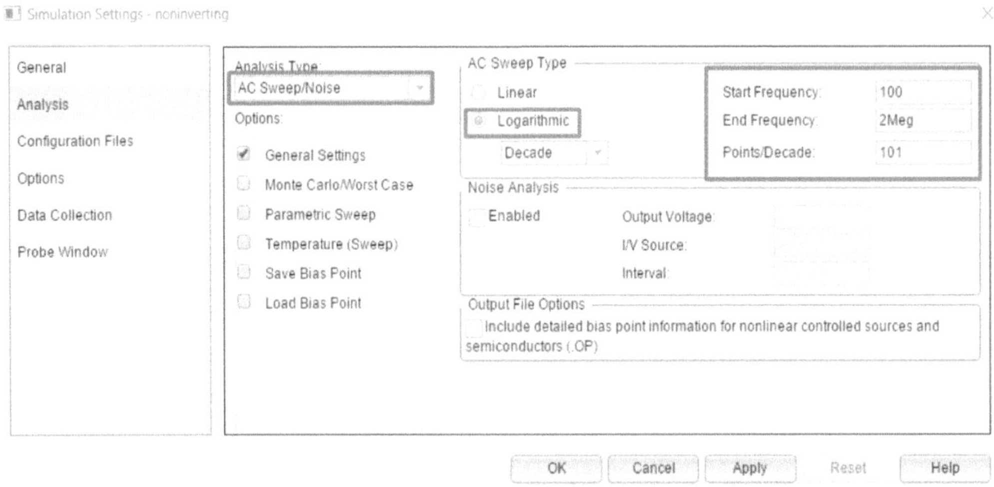

[그림 4-24] 주파수 특성을 얻기 위한 시뮬레이션 환경설정

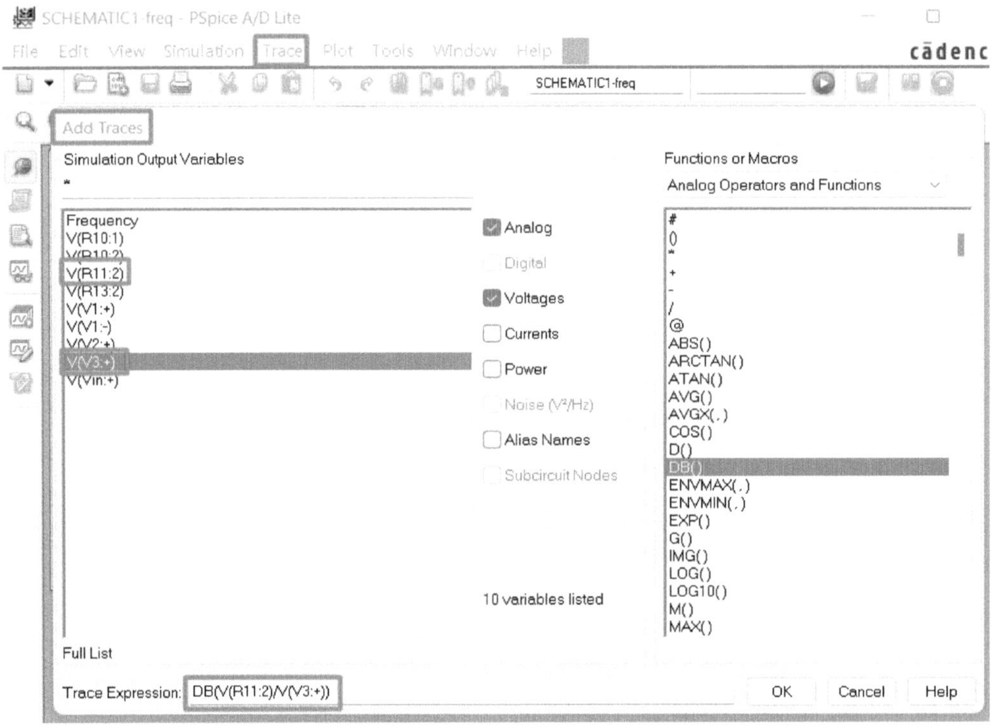

[그림 4-25] 시뮬레이션 결과의 세로축(dB) 값 설정 과정

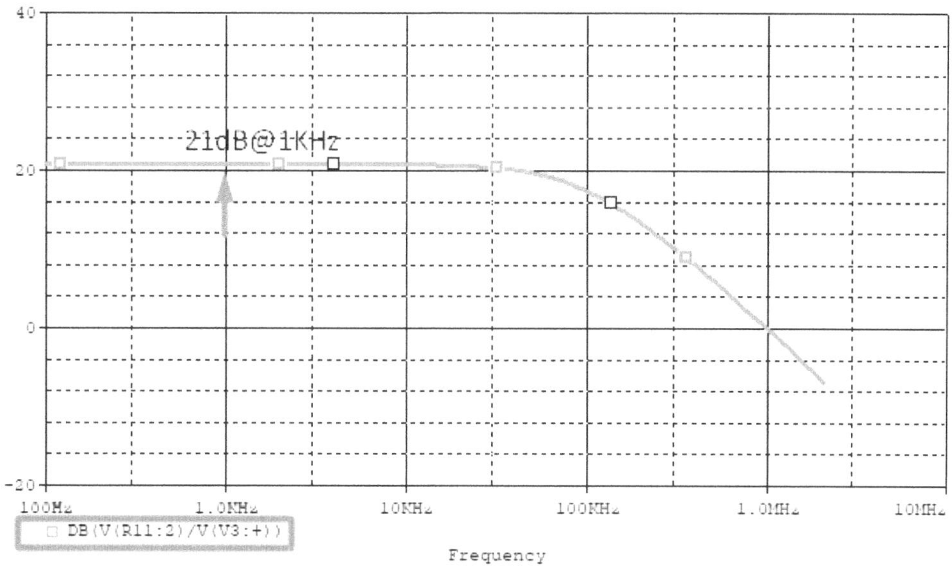

[그림 4-26] 세로축(dB) 값 설정에 따른 시뮬레이션 결과

4.5.2 능동 대역통과필터(BPF) 시뮬레이션 예제

4.4.3절에서 소개된 능동 대역통과필터의 이론에 근거하여 아래의 설계목표에 근접하는 능동대역통과필터를 설계한다. 부품은 4개의 OPAMP를 내장하고 있는 LM324를 사용한다.

대역통과필터의 설계 목표
• 중심주파수(f_o): 8KHz
• 대역폭($f_{cl} - f_{ch}$): 1.6KHz~16KHz
• 대역폭 내외 전압 전달이득(V_{out}/V_{in}): 20dB(10배) 이상
• 상위 및 하위 차단기울기: 15dB/decade 이상

능동 대역통과필터를 구현하기 위해 다음과 같은 2개 방법이 소개된다.

- **단전원회로**: [그림 4-27] 에는 +5[V]의 단전원(single supply)을 사용하여 능동 저역통과필터와 능동 고역통과필터가 종속 연결되는 구조의 능동대역통과 필터를 볼 수 있다.
- **양전원회로**: [그림 4-28] 에는 +5[V]와 -5[V]의 양전원(dual supply)를 사용하여 RC 저

역통과필터와 OPAMP, 그리고 RC 고역통과필터로 구성된다. 회로가 간단한 반면 2개의 전원을 사용하는 번거로움이 있다.

위의 설계 목표에서 이득은 OPAMP를 이용한 부귀환 증폭기를 통해 얻을 수 있다. 나머지 필터와 관련된 성능들은 저항 값과 커패시터 용량이 결정한다. 또한, 시뮬레이터를 통해 회로를 최적화할 수 있다.

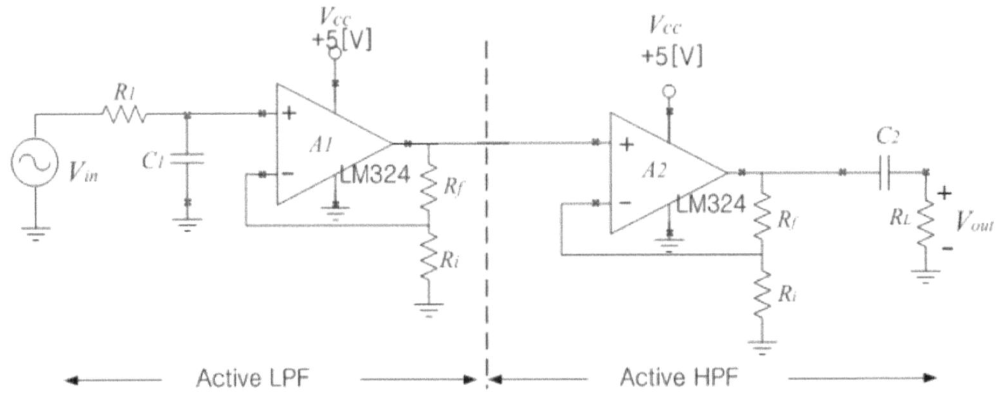

[그림 4-27] 능동대역통과 필터 예제(Active LPF+ Active HPF) 1안

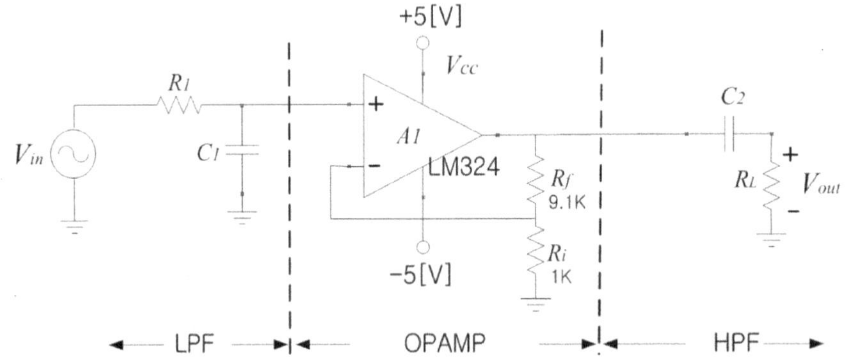

[그림 4-28] 능동대역통과 필터 예제(LPF+ OPAMP+ HPF) 2안

1) 능동대역필터의 회로 설계(1안:[그림 4-27]구조)

■ 필터의 R, C 계산 및 목표 달성 가능성 확인

[그림 4-27]에서 능동 저역통과필터의 R1과 C1은 대역통과필터의 상한 주파주(f_{cl})를 결정하고, 능동 고역통과필터의 R2과 C2는 대역통과필터의 하한 주파주(f_{ch})를 결정한다. 또한, 이들의 차이($f_{cl}-f_{ch}$)는 3dB 대역폭을 결정한다. 이들을 표현하면 다음 수식들과 같다.

$$f_{cl}=\frac{1}{2\pi R_1 C_1} \quad , \quad f_{ch}=\frac{1}{2\pi R_2 C_2}$$

$$3dB\ BW=f_{cl}-f_{ch}$$

먼저, 설계 목표에서 중심주파수(f_o)는 8KHz 이므로 상한 주파주(f_{cl})는 16KHz, 하한 주파주(f_{ch})는 1.6KHz이다. 위 수식에서 커패시터 용량을 0.01uF으로 고정하면 설계목표에 접근하는 저항들을 계산해 낼 수 있다.

$$f_{cl}=\frac{1}{2\pi R_1 C_1}=\frac{1}{2\pi(1000\cdot 0.01\times 10^{-6})}\simeq 16\,[KHz]$$

$$f_{ch}=\frac{1}{2\pi R_2 C_2}=\frac{1}{2\pi(10000\cdot 0.01\times 10^{-6})}\simeq 1.6\,[KHz]$$

3dB Bandwidth = $f_{cl}-f_{ch}=(16-1.6)=14.4KHz$

즉, 필터를 구성하는 회로 부품 값 들의 설계 결과는 다음과 같다.

	차단주파수	커패시터 용량	저항 값
저역통과필터	15.9KHz (f_{cl})	0.01uF	1KΩ
고역통과필터	1.59KHz (f_{ch})	0.01uF	10KΩ

설계된 회로의 중심주파수, 3dB 대역폭과 예상되는 차단대역에서 감쇠기울기는 다음과 같다. 부품의 용량 오차(커패시터 10%, 저항 5%)와 실험을 위해 보유한 부품들의 한계로 설계 목표와 거리가 있을 수 있다.

-3dB 대역폭($f_{cl}-f_{ch}$): 16KHz-1.6KHz=14.4 KHz

-중심주파수(f_o): 8KHz

-차단 기울기(대역통과필터 상단):

저항과 커패시터 한 set로 구성되는 1차 RC 필터는 20dB/decade 기울기는 갖는다. 또한, OPAMP 부품 자체의 개방이득이 주파수에 따라 감쇠하므로 목표 성능을 충분히 만족할 것으로 예상된다.

-차단 기울기(대역통과필터 하단):

저항과 커패시터 한 set로 구성되는 1차 RC 필터는 20dB/decade 기울기를 갖는다. 따라서, 목표 성능을 충분히 만족할 것으로 예상된다.

■ **OPAMP를 통한 신호 증폭을 위한 저항 값(R_f, R_i) 계산**

설계 목표에서 제시한 전달이득은 LM324 OPAMP의 부귀한 증폭을 통해 달성된다. [그림 4-27] 회로에서는 2개의 OPAMP가 사용되며, 각각의 이득을 A1과 A2이라 한다. 작은 교류신호가 증폭되어 최종 부하저항(R_L)에서 출력되는 V_{out}은 증폭된 파형이다.

설계 목표에서 제시한 전압이득은 10배이므로 각각의 OPAMP가 4배씩 증폭하면 충분히 목표를 달성할 수 있다. 즉, A1=A2=4이다. 부귀한 OPAMP의 이득은 다음 식과 같다.

$$1+\frac{R_f}{R_i}$$

먼저, R_i=1KΩ으로 고정하면 R_f가 3KΩ일 때 4배의 이득을 얻는다. 그러나 3KΩ저항값은 12계열 또는 24계열 저항에 없는 값이므로 실제 실험 시에는 2.7KΩ 또는 3.3KΩ을 사용할 수 있다.

OPAMP 증폭회로의 저항 값 계산 결과(R_f, R_i)는 다음과 같다. 2개의 OPAMP 가 동일한 성능을 갖는다.

	전압이득	Rf 값	Ri 값
능동저역통과필터 OPAMP	4	3.3KΩ or 2.7KΩ	1KΩ
능동고역통과필터 OPAMP	4	3.3KΩ or 2.7KΩ	1KΩ

■ **능동대역통과필터의 LPF회로 및 시뮬레이션 결과**

이론 값을 바탕으로 시뮬레이션을 수행하였고, LPF의 시뮬레이션한 결과 회로는 다음 [그림 4-29]와 같다.

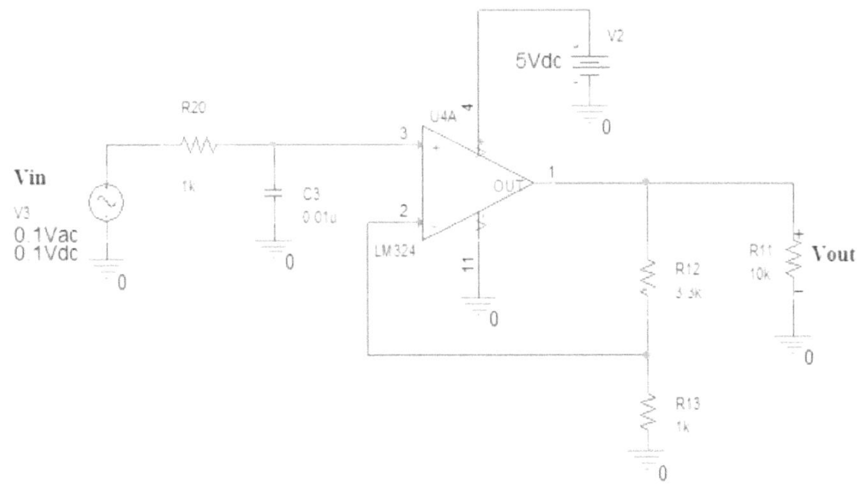

[그림 4-29] 능동대역통과 필터를 위해 시뮬레이션으로 결정된 LPF 회로

[그림 4-30]은 주파수 응답특성에 대한 시뮬레이션 결과를 보여준다. 통과대역에서 이득을 갖고 주파수가 증가할수록 이득이 감소하고 점점 손실을 나타내는 저역통과필터의 응답특성을 확인할 수 있다.

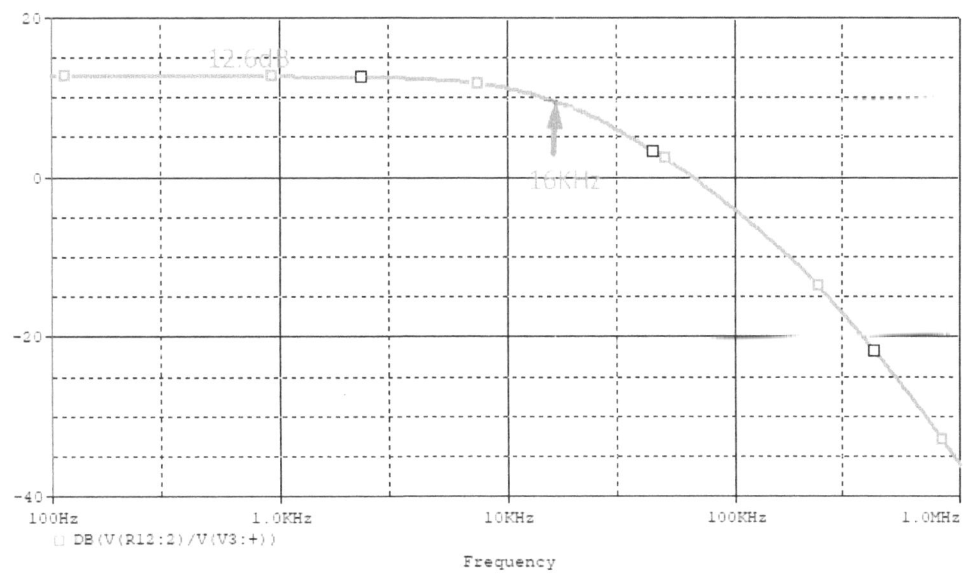

[그림 4-30] 능동대역통과 필터를 위한 LPF 시뮬레이션 결과

- 통과대역에서 이득은 12.6dB로 전압이득이 4배 보다 큰 값을 가짐을 알 수 있다.
- 또한, 3dB 차단주파수(f_{cl})은 16KHz로 이론 기반 계산 값과 유사하다.
- 대역필터의 상단 영역에서 차단 기울기도 목표 설계 값의 15dB/decade를 넘는다.

■ 능동 대역통과필터의 HPF 회로 및 시뮬레이션 결과

이론을 바탕으로 시뮬레이션을 수행하였고 능동 고역통과필터의 시뮬레이션한 결과 회로는 다음 [그림 4-31]와 같다. [그림 4-16]에서 능동 고역통과필터는 RC필터에 이어 OPAMP 증폭기가 종속으로 연결되었으나 시뮬레이션을 수행한 결과 [그림 4-31]과 같이 OPAMP 증폭기를 먼저 위치시키고 다음에 RC 필터를 연결해야 개별 회로의 특성을 보존하여 필요한 성능을 얻어낼 수 있음을 확인하였다.

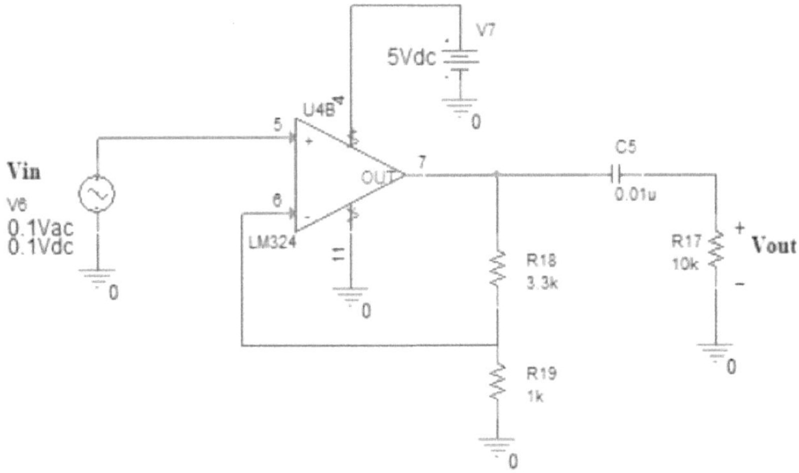

[그림 4-31] 능동 대역통과필터를 위해 시뮬레이션으로 결정된 HPF 회로

[그림 4-32] 은 결정된 HPF의 시뮬레이션 결과를 보여준다. 높은 주파수 대역에서 이득이 줄어든 것은 HPF 특성이 아닌 OPAMP 부품 자체의 고주파 특성을 나타낸다.

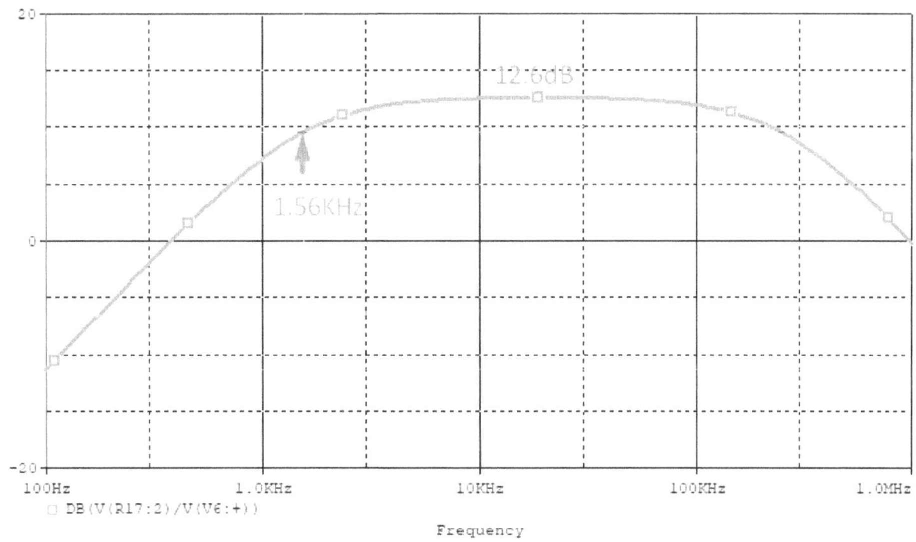

[그림 4-32] [그림 4-31] 회로의 주파수 응답특성 시뮬레이션 결과

- 통과대역에서 이득은 12.6dB로 전압이득이 4배보다 큰 값을 가짐을 알 수 있다.
- 또한, 3dB 차단주파수(f_{ch})은 1.56KHz 로 이론 기반 계산 값과 유사하다.
- 대역필터의 하단(왼쪽) 영역에서 차단 기울기도 목표 값의 15dB/decade를 넘는다.

■ 능동 대역통과여파기 시뮬레이션 결과

이론 값을 바탕으로 시뮬레이션을 수행하였고 지금까지 설계된 LPF와 HPF를 종속연결하여 결정된 회로는 다음 [그림 4-33]과 같다.

[그림 4-34]은 주파수 응답특성에 대한 시뮬레이션 결과를 보여준다.

- 통과대역에서 중심주파수 8KHz를 중심으로 전압 전달이득은 20dB이상이며, 최대 24.5dB를 갖는다.
- 대역통과 필터의 하단 3dB 차단주파수(f_{ch})은 1.4KHz, 상단 3dB 차단주파수(f_{cl})는 18.3KHz로 대역폭은 증가하였으나 이론 기반 계산 값과 유사하다.
- 대역필터의 하단(왼쪽) 영역와 상단(오른쪽) 영역차단 기울기들은 모두 목표 설계값의 15dB/decade를 넘는다.

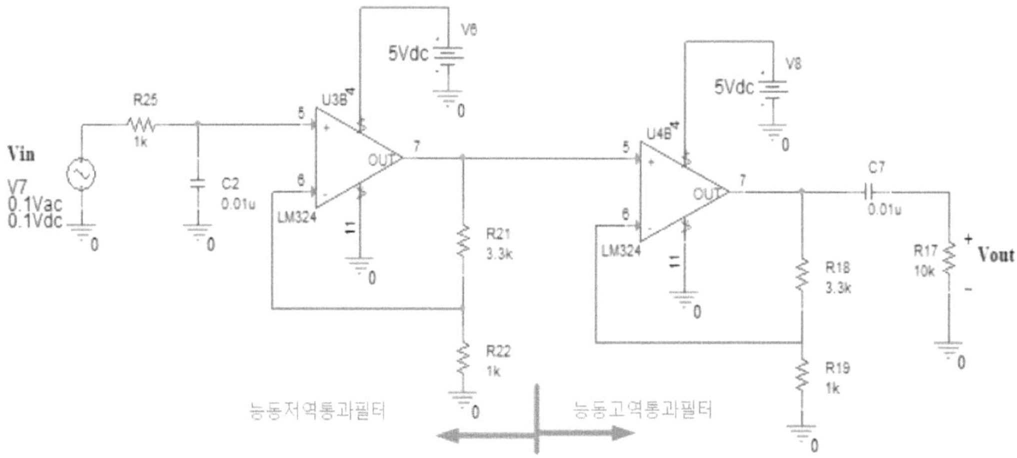

[그림 4-33] 능동 대역통과 여파기의 시뮬레이션 결과 회로

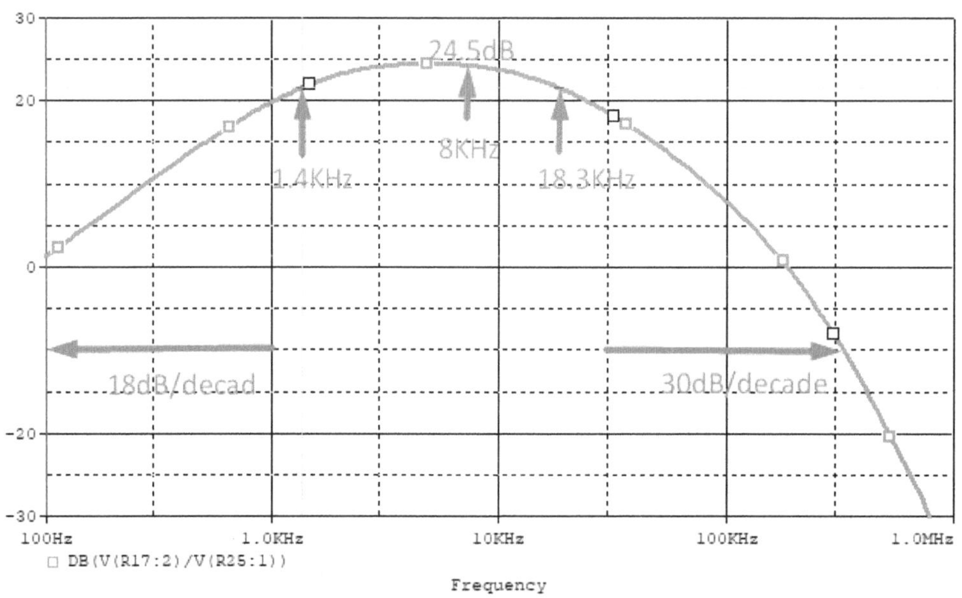

[그림 4-34] 능동 대역통과여파기의 주파수 응답 시뮬레이션 결과

[그림 4-34]에 시뮬레이션 결과를 볼 수 있다. 전체 전압이득은 약 23dB를 얻어내 목표한 이득을 만족한다. 그러나 3dB 차단주파수 범위는 목표한 차단주파수보다 약간 넓은 결과가 나왔다. 낮은 주파수의 차단 영역에서 차단 감쇠기울기가 목표치보다 약간 떨어지는 18dB/decade이나, 상위 차단 영역에서는 목표치보다 높은 26dB/decade가 시뮬레이션된다. 상위 차단영역에서는 LM324 OPAMP 부품 자체의 개방이득이 주파수 증가에 따라 이득이 떨어지는 특성이 더해져 감쇠가 심해진 것이다. 전체적으로 수동소자만으로 대역통과필터를 구현한 것보다 능동소자가 더해지게 되면 상호 임피던스 간섭현상이 일부 발생한다. 또한, 직류전원공급 조건이나 교류 입력신호의 크기나 offset 직류전압에 따라 회로 성능에 영향을 준다.

2) 능동대역통과필터의 회로 설계(2안:[그림 4-28]구조)

■ **필터의 R, C 값 계산**

[그림 4-27]의 RC 필터 설계과정과 같다. 전체적으로 차단주파수를 중심으로 커패시커 값을 고정하고 저항값을 계산한다.

■ **OPAMP를 통한 신호 증폭을 위한 저항 값(R_f, R_i) 계산**

설계목표인 통과대역에서 10배 이상을 갖기 위해서 1KΩ으로 고정된 R35를, 저항 R22를 9.1KΩ을 사용한다. 시뮬레이션을 통해 결정된 회로는 [그림 4-35]와 같다. 시뮬레이션 결과는 [그림 4-36]에서 log scale로 볼 수 있고, [그림 4-37]은 linear scale로 표현하였다.

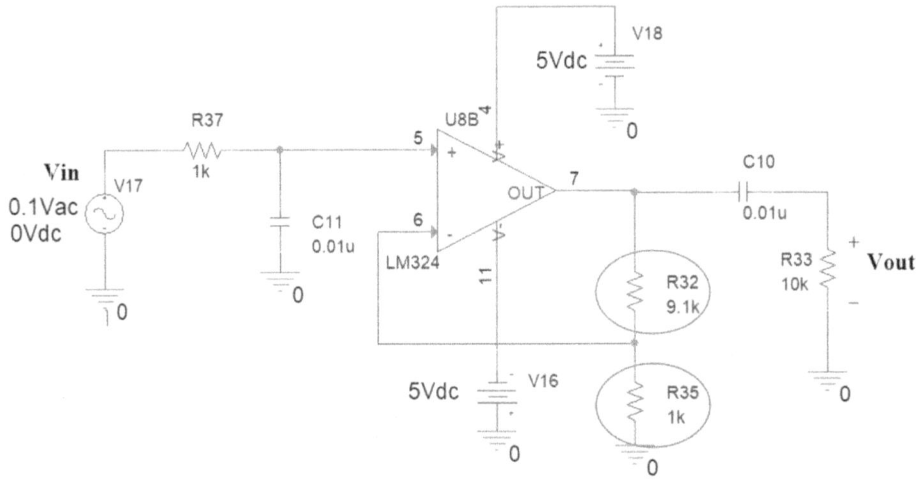

[그림 4-35] 1개의 OPAMP 만을 사용한 능동대역통과필터의 설계 결과

[그림 4-36] [그림 4-35]회로의 시뮬레이션 결과(log scale)

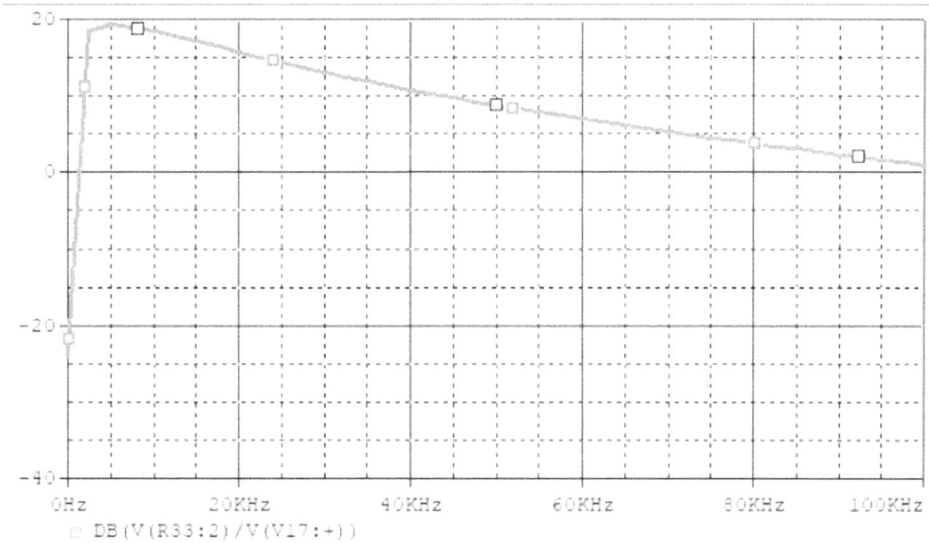

[그림 4-37] [그림 4-35]회로의 시뮬레이션 결과(linear scale)

4.6 OPAMP 부귀환 증폭기 실험

4.6.1 실험목적

- OPAMP 부귀환 증폭기를 설계하고 실험을 통해 OPAMP 동작을 이해한다.
- 시뮬레이션 도구 및 오실로스코프 등 주요 장치들의 사용법을 이해한다.
- OPAMP IC 및 수동부품 사용법을 익힌다.

4.6.2 실험내용 및 방법

본 실험에서는 비반전 증폭기인 [그림 4-38] 회로를 기본으로 조별로 주어진 설계목표를 설계하고, 관련 실험내용들을 측정하며, 목표달성 여부를 검증한다.

■ 부귀환 증폭기의 조별 설계 목표

- 교류신호 중심 주파수: (100+2x)KHz
- 직류전원 전압(V_{CC}): +5 [V]
- 소신호 증폭 전압이득: 최소 15dB 이상
  (교류 출력신호는 최대 출력상태이며 왜곡되지 않아야 할 것)

※ 실험조 번호의 끝자리수를 x라 한다

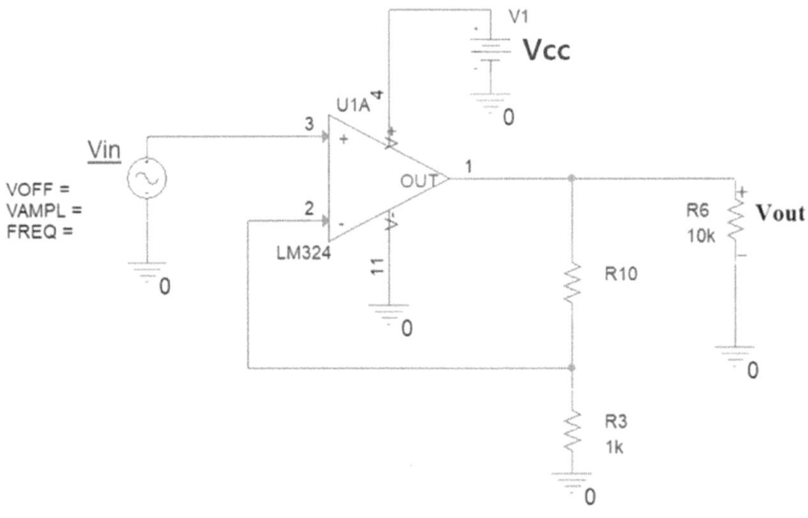

[그림 4-38] 비 반전 증폭기 실험

1) 증폭기 설계(4.5.1절 참고)

① **증폭기 이득을 위한 저항 값(R_{10}) 계산**: 적정 저항(R10)을 이론 식 (4-2)에 근거하여 저항(1K Ω~20K Ω 사이의 값)을 선정한다.

② Pspice를 수행시켜 시뮬레이션 결과와 설계목표의 달성 가능성을 판정한다.

- 시간 축 상에서 최대 출력 및 이득 확인: [그림 4-38]회로의 교류전원을 'Vsin' 에서 중심주파수(100+2x)KHz)에서 신호 크기(Vampl, Voffset)를 작은 값에서 시작하여 점점 증가시킨다. 왜곡되지 않는 최대 신호를 찾고 이때의 입력 신호신호 크기(Vampl, Voffset) 값을 확인하고 실험에 적용한다.
- 주파수 응답특성 확인: [그림 4-38] 회로에서 교류전원을 'Vac' 로 바꾸고 시뮬레이션 환경설정에서 100~5MHz 범위에서 주파수를 가변시켜 이득변화를 살펴본다. 교류전압과 offset 전압을 0.1[V]로 한다.

2) 회로구성 및 실험내용

① 설계 후 결정된 회로를 각기 **브레드보드 위에 구성**한다. OPAMP의 datasheet를 참고하여 핀 번호를 확인한다.

② OPAMP 핀 확인 및 직류전압 확인: OPAMP IC의 전원 공급단자 핀과 접지핀의 전압을 반드시 측정하고 적정전압인지 확인한다. 연결 확인은 멀티미터(DMM)로 할 수 있다.

- LM324 OPAMP는 4개의 OPAMP가 한 패키지 안에 들어간 부품으로 [그림 4-39]과 같은 모습이다. X로 표시된 것을 사용하지 않고 1,2,3,4,11번 핀들로 구성된 OPAMP 만을 사용한다. 4번 핀은 +5[V]가 입력되고 11번 핀은 0[V]인 접지가 연결된다. 3번 핀으로는 교류신호가 입력되고 1번 핀으로 증폭된 신호가 출력된다.

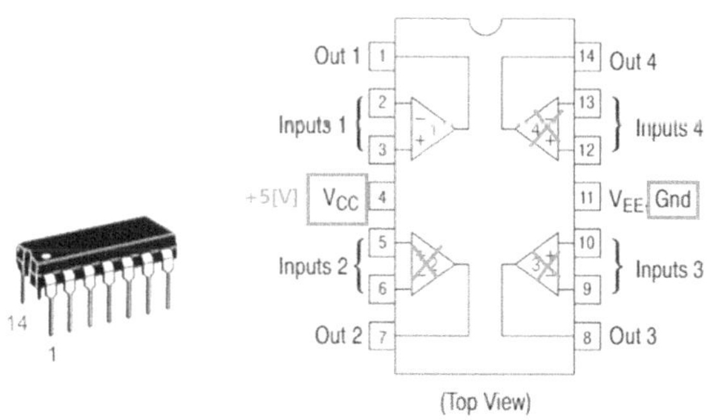

[그림 4-39] LM324 외관 및 OPAMP pin description

③ 오실로스코프 '파형발생(wavegen)' 설정:

- offset 전압과 정현파 전압(V_{pp}) 크기: offset 20m[V], V_{pp}=20m[V]
- 주파수(FREQ): 조별 중심주파수(주기)로 설정

④ **크기 별 입력 및 출력 파형 측정** 및 이득 계산:

- 중심주파수에서 작은 입력신호(V_{in}) 크기(V_{pp}=20m[V], offset 20m[V])에서 입력 파형 (V_{in})과 출력 파형(V_{out})을 오실로스코프로 관찰하여 파형을 측정 **⇒[그림 4-40]**
- 중심주파수에서 왜곡되지 않는 최대 출력파형 측정을 위해 교류신호 크기(Vpp)를 점차 증가시키고 offset 전압을 크게하여 OPAMP의 출력단자에서 파형 변화를 관찰한다. 이때 왜곡되기 직전의 출력 전압파형과 입력 전압파형을 측정한다. **⇒[그림 4-41]**

⑤ **주파수 응답측정**: 교류신호 크기를 100m V_{pp}로 고정한 다음, 주파수를 100Hz에서 시작하여 약 5MHz 까지 증가시키면서 각 주파수마다 OPAMP 출력단에 걸린 전압의 크기를 측정한다. 측정주파수 해상도는 시뮬레이션 결과를 참고하여 변화가 큰 지점은 상세하게, 그렇지 않은 지점은 주파수 간격을 크게한다.

4.6.3 오실로스코프 화면 설정

- **세로축(전압) 설정**: 본 실험은 단 전원(single supply)을 공급하는 OPAMP 회로를 측정한다. 따라서 DC 커플링과 AC 커플링을 적절하게 선택하여 세로축 스케일(V/div)을 지속적으로 조정하여 신호 크기를 최대한 크게 한다.
  - DC 커플링: 파형에 실려있는 직류 전압을 측정할 경우 선택한다. 이때, 접지를 최대한 화면 하단에 위치시켜야 정확한 측정이 가능하다.
  - AC 커플링: 교류 파형만을 관찰할 경우 선택한다. 정확한 측정을 위해 접지는 화면 중심에 위치시키고 파형을 크게한다.
- **2채널 측정**: 교류 입력과 출력 사이의 위상과 증폭기 이득을 명확히 표현하기 위해서는 스코프 채널 2개(CH1, CH2)를 모두 사용한다. 예를 들어 채널 1은 OPAMP에 입력되는 교류신호를 관찰하고 채널2는 OPAMP의 출력단에서의 교류신호를 관찰한다.
- **가로축(시간) 설정**: 입력주파수에 따라 가로축의 스케일(시간/div)을 지속적으로 조정하여 화면 당 최소 2~5주기 신호를 확보한다.
- **트리거링**: 스코프 화면에 파형이 흔들릴 경우, 트리거 소스를 'wavegen(파형발생)'으로 다시 고정한다.
- **파형정밀 측정 방법**: 측정 메뉴에서 Cursor line을 이용(본 교재 51 페이지 참조)

4.6.4 실험장치 및 부품

장치목록	악세사리	기타
-디지털멀티미터 1대 -오실로스코프 1대 -전원공급장치 1대	-브레드보드 1개 -교류신호입력용 케이블 1셋 -오실로스코프 프로브 2개 -직류신호입력용 케이블 1셋	-LM324 OPAMP 1개 -저항 set -회로연결용 점퍼선 (빨간색, 검정, 흰색(/파랑)

4.6.5 실험 유의사항

- LM324는 개별 OPAMP 가 4개로 구성된 IC이다. 반드시 data sheet를 참고하여 각 핀의 위치와 역할을 파악해야 정확한 회로를 구성한 수 있다.
- **모든 접지선은 검정색으로 일치할 것**: 오실로스코프의 접지와 브레드보드 연결을 위한 단자의 접지, 브레드보드에 실장된 부품의 접지 및 접지들을 연결하는 점퍼선들은 모두 검정으로 하여 회로 이해도 개선 또는 오동작을 방지한다.
- 브레드보드에 결선 된 부품들로부터 쉽게 회로도를 연상할 수 있도록 회로를 간결하게 구성한다. 이를 위해 다음 표처럼 색을 구분한다.

구분		용 도/연결방법
오실로스코프 프로브	프로브(probe)	측정하고자 하는 위치에 프로브 고리를 건다.
	검정 악어클립 케이블	회로의 접지에 연결한다.
교류신호 연결케이블	빨강 악어클립 케이블	교류신호가 입력되는 중심선으로 일반적으로 브레드보드 상단에 빨강 단자와 연결한다.
	검정 악어클립 케이블	교류신호가 출력되는 접지선으로 일반적으로 브레드보드 상단에 검정 단자와 연결한다.
점퍼선	빨강 점퍼선	회로의 부품에 연결하여 교류신호를 공급한다.
	검정 점퍼선	회로의 접지들 사이를 연결한다.

4.6.6 측정 데이터 정리

1) 전체 실험회로(오실로스코프 + 브레드보드 + 직류전원공급장치) 사진

전체실험회로 구성사진	브레드보드 회로 연결사진

*전체 연결구성과 브레드보드내의 회로 연결을 알수 있는 수준의 해상도

2) 시뮬레이션 결과 및 오실로스코프 측정 화면 사진(아래 주어진 주파수)

■ 작은 입력신호(V_{in})에서 OPAMP 증폭특성

시뮬레이션 결과인 [그림 4-21]을 참고한다. 작은 교류입력신호(V_{in})는 다음과 같이 설정한다.

- V_{Offset} 20m[V], V_{AMPL}=10m[V], FREQ=(100+2x)KHz

시뮬레이션 입력 및 출력파형	오실로스코프 측정화면(입력 및 출력파형)
[그림 4-21]의 시뮬레이션 결과 참고	

[그림 4-40] 작은 입력신호(V_{in})에서 시뮬레이션 및 출력파형 측정결과

■ 최대 출력을 얻을 수 있는 OPAMP 증폭특성

시뮬레이션 결과인 [그림 4-22]을 참고한다. 교류입력신호(V_{in})의 주파수는 중심주파수로 고정하고, 증폭된 출력파형(V_{out})이 왜곡되지 않는 지점까지 V_{offset}과 V_{AMPL}값을 증가시킨다.

이때의 교류입력파형(V_{in})과 왜곡되지 않는 출력파형(V_{out})을 [그림 4-41]의 오른쪽에 삽입한다.

시뮬레이션 입력 및 출력파형	오실로스코프 측정화면(입력 및 출력파형)
[그림 4-22]의 시뮬레이션 결과 참고	

[그림 4-41] 최대 출력단에서 OPAMP 증폭특성 시뮬레이션 및 측정결과

3) OPAMP 증폭기의 주파수 응답 측정

[그림 4-26] 시뮬레이션 결과를 참고하여 주파수별로 출력전압(V_{out})의 진폭(V_{AMPL})을 측정하여 아래 표를 작성한다. 또한, 입력 크기(Vpp=200m[V])가 고정된 상태에서 증폭기의 이득을 dB 단위로 표현하여 [표 4-2]에 기입한다. 이때, 변화가 심한 곳에서는 좀 더 상세한 측정이 필요하다.

[표 4-2] 주파수에 대한 출력 전압(V_{out}) 측정표

주파수	출력전압($Vout$) 측정값 @ $V_{in} = 0.2\,V_{pp}$	계산 값 dB=20log($Vout/0.1$)
100Hz		
200Hz		
.		
.		
5MHz		

• 위의 표를 Excel을 이용하여 [그림 4-42]의 오른쪽에 dB 단위로 plot한다. 좌측은 시뮬레이션 결과를 삽입하여 비교·분석한다.

시뮬레이션 결과	측정결과
[그림 4-26] 시뮬레이션 결과 참고	

[그림 4-42] OPAMP 증폭기의 주파수 응답 측정 시뮬레이션 및 측정결과

4.7 능동 대역통과필터의 실험

4.7.1 실험목적

- 능동대역통과필터의 기본동작과 성능파라미터들을 이해한다.
- 시뮬레이션 도구 및 오실로스코프등 주요 장치들의 사용법을 이해한다.
- OPAMP IC 및 수동부품 사용법을 익힌다.

4.7.2 실험내용 및 방법

시뮬레이터를 통해 설계된 능동 저역통과필터와 능동 고역통과여파기를 종속 연결하여 구성된 대역통과 필터를 실험한다. 전체 회로 구성은 [그림 4-18] 또는 [그림 4-19]에 있으며, 조별 설계 목표는 다음과 같다.

능동대역필터의 조별 설계 목표
• 중심 주파수: (100+2x)KHz (실험 조 번호의 끝자리 수를 x라 한다)
• 3dB 대역폭: 중심 주파수의 약 ±50%
• 상위 및 하위 감쇠 기울기: 15dB/decade 이상
• 통과 주파수 대역에서 전압이득: 최소 20dB(10배) 이상

실험에 사용되는 LM324는 4개의 OPAMP 가 하나의 IC 패키지(package) 안에 있으므로 동작 파악을 위해 부록에 첨부된 데이터쉬트(datasheet)와 함께 실험하는 것이 중요하다. 회로 구성 후 전원공급기를 'ON' 시킨 다음에 멀티미터나 오실로스코프를 이용하여 회로 연결의 정확성과 적절한 직류전압이 인가되었는지 항상 확인한다.

1) 능동대역필터 설계순서(설계 예는 4.5.2절 참고)

① 부품재고파악: 조별로 주어진 저항과 커패시터 부품들의 정보를 사전에 파악한다.

② **OPAMP 목표 이득에 적합한 저항 값 결정**: OPAMP별로 적절한 이득배분을 고려하고, 해당 OPAMP에 적절한 저항 값들을 선정한다.

③ **대역통과필터의 차단주파수(f_{cl}, f_{ch})에 적합한 RC 값 결정**: 식 (4-7)을 이용한다. 이때 커패시터 값들은 저항보다 상대적으로 종류가 많지 않으므로 먼저 커패시터를 결정한 후 저항들을 선정한다. 해당 부품들이 없을 경우 재 조정하거나 특정 저항값을 얻기

위해 저항들의 조합을 찾아본다. 저항은 일반적으로 1KΩ~10KΩ사이의 값을 선정한다.

④ **최초 시뮬레이션**: 이론에 맞게 선정한 부품 값을 기반으로 ORCAD사의 Pspice를 기동시켜 회로를 구성 한 후 시뮬레이션을 수행한다. 이때 교류입력 신호의 전압크기는 이득을 고려하여 작은 값을 입력시킨다. 또한 DB 단위로 전압이득을 출력시키기 위해 Display 창의 Trace menu에 적절한 Trace expression을 작성한다(식 (4-8) 참조).

⑤ 시뮬레이션 예제인 4.5.2절을 참고하여 시뮬레이션 결과와 계산한 결과들을 비교해보고 설계목표 달성가능성을 판정해본다(BPF 회로구조 1안([그림 4-27])과 2안([그림 4-28]) 중의 선택).

⑥ **최적화 설계**: 시뮬레이션을 통해 설계 목표에 맞도록 부품 값들을 조정하여 최적화한다. 또는 필터들의 위치조정 및 이득 배분을 조정해본다. 목표 달성이 어려울 경우 부족한 부분에 대해 논리적으로 실험 보고서에 상세히 설명한다.

2) 실험순서 및 측정데이터

① 설계 완료 후 결정된 부품들을 브레드보드에 구성한다(아래의 「**4.7.3 실험유의사항**」 참고할 것).

② OPAMP 직류전압 공급: OPAMP IC의 해당 PIN에 조별로 정해진 전압(±Vcc)이 측정되는 지 멀티미터나 오실로스코프로 확인한다. LM324 OPAMP는 4개의 OPAMP가 한 패키지 안에 들어간 부품으로 [그림 4-43]과 같은 모습이다. X로 표시된 것을 사용하지 않고 1,2,3,4,11번 핀들로 구성된 OPAMP 만을 사용한다. 4번 핀은 +5[V]가 입력되고 11번 핀은 0[V]인 접지가 연결된다. 3번 핀으로는 교류신호가 입력되고 1번 핀으로 출력된다.

한편, BPF 회로 구조 1([그림 4-27])안을 선택하는 경우 LM324의 4개의 OPAMP 중 2개를 사용하면 된다.

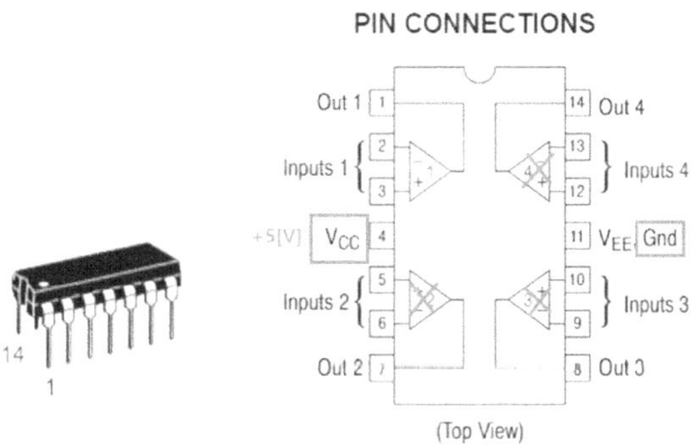

[그림 4-43] LM324 외관 및 OPAMP pin description

③ **필터 출력전압에 대한 주파수 응답 측정**⇒[표 4-4]

오실로스코프 파형발생(wavegen)의 출력전압을 100m V_{ampl}(또는 0.05Vpp)로 설정하고 낮은 주파수부터 높은 주파수까지 서서히 증가시켜 가면서 회로의 출력전압(V_{out})을 주파수 별로 오실로스코프를 이용하여 측정하여 **[표 4-4]의 빈칸**을 채운다.

④ **핵심주파수별 출력파형(V_{out}) 측정** ⇒[표 4-3]

위의 측정 과정(③)에서 나음 5개의 주파수에서 스코프로 측정한 출력전압(V_{out})에 대한 파형과 입력파형을 캡처하여 [표 4-3]을 채운다.

- 통과 대역 내의 중심주파수: ($f_0 = (f_{cl} - f_{ch})/2$)
- 상위 및 하위 3dB 차단주파수: f_{cl}, f_{ch}
- 차단영역의 기울기를 측정하기 위한 상위 및 하위의 2개의 주파수:
  상위 차단주파수 $f_2 = 10f_1(f_1 \geq f_{cl})$, 하위 차단주파수 $f_2 = f_1/10(f_1 \leq f_{ch})$

⑤ **주파수별 응답특성에 대한** Excel Plot

[표 4-4] 데이터로부터 엑셀(Excel)을 이용하여 [그림 4-44] 우측 공간에 주파수 축에 대한 대역통과필터 특성을 plot한다.

⑥ 대역통과필터의 중심주파수에서 입력 교류신호와 출력 교류신호를 측정하여 이득을 확인함으로써 종래의 삽입손실 대신 이득을 가짐을 확인한다.

3) 오실로스코프 설정방법

- **wavegen(파형발생) 및 주파수 설정** : 신호크기는 0.1[Vampl](또는 0.5Vpp), 정현파(Sine), 주파수 범위는 100Hz부터 약 5MHz까지. 스코프 노브(knob)를 이용하여 주파수

를 가변시킨다. 단 전원 능동필터는 적절한 offset전압을 인가한다.

전원(dual supply)을 사용할 경우 교류신호의 offset 전압은 0 으로 한다. 그러나 단전원(single supply)인 경우 적절한 offset 전압을 인가해야 된다.

- **세로축(전압) 설정**: 스코프화면에 파형이 가능한 크게 보일 수 있도록 스케일(V/div) 노브와 위치조정 노브를 이용한다. 차단영역에서 크기가 작은 신호일수록 잡음신호에 섞여 측정하기 어려우므로 세로축(전압) 스케일을 다시 조정하고, 세로축 위치조정 노브(knob)를 이용해서 화면 중앙에서 크게 보일 수 있게 해야 측정오차를 줄일 수 있다. 이때 스코프의 커서 기능을 이용하면 정확한 측정에 도움이 된다.

  - DC 커플링: 파형에 실려있는 직류 전압을 측정할 경우 선택한다. 이때, 접지를 최대한 화면 하단에 위치시켜야 정확한 측정이 가능하다.

  - AC 커플링: 교류 파형만을 관찰할 경우 선택한다. 보다 정확한 측정을 위해 접지는 화면 중심에 위치시키고 파형을 크게한다.

- **2채널 측정**: 교류 입력과 출력 사이의 위상과 증폭기 이득을 명확히 표현하기 위해서는 스코프 채널 2개(CH1, CH2)를 모두 사용한다. 예를 들어 채널 1은 OPAMP에 입력되는 교류신호를 관찰하고 채널2는 OPAMP의 출력단에서의 교류신호를 관찰한다.
- **가로축(시간) 설정**: 입력주파수에 따라 가로축의 스케일(시간/div)을 지속적으로 조정하여 화면 당 최소 2~5주기 신호를 확보한다.
- **트리거링**: 스코프 화면에 파형이 흔들릴 경우, 트리거 소스를 'wavegen(파형발생)'으로 다시 고정한다. 특히, 필터의 차단영역에서 신호가 매우 작은 경우나 높은 주파수인 경우 트리거링이 안돼 신호가 흔들릴 수 있다.
- **파형정밀 측정 방법**: 측정 메뉴에서 Cursor line을 이용한다(상세 내용은 본 교재 51 페이지 참조)

4.7.3 회로 구성 유의사항

- <u>**부품결선 방법**:</u> 브레드보드 상에 결선된 부품들로부터 쉽게 회로도를 연상할 수 있도록 부품을 간결하게 연결하는 것이 고장진단에 쉽다.
- 브레드보드 상의 연결용 점퍼선은 적게 쓰되 짧은 것을 사용하고 색별로 적절한 것을 사용한다.

색별 점퍼선	용 도
빨강 점퍼선	양의 직류전원 공급선
파랑/하얀 점퍼선	교류신호의 입출력단자, 교류신호 전달을 위한 부품연결
검정 점퍼선	접지선 또는 음의 직류전원

- <u>**모든 접지선은 검정으로 일치할 것**</u>: 교류신호 입력용 케이블의 접지선과 오실로스코프 프로브의 접지선, 그리고 교류회로의 접지선은 모두 검정색으로 하여 공통 접지를 확보해야 회로가 정상 동작한다.
- 직류나 교류전원을 사용하는 경우 전원선과 접지선은 공간적으로 이격하여 단락에 따른 장치의 고장 및 부품파손 등 문제들이 발생하지 않도록 한다.
- 오실로스코프 케이블사용방법: 케이블의 한쪽은 회로상의 신호를 탐지(probing)하기 위한 날카로운 단자가 있으며, 반대쪽은 오실로스코프와 연결을 위한 BNC 어댑터(adapter)이다. BNC 어댑터에는 커패시터 회로가 박스형태로 구현되어 있으니 파손되지 않도록 유의한다. 케이블 중간에 전압신호 스케일링을 하기 위한 **배율(1:1 또는 10:1)**이 표시되어 있으므로 선택에 유의한다. 일반적으로 1:1로 한다.

4.7.4 실험장치 및 부품

장치목록	악세사리	기타
-디지털멀티미터 1내 -오실로스코프 1대 -전원공급장치 1대	-브레드보드 1개 -교류신호입력용 케이블 1셋 -오실로스코프 프로브 1셋 -직류신호입력용 케이블 2셋	-uA741/LM324 OPAMP 1개 이상 -저항 및 커패시터 set -회로연결용 점퍼선 (빨간색, 검정, 흰색/파랑)

4.7.5 측정 데이터 정리

1) 전체 실험회로(오실로스코프 + 브레드보드 구성) 사진

전체실험회로 구성사진	브레드보드 회로 연결사진

*전체 연결구성과 브레드보드내의 회로 연결을 알수 있는 수준의 해상도

2) 오실로스코프 측정 화면 사진(아래 주어진 주파수)

[표 4-3] 핵심 주파수 들에 대한 출력 전압(V_{out}) 측정표

	입력파형(Vin=0.1Vamp)의 스코프화면	출력파형(V_{out}) 스코프화면
통과 대역 중심 주파수 (f_o)		
상위 차단 주파수 (f_{cl})		
하위 차단 주파수 (f_{ch})		
상위 차단 영역 주파수 ($f_2 = 10f_1$)		
하위 차단 영역 주파수 ($f_2 = f_1/10$)		

3) 능동 대역통과 필터의 주파수 응답특성 측정

- 주파수별 출력전압(V_{out}) 측정표[표 4-4] 구성: 시뮬레이션에 근거하여 필터 특성을 나타낼 수 있는 측정 주파수들을 선정(최소 51포인트 이상)하고 이에 해당하는 출력전압을 측정하여 아래 [표 4-4]를 작성한다.
- **측정 주파수 포인트 수 결정**: 필터 전체특성을 파악할 수 있게 한다. 차단주파수 근처는 좀 더 세밀해야 하며, 차단기울기(dB/decade)를 측정할 때는 차단 영역에서 가급적 가까운 곳에서 첫 번째 주파수(f_1)를 잡아야 열 배의 주파수 또는 1/10인 두 번째 주파수(f_2)에서 측정이 편리하다.

[표 4-4] 주파수에 대한 출력 전압(V_{out}) 측정표

주파수	$Vout/Vin\ (V_{AMPL}=0.1V)$
100Hz	
200Hz	
.	
.	
5MHz.	

- 위의 표를 Excel을 이용하여 [그림 4-44] 우측에 dB 단위로 plot한다. 좌측은 시뮬레이션 결과를 삽입한다. [그림 4-34] 또는 [그림 4-36] 시뮬레이션 예제 결과를 참고하여 plot 된 데이터 위에 대역통과 필터의 성능 파라미터(삽입손실, 3dB 차단주파수, 대역폭(3dB), 차단기울기(dB/decade)) 등을 표시함으로써, 시뮬레이션 결과 또는 이론과 비교·분석한다

시뮬레이션 결과	**측정결과**
[그림 4-34] 또는 [그림 4-36] 참고	

[그림 4-44] 능동대역통과필터의 주파수 응답 측정 시뮬레이션 및 측정결과

실험 결과 보고서양식 1

<table>
<tr><td>실험 제목</td><td colspan="2"></td><td>제출자 이름</td><td></td></tr>
<tr><td rowspan="3">조구성 및
참여율</td><td>이름(학번)</td><td>실제 실험 참가율(%)</td><td>이름(학번)</td><td>실제 실험 참가율(%)</td></tr>
<tr><td></td><td></td><td></td><td></td></tr>
<tr><td></td><td></td><td></td><td></td></tr>
</table>

※ 보고서 분량은 <u>가급적 적은 페이지로 핵심내용을 중심</u>으로 작성합니다. 불필요한 내용을 나열하는 것은 중요 부분을 파악하지 못한 것으로 간주된다.

1. 실험목적

작성 안내	-본 실험에서 달성하고자 하는 실험 내용과 목적을 요약 정리한다 (1/4 페이지 이내). -조별로 할당된 실험목표 표시.

2. 실험데이터

작성 안내	-측정한 각종 실험 DATA들을 표와 그림 등을 활용하여 쉽게 표현한다. -실험 사진은 실험 내용이나 결과를 확인할 수 있는 해상도로 표현한다.

3. 실험 결과분석

작성 안내	-가장 중요한 부분으로 '실험데이터' 에서 표시된 값들을 바탕으로 데이터가 갖는 의미와 내용을 이론에 근거하여 분석한다. 시뮬레이션 결과들과 비교해본다. -분석 결과들을 바탕으로 실험을 통해 이해한 내용과 성취 수준 등을 서술한다.

4. 문제점 해결 및 개선내용

작성 안내	-실험과정에서 발생했던 문제점들을 나열하고 어떻게 해결하였는지에 대한 과정과 개선된 사항들을 서술한다. -실험과정에서 변경 혹은 내용을 조정한 경우 이유를 논리적이고 구체적으로 설명한다.

5. 결론

작성 안내	-실험목적에 대비하여 실험과정이나 측정결과들로부터 도출된 결론 또는 이해된 내용을 요약하여 작성한다 (표나 요점들을 개조 식으로 나열).

실험 결과 보고서 양식 2(요약)

<table>
<tr><td>실험 제목</td><td colspan="2">OPAMP 부귀환 증폭기 실험</td><td>제출자 이름</td><td></td></tr>
<tr><td rowspan="3">조구성 및 참여율</td><td>이름</td><td>실제 실험 참가율(%)</td><td>이름</td><td>실제 실험 참가율(%)</td></tr>
<tr><td></td><td></td><td></td><td></td></tr>
<tr><td></td><td></td><td></td><td></td></tr>
</table>

1. 전체 실험회로(전원공급장치+ 브레드보드 구성) 사진

전체 실험회로 구성사진	브레드보드 회로 상세 연결사진

*전체 연결구성과 브레드보드내의 회로 연결을 알수 있는 수준의 해상도

2. 조별 설계 목표 표시

3. 소신호 및 대출력에서 OPAMP 입출력 교류신호에 대한 오실로스코프 파형

- 소신호 OPAMP 특성(입력신호:V_{Offset} 20m[V],V_{AMPL}=10m[V],Freq=(100+2x)KHz) [그림 4-40]

시뮬레이션 입력 및 출력파형	오실로스코프 측정화면(입력 및 출력파형)
[그림 4-21]의 시뮬레이션 결과 참고	

- 최대 출력을 얻을 수 있는 OPAMP 증폭특성[그림 4-41]

시뮬레이션 입력 및 출력파형	오실로스코프 측정화면(입력 및 출력파형)
[그림 4-22]의 시뮬레이션 결과 참고	

4. OPAMP 부귀환 증폭기의 주파수 응답 특성 [표 4-2 참조]

시뮬레이션 결과	측정결과
[그림 4-26] 시뮬레이션 예제 참고	

5. 측정 데이터 분석 및 이해된 내용

- 측정 데이터 분석
- 실험목적 대비 이해된 내용

실험 결과 보고서 양식 3(요약)

실험 제목	능동 대역통과필터의 실험		제출자 이름	
조구성 및 참여율	이름	실제 실험 참가율(%)	이름	실제 실험 참가율(%)

1. 전체 실험회로(전원공급장치+ 브레드보드 구성) 사진

전체실험회로 구성사진	브레드보드 회로 상세 연결사진

*전체 연결구성과 브레드보드내의 회로 연결을 알수 있는 수준의 해상도

2. 조별 설계 목표 표시

3. 주파수별 능동 BPF 입출력 교류신호에 대한 오실로스코프 파형

스코프화면	중심주파수(f_o)	상위 차단주파수(f_{cl})	하위 차단주파수(f_{ch})
입력파형(0.1Vamp)의			
출력파형			

4. 능동 대역통과필터의 주파수 응답 특성

시뮬레이션 결과	측정결과
[그림 4-34] 또는 [그림 4-36] 참고	

5. 측정 데이터 분석 및 이해된 내용

- 측정 데이터 분석
- 실험목적 대비 이해된 내용

제5장 정전원회로

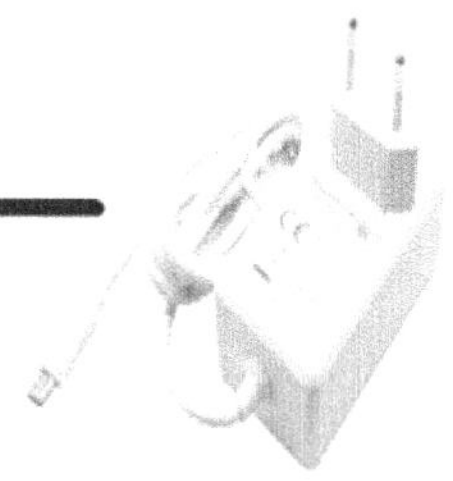

기초이론

5.1 다이오드(Diode) 특성
5.2 다이오드의 정류 동작
5.3 다이오드의 평활회로

시뮬레이션/실험

5.4 정전원회로 시뮬레이션
5.5 다이오드 포락선검파기 실험
5.6 정전원회로 부하실험

정전원회로는 아래 그림과 같이 AC/DC 어댑터(adapter)라는 이름으로 일상생활에서 흔히 볼 수 있으며 220V 교류전원으로부터 필요한 직류전원(대표적으로 +5[V])을 얻기 위해 사용된다. 노트북컴퓨터, 스마트폰, 블루투스를 비롯한 각종 소형기기에서 필수적이다. 본 단원에서는 이들의 핵심 부품인 다이오드와 포락선 검파기의 정류동작, 그리고 전원 어댑터의 동작에 대해 기본이론을 살펴보고, 이를 토대로 수행한 시뮬레이션 및 실험을 통해 정전원 회로를 이해한다.

본 단원의 핵심주제는 다음과 같다.

- 다이오드의 기본동작이론과 정류작용 이해
- 포락선검파기 및 레귤레이터의(regulator) 의 동작 이해
- 정전원 출력회로(AC To DC 회로) 구현을 통한 동작 특성 이해

5.1 다이오드(Diode) 특성

5.1.1 반도체에서의 캐리어(carrier)

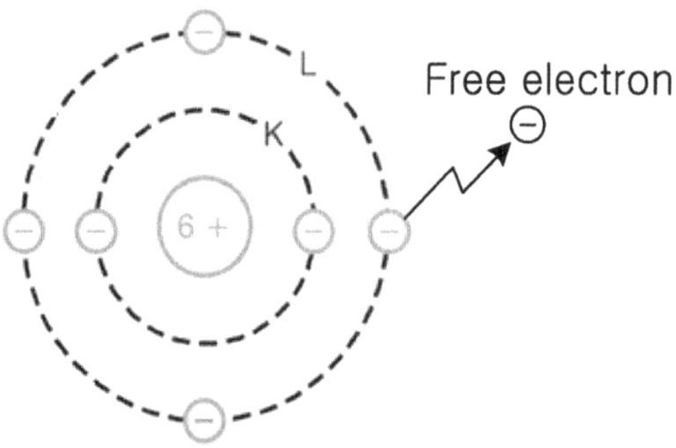

[그림 5-1] 탄소(C) 원자구조 및 자유전자의 발생

물질은 원자(atom)로 구성되며, 원자는 그 중심에 양전하를 띠는 양성자와 주변에 가전자대(valence electron band)를 돌면서 음전하를 띠는 전자(electron)로 구성된다. 외부에서 가해지는 힘이 없는 경우 이들은 전기적으로 중성을 띠고 있다. [그림 5-1]은 탄소의 원자구조 예를 보여주고 있다. 만일 외부에서 전기력이 가해져 최외곽 가전자 대의 전자를 하나 잃어버리면 탄소 원자의 전체전하는 양(positive, +)이 되고 전자가 빠져나간 빈 상태를 정공(hole)이라 한다. 에너지를 얻어 궤도를 벗어난 전자를 자유전자(free electron)라 한다. 회로에서 전류흐름에 영향을 주는 것은 정공과 자유전자이다.

5.1.2 진성반도체와 불순물 반도체

진성반도체(intrinsic semiconductor)는 불순물(dopant)이 첨가되지 않는 순수한 반도체를 의미한다. 즉, 결정구조에서 다른 형태의 원자가 존재하지 않은 단결정물질로 고유반도체라고도 한다. 진성반도체는 전도에 기여하는 캐리어(carrier)의 농도가 작다.

불순물 반도체는 도핑 물질에 따라 N형 반도체와 P형 반도체로 구분된다. 진성반도체에 불순물을 도핑(doping)하면 캐리어 농도가 증가하여 도전성이 향상된다. 진성실리콘에 인(P, 비소(As), 안티몬(Sb) 같은 5가 불순물을 첨가하면 전자의 농도를 증가시킬 수 있는 N형 반도체가 뒤다. 또한, 진성실리콘에 붕소(B), 인듐(In), 갈륨(Ga)과 같은 3가 불순물을 첨가하면 양전기를 띠는 정공의 농도를 증가시킬 수 있는 P형 반도체가 된다.

5.1.3 PN 접합(junction)

다이오드는 [그림 5-2]와 같이 P형 반도체와 N형 반도체가 원자 구조적으로 결합된 PN 접합(junction)이라 한다. PN 접합다이오드, 바이폴라접합트랜지스터(bipolar junction transistor), FET(field effect transistor)등 반도체 소자는 N형 반도체와 P형 반도체의 접합을 기본으로 한다. 따라서 반도체 소자에 흐르는 전류는 N형 반도체의 전자와 P형 반도체의 정공에 의해 운반(carrier)된다.

PN 접합에 [그림 5-2]와 같이 전압을 인가하고 폐회로를 구성한다. 반도체의 P형 측에 양전압을. N형 측에 음전압을 인가(순방향 전압, V_F)하면 P형 반도체 안의 정공들이 N형 반도체 쪽으로 이동하고 N형 반도체 안의 자유전자들이 P형 반도체 쪽으로 이동시킴으로써 전체적으로 캐리어 들의 이동을 얻어낸다. 실제로는 자유전자들의 흐름이며 이것이 폐회로의 전류(I_F)인 셈이다. 회로적인 관습에 의해 전류의 방향은 자유전자들의 흐름과 반대이다. 이번에는 PN 접합 반도체에 역방향으로 전원(Vr)을 인가하면 P형 단자에 음전압을 N형 단자에 양전압이 걸린다. 이때, [그림 5-3]과 같이 P형 반도체 내부의 정공들이 P형 단자의 음의 전극으로, N형 반도체 내부의 자유전자들이 N형 단자의 양의 전극으로 이동한다. 이때 두 극 사이를 이동하는 전류(I_o)는 0의 값에 가깝다.

이처럼 PN 접합 반도체 양단에 가해지는 전압의 방향에 따라 전류를 흐르게 하거나 반대로 거의 전류가 흐르지 않게 하는 동작을 정류작용이라 한다.

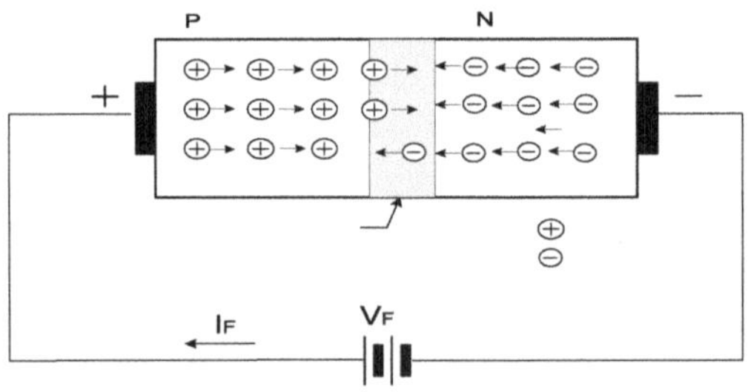

[그림 5-2] PN 접합 다이오드의 순방향 전압인가 시 전류 흐름

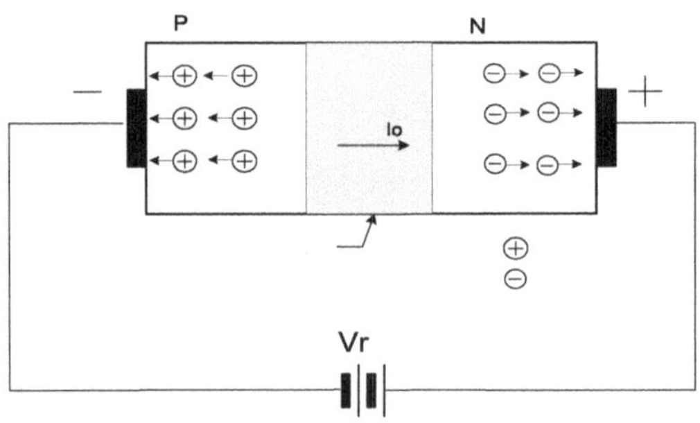

[그림 5-3] PN 접합 다이오드의 역방향 전압 인가 시의 전류 흐름

5.1.4 다이오드 심볼

PN 접합 반도체를 이용한 다이오드의 심볼은 [그림 5-4] (b)와 같다. 순방향전압에만 전류가 흐르므로 전류방향은 화살표와 같다. 전류가 들어가는 단자를 애노드(anode), 나오는 단자를 캐소드(cathode)라 부른다. 따라서 다이오드는 방향성을 가지므로 사용상의 주의가 필요하다.

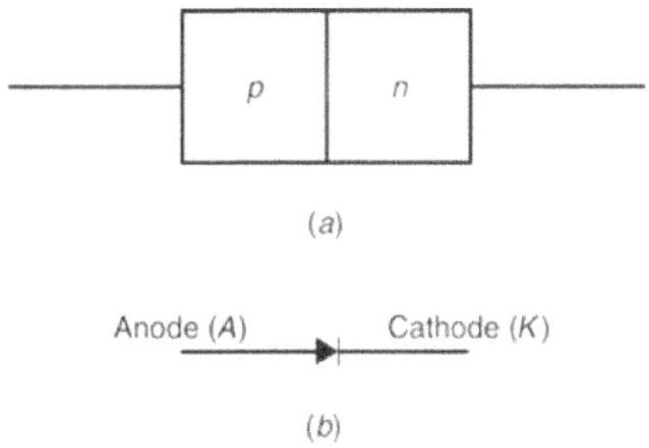

[그림 5-4] PN 접합 반도체(a)와 다이오드의 심볼(b)

5.1.5 다이오드의 기본 동작 특성

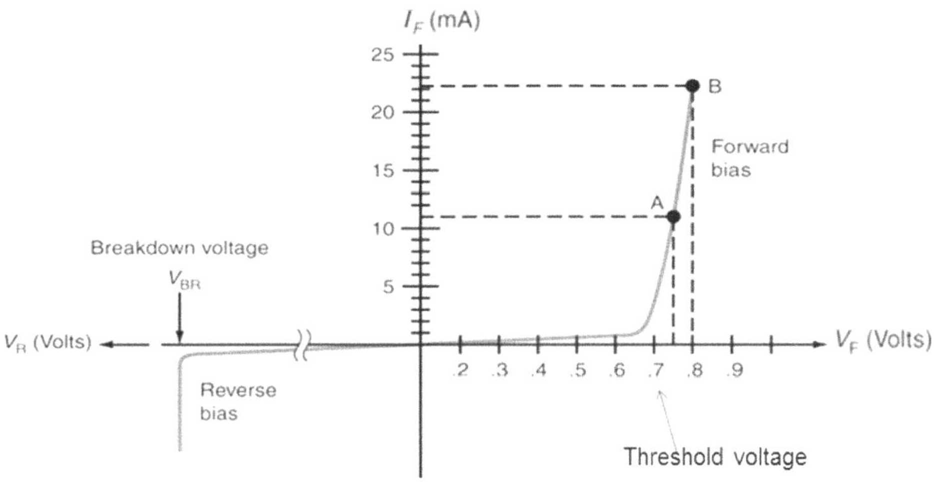

[그림 5-5] 다이오드의 기본 동작 특성

다이오드는 전압이 가해졌을 때 [그림 5-5]와 같은 동작특성을 나타낸다. 이를 다이오드의 전압-전류 동작특성이라 한다. 순방향 전압(V_F)가 인가되었을 때 전류(I_F)(순방향 전류)가 거의 흐르지 않다가 임계전압(threshold voltage, V_{Th}) 이후에 급격히 전류가 증가하기 시작한다. 또한 역방향으로 전압이 인가되었을 때는 매우 작은 역방향 미세전류(I_o)만 있을 뿐 전류 흐름은 없다. 역방향 전압이 점점 커져 급격히 역방향 전류가 증가하는 지점이 있는 데 이를 항복 전압(V_{BR})이라 한다.

5.1.6 다이오드의 정격

- 역방향 최대 허용전압: 다이오드는 순방향 전압을 주로 인가하여 사용하나 역방향 전압이 인가될 때 허용전압이 있다. 이를 역방향 최대 허용전압 V_{BRmax}라 한다.
- 최대허용 동작전력($P_{\max}$): 순방향으로 다이오드를 사용 시 임계전압 이상에서는 많은 전류가 흐른다. 다이오드의 크기, 구조, 재료에 따라 허용할 수 있는 최대전력($P_{\max}$)이 있다.

5.1.7 대표적인 다이오드의 종류

다이오드는 대표적으로 정류작용 이외에 많은 응용이 있다. 대표적인 응용을 두 가지만 정리하면 다음과 같다.

1) 정류용 다이오드

교류전압을 직류전압으로 변환하기 위한 동작을 정류라 하며, 실리콘 다이오드가 널리 사용되고 있다. 한 방향으로만 전류가 흐르는 다이오드 특성을 이용하고 저항 및 커패시터의 부가 회로를 이용하여 양의 직류전압을 얻을 수 있다.

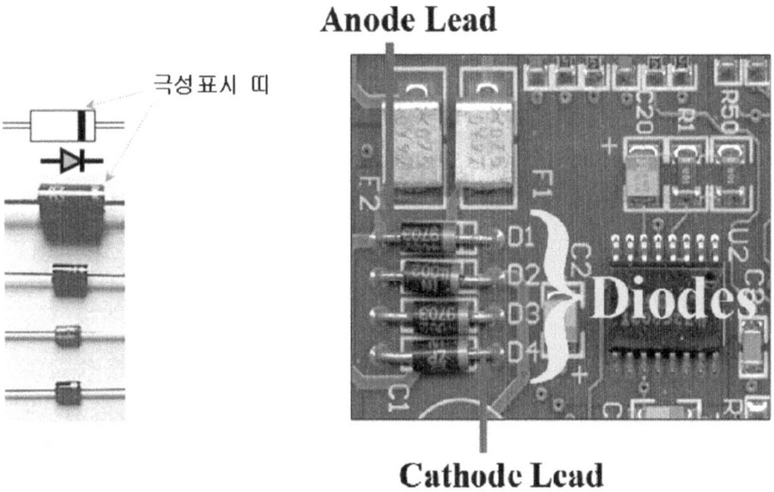

(a) (b)

[그림 5-6] 정류용 다이오드의 모습(a) 및 적용 사례(b)

정전원 어댑터는 가정용 220[V] 교류전원으로부터 각종 전자기기에 필요한 직류전압을 얻어내는 장치이며 다이오드는 핵심 부품이다.

[그림 5-6](a)에는 다이오드의 극성을 나타내기 위해 몸체의 캐소드 단자에 띠를 가진 정류용 다이오드의 모습들을 보여준다. 크기가 작을수록 정격전력(소비전력)이 작다. [그림 5-6](b)에는 4개의 다이오드가 배열되어 보드에 실장된 모습을 보여준다. 일반적으로 정류용 다이오드는 2개 또는 4개를 배열하여 정류 효율을 높힌다.

2) 발광다이오드(light emitting diode, LED)

LED는 순방향 바이어스일 때 빛을 방출하는 소자이며, 순방향 동작에서 임계전압은 일반 실리콘 정류 다이오드보다 크다. [그림 5-7]에 LED 심볼 및 [그림 5-8]에 package별 LED의 예를 볼 수 있다. LED의 색깔은 적색(red), 황색(yellow), 녹색(green)과 같은 다양한 색을 갖는다. [그림 5-7]에 보는 것처럼 길고 짧은 두 개의 단자를 가지며 긴 쪽이 애노드(anode) +단자이다.

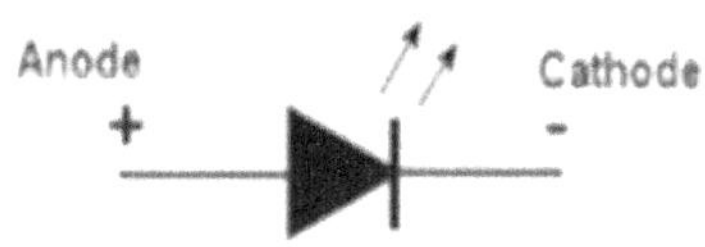

[그림 5-7] LED의 심볼 및 lead type LED의 색별 외관

(a) lead type

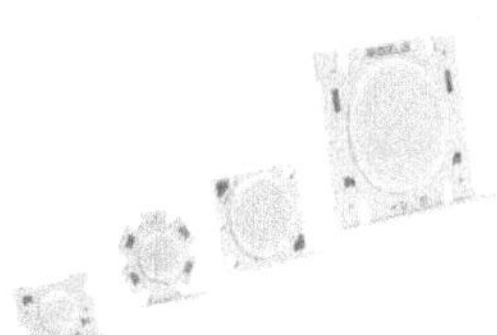

(b) chip type

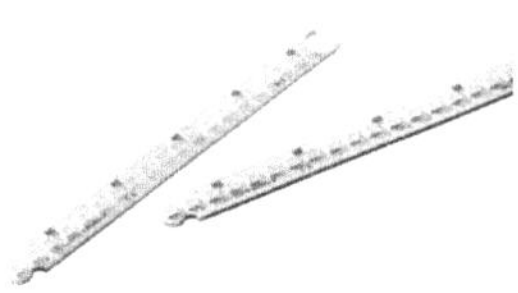

(c) chip array

(d) led 전구

[그림 5-8] 다양한 LED 상품 예

■ **LED의 동작 특성 및 리미터 저항 계산**

전형적인 LED의 전압전류 특성은 일반다이오드와 유사하나 순방향 임계전압(V_{Th})은 1.2V~3.2V으로 크고, 역방향 항복전압(V_{BR})은 비교적 작다. [그림 5-9](b)에서 보는 바와 같이 흐르는 전류 크기에 비례하여 빛의 출력이 증가한다.

[그림 5-9](a)은 LED가 사용되는 기본 동작회로를 나타낸다. 대부분의 LED는 100mA이하의 순방향 전류를 갖으나 여러 개가 배열된 LED 회로에 공급되는 전류는 매우 크다. 따라서 각 LED에 전류 제한용 저항(R_D 또는 구동 저항)을 구해 사용한다.

아래 회로에서 V_{bias}=5[V]인 경우 전형적인 리미터 저항(R_D)은 다음 식 (5-1)과 같이 구한다. 즉, 다이오드에 걸리는 전압이 3[V]이고 흐르는 전류(I_F)를 50m[A]라 가정할 때 저항 R_D는 다음식과 같다. 이에 근접한 12 계열 저항으로 47Ω을 사용한다.

$$R_D = (5-3.0)\,[V]/\,50m[A] = 40\Omega \qquad (5\text{-}1)$$

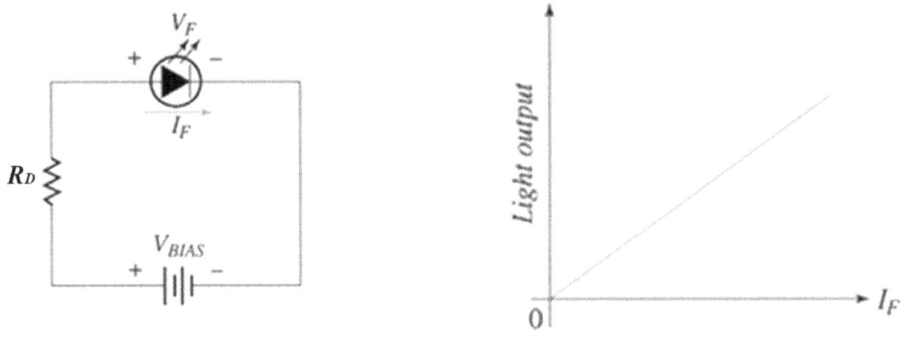

(a) LED 기본 동작회로 (b) LED 전류에 대한 빛의 출력

[그림 5-9] LED 기본 회로 및 빛의 출력

5.2 다이오드의 정류 동작

정전원 어댑터(adapter)는 각종 전자기기의 직류전원을 공급하기 위해 흔히 사용하는 장치이다. 220[V] 교류전원으로부터 필요한 직류전원을 얻는다. 220[V] 교류전원이 주기적으로 양전압과 음전압을 반복한다. 양의 직류전압을 얻기 위해서 교류파형을 직류로 변환하기 위한 정류작용이 필요하다. 즉, 다이오드 정류 동작이 필요하다.

[그림 5-10]은 기본적인 반파 정류기이다. 정현파 교류 입력신호 $v_I(t)$가 인가되었을 때 출력전압 $v_o(t)$의 파형을 살펴본다. 편의상, 전체 동작을 쉽게 이해하기 위해 다이오드는 임계전압(V_{Th})이 0을 갖는 이상적인 다이오드로 가정한다.

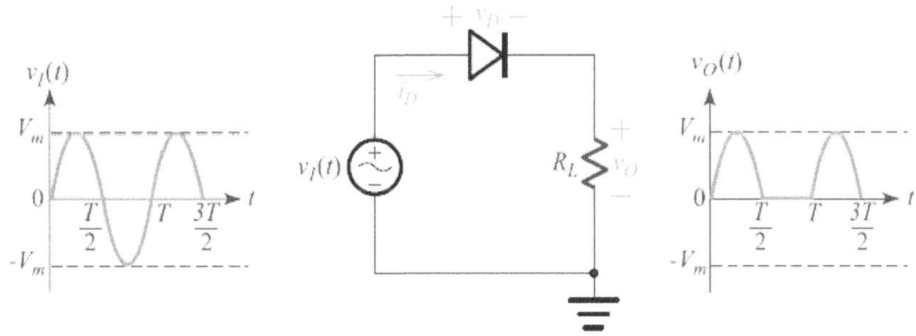

[그림 5-10] 반파 정류회로의 동작

[그림 5-11]에서 보는 것처럼 양의 반주기 동안의 다이오드는 순 바이어스로 되기 때문에 단락되어 부하저항(R_L)에 나타나는 출력전압 파형은 입력전압과 동일하다.

$$v_o(t) = v_i(t) \quad at \quad 0 \le \mathrm{t} \le \frac{\mathrm{T}}{2} \tag{5-2}$$

음의 반주기 동안의 다이오드는 역 바이어스로 되기 때문에 다이오드는 개방(OFF) 회로로이다. 따라서 회로 내에 전류가 흐르지 못하여 부하저항(R_L) 양단에 나타나는 출력전압($v_{out}(t)$)은 다음과 같다.

$$v_{out}(t) = 0 \quad at \quad \frac{T}{2} \le \mathrm{t} \le \mathrm{T} \tag{5-3}$$

이번에는 임계전압(V_{Th})을 고려한 실제 다이오드 동작을 살펴본다. 실리콘 다이오드의 경우 임계전압이 일반적으로 0.7[V] 이상에서 전류가 흐르기 시작하고, 이후에는 전압에 비례해서 전류가 증가한다. 즉, 일반적으로 사용되는 실리콘 다이오드의 임계전압(V_{Th})은 약 0.7[V]이다. 따라서 출력전압의 최대치는 0.7[V]만큼 낮아져서 ($V_m - 0.7$)[V]이다.

한편, 임계전압을 고려하여 회로에 흐르는 전류 i_D의 최대치는 다음 식과 같다.

$$i_{D\max} \approx \frac{V_m - 0.7}{R_L} \tag{5-4}$$

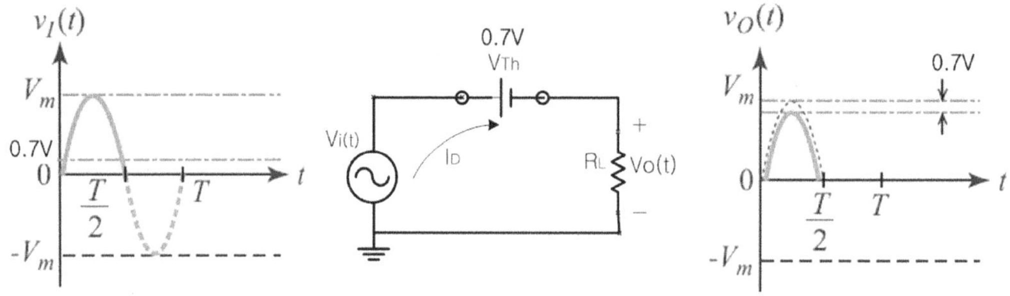

[그림 5-11] 임계전압을 고려한 다이오드 턴온 및 반파 정류동작

5.3 다이오드 평활회로

5.3.1 포락선검파기(envelope detector)

[그림 5-10]의 반파정류기는 교류입력의 음의 영역을 제거하여 양의 전압만을 제공한다. 그러나 여전히 전압이 일정한 직류전압과는 거리가 있다. [그림 5-12]와 같이 커패시터를 추가하면 출력파형에 변화가 있으나 직류에 접근한다. 이러한 출력파형의 변화를 리플(ripplc)이라 하며 이를 줄이는 것을 평활작용이라 한다.

다이오드와 함께 션트(shunt)로 연결된 RC 병렬회로를 '포락선검파기(envelope detector)'라 부른다. RC 병렬회로는 다이오드와 함께 작용하여 리플을 줄여주며, 이의 수준을 RC 시정수($\tau = R \cdot C$) 값으로 제어할 수 있다. 포락선 검파기는 각종 제어회로 및 진폭변조 신호의 검파 등을 포함하는 통신회로에 많이 사용되므로 이의 동작을 주의 깊게 살펴본다.

■ 포락선검파기의 충전

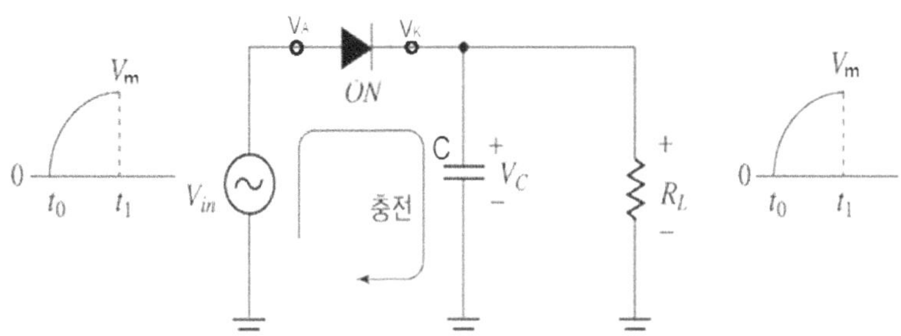

[그림 5-12] 정현파 입력신호 1/4 주기 동안의 포락선검파기 충전동작

[그림 5-12]에 포락선검파기를 볼 수 있다. 초기에 커패시터에 충전된 전압은 없다고 가정한다. 이제 정현파 교류($V_m \sin(\omega t)$)가 검파기에 입력되었을 때 다이오드 캐소드(cathode) 전압(V_K) 보다 애노드(anode) 전압(V_A)이 크므로 다이오드는 턴온(turn on) 상태(순방향 바이어스)가 된다. 이해를 쉽게하기 위해 다이오드는 임계전압이 0[V]인 이상적인 다이오드라 가정한다. 턴온된 다이오드를 통해 교류전류가 흐르고 커패시터와 부하저항으로 전류가 흐른다. 이때 커패시터에는 입력 교류신호의 1/4 주기 동안($t_0 \sim t_1$) 지속해서 최대값인 V_m까지 충전된다. 충전속도는 RC 시정수(τ)에 의존한다. 회로적으로 커패

시터와 부하저항은 병렬이므로 같은 전압이다. 즉, 커패시터에 충전된 전압(V_C)이 부하저항에 걸린 출력전압(V_{R_L})과 같다.

■ 포락선검파기의 방전

커패시터에 충전된 전압이 최댓값을 나타낸 이후부터는 입력 정현파 신호의 크기가 감소하기 시작한다. 이때부터 다이오드 캐소드 전압(V_K)이 애노드 전압($V_A = V_m$) 전압보다 커지므로(역방향 바이어스) 다이오드는 OFF 상태가 된다. 입력 정현파의 $t_1 \sim t_2$ 구간 동안 다이오드는 OFF 상태를 지속하고 [그림 5-13]처럼 회로가 RC 회로만으로 구성된다. 커패시터 전압(V_C)은 지속해서 방전하여 크기가 감소하나, 시간이 지남에 따라 입력 정현파 신호가 다시 증가하여 입력전압이 커패시터 전압(V_C)보다 커지는 t_2 이후에는 다시 다이오드가 순방향 바이어스되므로 커패시터는 충전을 다시 시작한다.

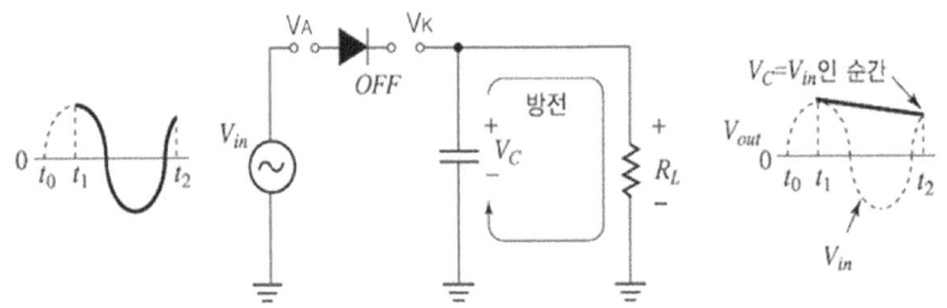

[그림 5-13] 정현파 입력신호에 대한 포락선검파기 방전동작

■ 출력파형의 평활효과

정현파 입력신호 대비 포락선검파기를 통과한 출력파형은 [그림 5-14]와 같다. 평활과정을 통해 반파정류보다 리플전압(ripple voltage)이 크게 줄었으며, 직류전압에 근접하고 있음을 알 수 있다. 리플의 크기(V_r)는 리플신호의 첨두간(peak-to-peak) 전압을 의미하며, RC 시정수에 의존하여 시정수가 클수록 리플이 줄어든다. 그러나 커패시터가 너무 커지면 회로 크기가 커지거나 내구성에 문제점이 있어 적절한 선택이 요구된다.

리플전압(V_r)은 다음 식 (5-5)처럼 입력 교류신호의 주파수($f = 1/T$)와 시정수에 반비례한다. 여기에서 V_{Th}는 다이오드 임계전압이다.

$$V_r = \frac{V_m - V_{Th}}{RC \cdot f} \tag{5-5}$$

리플 전압도 일종의 주기를 갖는 교류신호이므로 식 (5-6)와 같이 rms 전압으로 표시되며, 최종 직류전압(V_{RDC})은 리플전압(V_r)의 Rms값에다 V_2값을 더해서 얻을 수 있다. 한편, 평활작용의 효율은 식 (5-8)와 같이 리플계수(ripple coefficient, R_f)로 표현된다.

리플계수(R_f)는 시정수가 클수록 작아지며, 계수 값이 작을수록 평활작용이 잘 이루어진다.

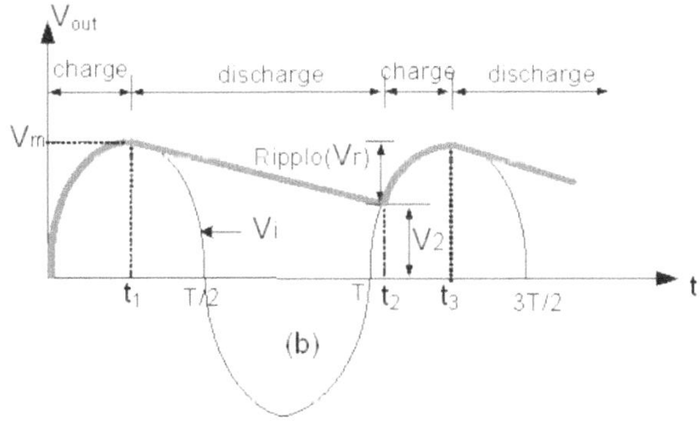

[그림 5-14] 포락선검파기(envelope detector)의 평활동작

$$V_r(rms) = \frac{V_r}{2\sqrt{2}} \tag{5-6}$$

$$V_{RDC} \approx V_2 + V_r(rms) \tag{5-7}$$

$$R_f = \frac{V_r}{V_{RDC}} \tag{5-8}$$

5.3.2 브릿지 다이오드 정류작용 및 평활회로

[그림 5-15]처럼 4개 다이오드로 구성된 브릿지 정류회로(full-bridge rectifier)를 사용하는 경우 정류효율을 크게 개선시킬 수 있다.

브릿지 회로의 전단에 사용되는 전원트랜스는 220Vrms 가정용 전원을 브릿지 다이오드 회로에 적합한 크기로 교류전원을 작게 한다.

[그림 5-15]에서 저항(R_s)는 안전한 전원공급을 위한 퓨즈(fuse)처럼 동작하도록 작은 저항(1Ω)을 사용한다. 전원트랜스는 권선비(N)에 따라 2차 측의 전압이 달라진다. 전원트

랜스 용량에 따라 2차 측 소비전력이 정해져 있어 회로 설계 시에 확인이 필요하다.

브릿지 정류회로(full-bridge rectifier)의 동작은 4개 다이오드 중에서 2개씩 쌍을 지어, 한편이 온(ON) 되면 반대편은 Off 된다. 예를 들어, 전원트랜스의 2차 측으로 전달된 교류신호(V_{in})이 양의 전압이면 다이오드 쌍(D_2 ,D_4)가 ON 되고, D_1 ,D_3는 OFF 된다. 교류신호(V_{in})이 음이면 반대로 동작한다. 다이오드들이 ON 될 때 흐르는 교류전류는 모두 부하저항(R_L)에서 같은 방향의 전압으로 걸린다. 4개의 다이오드 들은 모두 동일한 턴온 전압(V_{Th})를 갖고 있다.

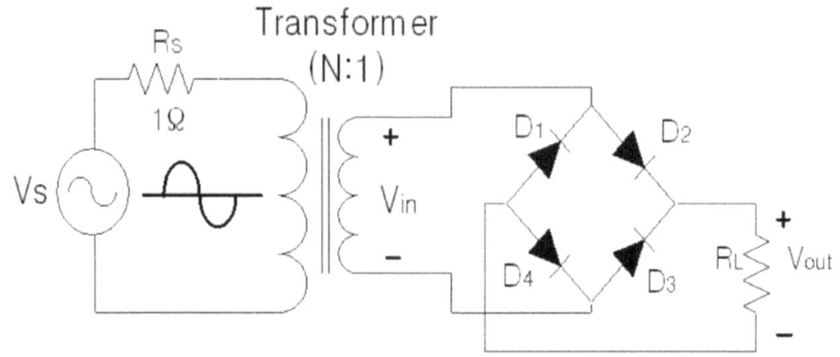

[그림 5-15] 전원트랜스와 결합된 브릿지 다이오드 정류회로

■ **최종 정류파형 및 평활동작**

가정용 전원이 전원트랜스를 통해 권선비에 따라 전압 강하되고, 4개 브릿지 다이오드의 정류동작 결과 [그림 5-16](a)과 같은 전파정류 파형을 얻는다. 다이오드를 1개 사용하는 출력파형의 첨두 전압이 $V_m - V_{Th}$인 반면, 브릿지 회로에서는 $V_p = V_m - 2V_{Th}$로 줄어들었다.

한편, 전원트랜스와 브릿지 다이오드를 이용하여 정류작용을 하는 [그림 5-15] 회로의 끝단에 [그림 5-15]와 같이 부하저항(R_L)과 병렬로 캐패시터를 연결하면, [그림 5-16](b)처럼 리플전압(V_r)을 갖는 평활한 파형을 얻을 수 있다. 그 동작은 포락선 검파기의 평활작용과 동일하다. 저항과 캐패시터의 시정수가 클수록 평활작용은 우수하며 점점 직류전압에 접근한다.

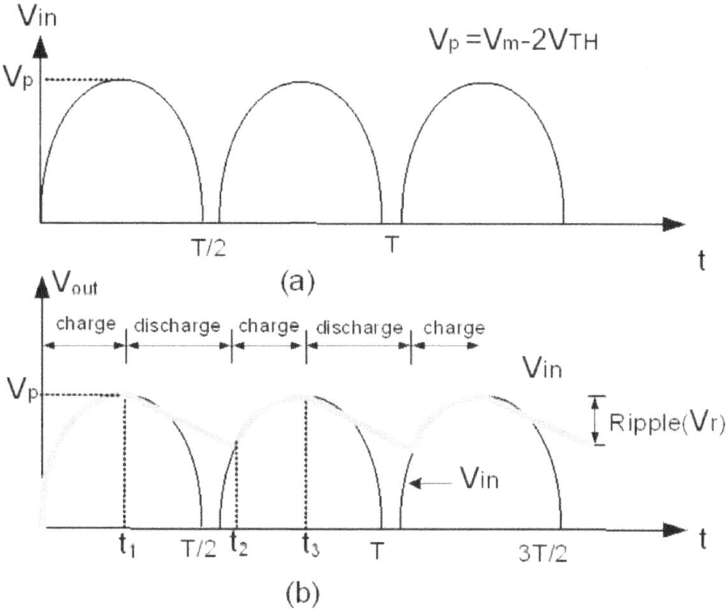

[그림 5-16] 브릿지 다이오드의 출력파형(a) 및 평활동작(b)

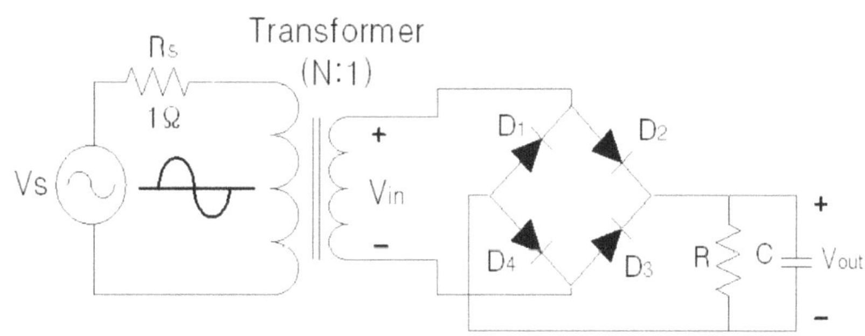

[그림 5-17] 브릿지 다이오드를 이용한 평활회로

5.3.3 정전원 회로

정전원 회로는 AC/DC 어댑터(adapter)라는 이름으로 일상생활에서 흔히 볼 수 있으며 220 V_{rms} 교류전원으로부터 필요한 직류전압을 얻기 위해 사용된다. 일반적으로 [그림 5-18]와 같은 구성을 한다.

전원트랜스에서 권선비를 이용하여 가정용 교류전원인 220 V_{rms}를 전압강하 시켜 4개의 브릿지 다이오드로 구성되는 정류회로로 입력된다. 이후 저항과 커패시터로 구성되는 필터가 연결되어 포락선검파기 동작을 한다. 리플을 포함하는 직류전압은 마지막 Regulator 회로에 입력되고 그 출력은 부하(R_L)에 필요한 직류전압을 공급한다. 최종 직류전압 크기는 선택된 레귤레이터 IC와 전원트랜스에 의존한다.

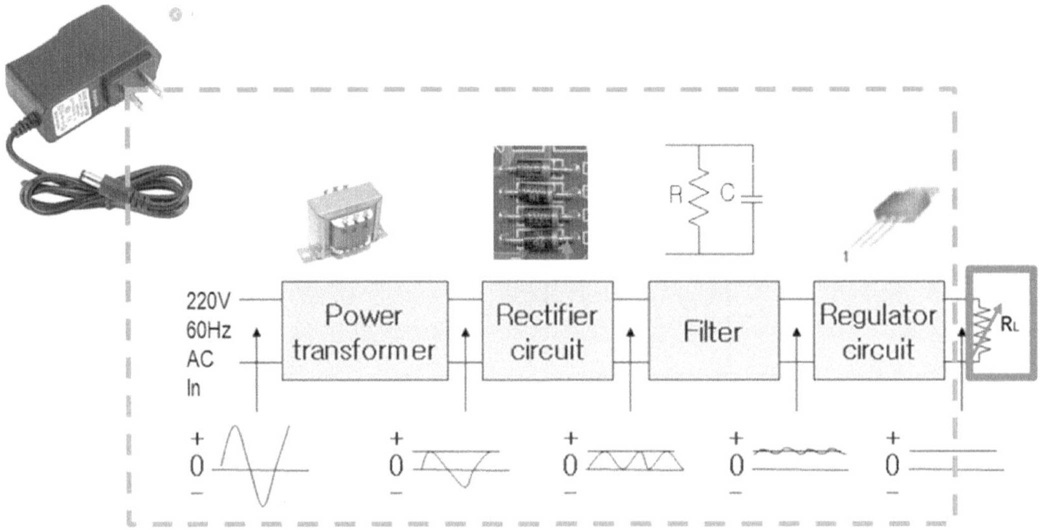

[그림 5-18] 정전원 어댑터의 전체 구성도

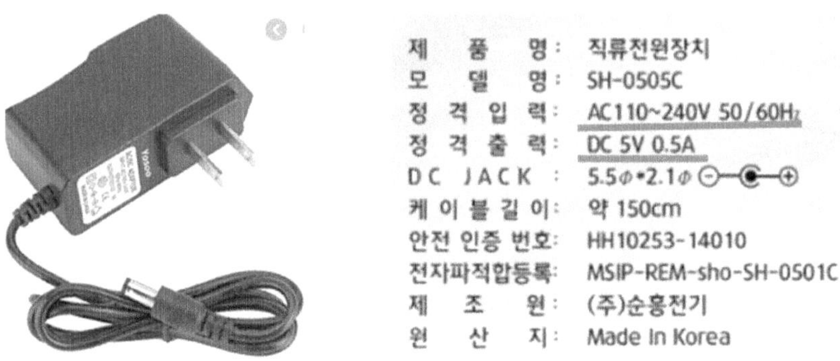

[그림 5-19] 정전원 어댑터의 상용 제품의 규격 예

[그림 5-19]는 상용제품인 정전원 어댑터를 보여준다. 5[V] 직류전압을 출력하며, 연결하는 전자기기에 0.5[A]까지 부하전류를 제공한다.

정전원회로(전원어댑터)의 설계는 전원 어댑터에 연결되는 전자기기의 소비전력을 파악하는 것부터 시작한다. 회로의 소비전력을 결정하는 핵심 부품은 전원 트랜스와 레귤레이터 IC이다. 예를 들어 전자기기에서 5[V] 직류전압을 공급받아 최대 500mA의 부하가 필요한 경우, 이를 감당할 수 있는 레귤레이터 IC(예로 MC78M05)와 전원 트랜스(허용되는 2차측 전력)를 선택해야 한다. 일반적으로 어댑터는 최대로 허용된 부하전류 이상의 전류가 흐르면 다음과 같은 성능 저하 현상을 나타낸다. 이는 [그림 5-18] 우측에 있는 부하저항(R_L) 값의 변화를 통해 실험할 수 있다.

- **직류전압이 정해진 값보다 감소한다.**
- **직류전압에 실려 있는 리플 전압이 증가한다.**

정전원회로(전원어댑터)를 구성하는 주요 부품의 동작을 정리하면 다음가 같다.

- **Power Transformer(전원트랜스)**: [그림 5-20] 교류파형과 같이 60Hz 220V rms 값을 갖는 가정용 교류전원을 권선비에 따라 전압을 떨어뜨리는 역할을 한다. 2차 측의 교류전원의 크기와 소비전력이 정전원 회로에서 감당하는 부하전류를 결정하므로 적절한 부품을 선택한다. [그림 5-21]은 100 *Vrms* 또는 220 *Vrms* 콘센트 전압을 12 *Vrms* 출력전압으로 변환하여 500m[A] 부하를 제공하는 상용제품이다.
- **Rectifier Circuit(정류기)**: 정현파의 교류신호를 다이오드를 이용하여 음의 영역 전압을 양으로 반전시키는 동작을 정류한다고 한다. 정전원 회로에서는 일반적으로 bridge 형태로 다이오드 4개를 사용하여 정류과정의 손실을 줄이고 효율을 높인다.

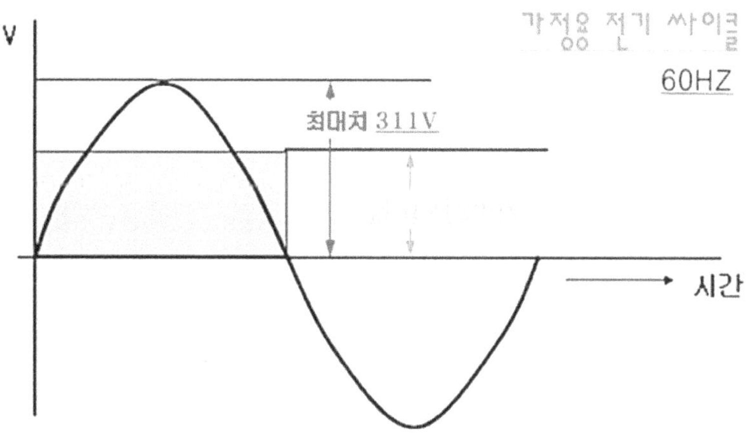

[그림 5-20] 가정용 콘센트의 교류전원 파형

- 판넬용트랜스(HT-601D)
- 입력전압 : AC 110/220V
- 출력전압 : AC 12V, 0V, 12V
- CURRENT : 500mA

[그림 5-21] Transformer의 상용 제품 예

■ **Filter:** 저항과 커패시터의 병렬구성을 하며 브릿지 다이오드 출력단에 연결된다. 정류기에서의 다이오드와 함께 동작하여 충전과 방전의 과정을 거쳐 교류신호의 리플을 최대한 줄이는 역할을 한다. 이때 저항과 커패시터의 시정수가 리플을 줄이는 중요한 역할을 한다. 일반적으로 **다이오드와 함께 포락선 검파기**라 칭한다. 포락선 검파기의 출력은 리플을 포함하는 직류전압인 점을 고려하여 리플파형의 최소 전압이Regulator IC에서 요구하는 최소 입력전압보다 작지 않도록 포락선 검파기의 시정수를 설계한다.

■ **Voltage Regulator IC**

일정한 범위의 입력전압 변화를 안정되고, 일정하게 만들어 출력시키는 부품이다. 또한, 부하전류의 변화에도 항상 일정한 전압을 공급할 수 있게 하는 동작을 한다. Regulator IC는 리플이 포함된 입력전압의 변화를 흡수하여 일정한 정전압을 출력하므로 부품의 Data sheet에 있는 전기적인 사양을 자세히 살핀다.

[그림 5-22]는 MC78M05 Regulator IC에 대한 주요 전기적인 사양을 소개하고 있다. 이 부품은 5[V] 정전압을 출력시킨다. 여기에서 'Line regulation' 은 5[V] 정전압 출력을 위해 입력단 전압(V_{in})이 7[V]~25[V] 범위를 요구한다. 따라서, 리플이 포함된 Regulator 입력전압(V_{in})이 최소 7[V] 이상이 돼야 함을 의미한다. 'Load regulation' 은 출력 부하 변동에 따라 부하전류가 변화하며, 출력전압(V_{out})에 포함된 리플 전압을 규정하는 것으로, 5m[A]~500m[A]의 부하전류가 흐를 때 20mV의 리플 전압을 예상한다.

MC78M00, MC78M00A Series

500 mA Positive Voltage Regulators

Pin 1. Input
2. Ground
3. Output

Features

- No External Components Required
- Internal Thermal Overload Protection
- Internal Short Circuit Current Limiting
- Output Transistor Safe−Area Compensation
- MC78M00A High Accuracy (±2%)
  Available for 5.0 V, 8.0 V, 12 V and 15 V
- Pb−Free Packages are Available*

MC78M05C/AC/B/AB ELECTRICAL CHARACTERISTICS (V_I = 10 V, I_O = 350 mA, T_J = T_{low} to T_{high}, $P_D \le$ 5.0 W, unless otherwise noted) (Note 2)

Characteristics	Symbol	Min	Typ	Max	Unit
Output Voltage (T_J = 25°C) MC78M05C MC78M05AC	V_O	 4.8 4.9	 5.0 5.0	 5.2 5.1	Vdc
Output Voltage Variation (7.0 Vdc ≤ V_I ≤ 20 Vdc, 5.0 mA ≤ I_O ≤ 350 mA) MC78M05C MC78M05AC	V_O	 4.75 4.80	 - -	 5.25 5.20	Vdc
Line Regulation (T_J = 25°C, 7.0 Vdc ≤ V_I ≤ 25 Vdc, I_O = 200 mA)	Reg_{line}	-	3.0	50	mV
Load Regulation (T_J = 25°C, 5.0 mA ≤ I_O ≤ 500 mA) (T_J = 25°C, 5.0 mA ≤ I_O ≤ 200 mA)	Reg_{load}	 - -	 20 10	 100 50	mV

[그림 5-22] 5[V] 레귤레이터 IC(MC78M05)의 datasheet 일부

정전원회로의 설계는 다음과 같은 과정을 따른다.

① **전자기기에 필요한 직류전압과 전류 소비용량(부하전력)의 파악**

② **직류전압과 소비전력에 적절한 레귤레이터의 선정**: 레귤레이터 data sheet상의 'Load regulation'을 참조하여 출력신호의 리플전압 수준 파악

③ **레귤레이터의 최소 입력전압 설정**: 'Line regulation' 사양을 참고하여 결정함

④ **다이오드 선정**: 정격 소비전력에 적합하고 60Hz 주파수에서 동작 가능

⑤ **포락선검파기 설계(저항, 커패시터 값 결정)** : 시뮬레이션을 통해 리플을 포함하는 직류전압의 최소전압이 레귤레이터에서 요구하는 최소전압보다 작지 않도록 한다.

⑥ **전원트랜스 선정**: 전자기기의 소비전력을 감안하여 전원트랜스의 전력을 결정한다. 가정용 교류전원이 220 V_{rms}이므로 적절한 권선비를 갖는 부품을 선정하도록 한다.

5.4 정전원회로 시뮬레이션

5.4.1 포락선검파기(envelope detector) 설계 및 시뮬레이션

포락선 검파기의 대표적인 기본 회로가 [그림 5-23]에 있다. 커패시터와 저항 값의 변화가 동작특성을 결정한다. 본 예제에서는 저항 1KΩ을 부하저항(R_L)으로 고정하고 커패시터(C) 값의 변화에 따라 포락선 검파기의 정류특성을 살펴본다.

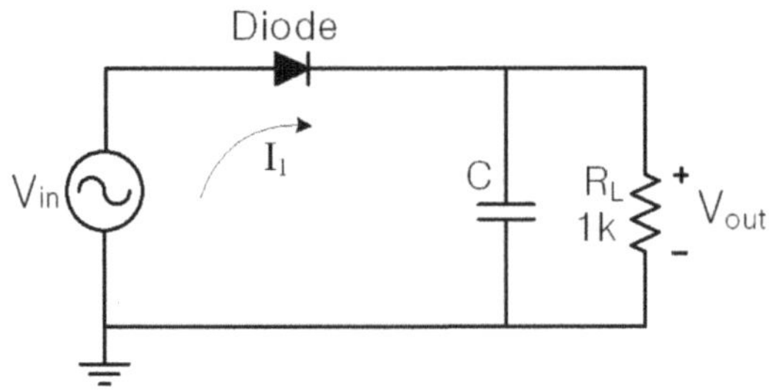

[그림 5-23] 포락선 검파기 기본 회로

■ Pspice 회로 구성 및 환경 설정

[그림 5-24]와 같이 교류전원은 Source library에서 Vsin으로, 다이오드는 부품 library인 diode.olb에서 DIN4002를 선택한다. Vsin의 주파수를 1KHz 설정하였으므로 시뮬레이션 환경설정에서 'Run to time' 값을 5ms로 하여 5주기의 파형을 볼 수 있게한다.

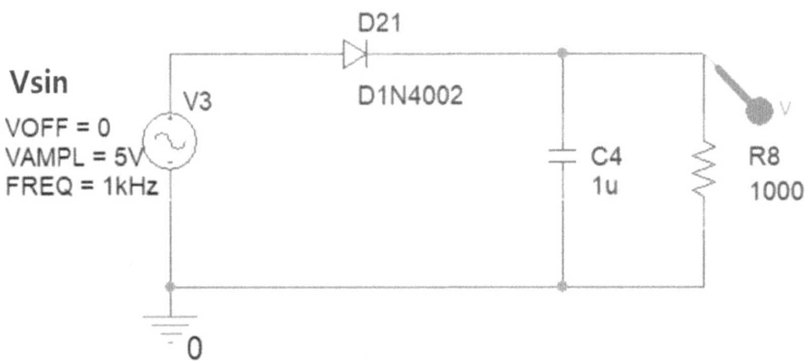

[그림 5-24] 포락선 검파기 Pspice 회로 구성

■ 시뮬레이션 결과

1) 커패시터가 없는 경우의 출력파형 (다이오드 반파 정류동작)

커패시터가 없는 경우 회로는 반파정류 회로가 되며 다이오드의 정류특성에 따라 교류전원의 음의 영역이 사라지고 양의 전압만 [표 5-1]처럼 볼 수 있다. 다이오드 임계전압(V_{Th})는 약 0.7V이며, 교류전원(Vsin)이 임계전압보다 크면 다이오드가 도통(turn on) 되므로 부하저항(R_8)에 걸린 교류 파형의 최고 전압은 4.3[V]이다.

[표 5-1] 포락선 검파기 동작 시뮬레이션(다이오드 반파정류 동작)

회로 구성	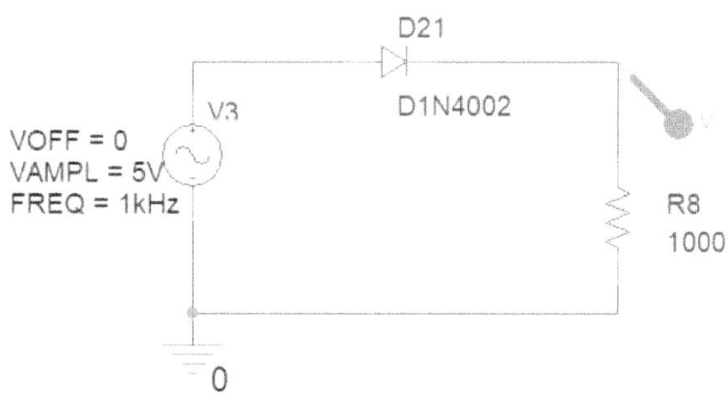
시뮬레이션 결과	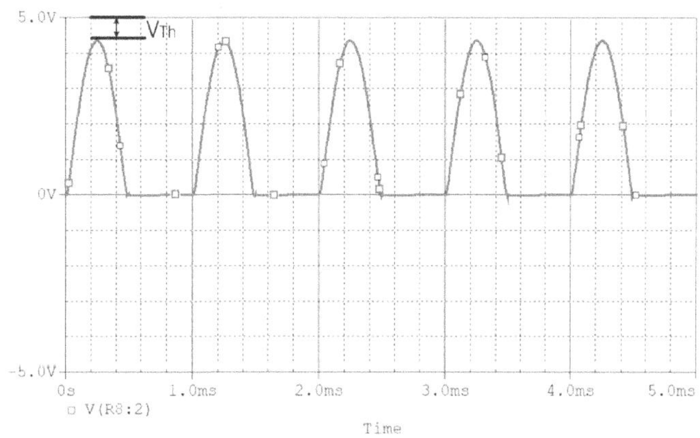

2) 작은 커패시터(C) 값의 출력파형

커패시터가 저항과 병렬로 연결된 회로에서 상대적으로 작은 커패시터 값(3.3u[F])으로 인해 시정수(time constant)가 작아 부하저항(R_8)에 걸린 파형에서 큰 리플을 볼 수 있다.

[표 5-2] 포락선 검파기 동작 시뮬레이션(작은 커패시터 값)

회로 구성	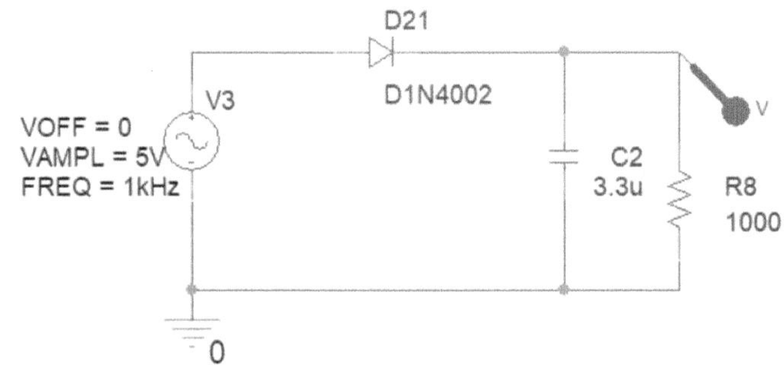
시뮬레이션 결과	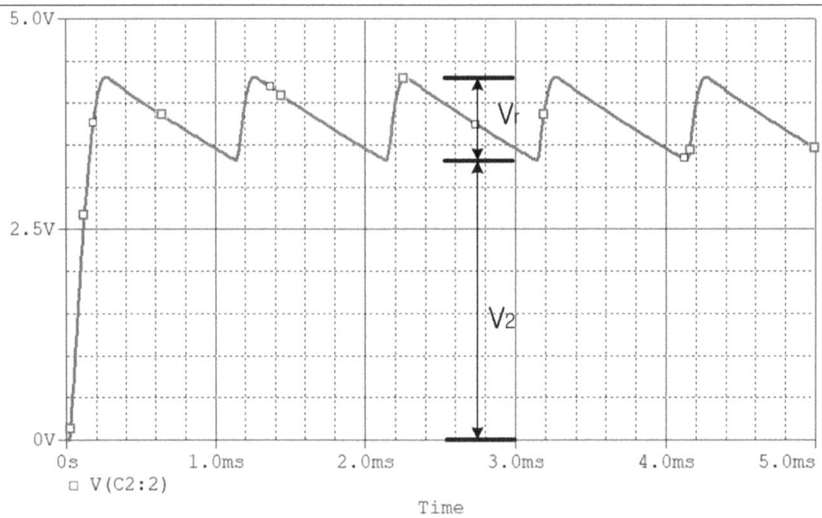
리플팩터 및 직류(V_{RDC})	$V_{RDC} = 3.65[V]$, $R_f = 0.27$

[표 5-2]의 시뮬레이션 결과에서 리플전압은 약 1Vpp 값을 가진다. 이때 직류전압(V_{RDC})과 리플 팩터(R_f)는 식 (5-7)과 식 (5-8)을 이용하여 계산할 수 있다.

$$V_{RDC} = V_2 + V_{r,rms} = 3.3 + 1/2\sqrt{2} = 3.65[V]$$

$$R_f = 1/3.65 = 0.27$$

3) 큰 커패시터(C1) 값의 출력파형

커패시터가 저항과 병렬로 연결된 회로에서 큰 커패시터 값(10u[F])으로 인해 시정수(time constant)가 커져 부하저항(R_8)에 걸린 파형에서 작은 리플을 볼 수 있다.

[표 5-3] 포락선 검파기 동작 시뮬레이션(큰 커패시터 값)

회로 구성	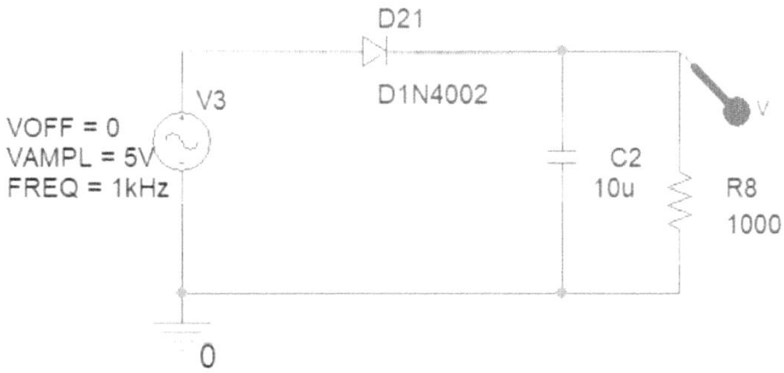
시뮬레이션 결과	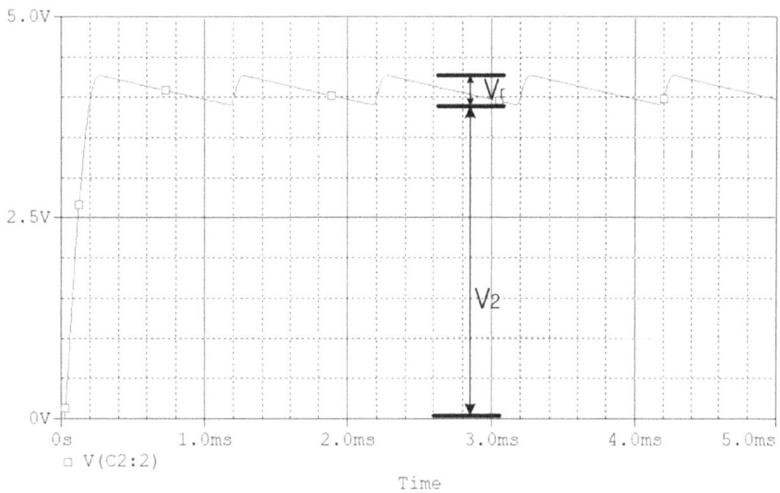
리플팩터 및 직류(V_{RDC})	$V_{RDC} = 4.11[V]$, $R_f = 0.15$

[표 5-3]에서 리플 전압은 약 0.6Vpp 값을 가진다. 이때 직류전압(V_{RDC})과 리플 팩터(R_f)는 식 (5-7)과 식 (5-8)을 이용하여 계산할 수 있다.

$$V_{RDC} = V_2 + V_r = 3.9 + 0.6/2\sqrt{2} = 4.11[V]$$

$$R_f = 0.6/4.11 = 0.15$$

5.4.2 정전원회로 시뮬레이션

정전원회로 설계 목표
• 교류 입력전원: 220 V_{rms} • 직류 출력전압: 5[V] • 부하전류 성능 평가: 부하전류 변화에 따른 리플전압크기 및 출력전압 변화 파악

■ 회로 구성 및 부품 가져오기

정전원회로의 시뮬레이션을 위해 Pspice 시뮬레이터를 열고 [그림 5-25] 회로를 구성한다.

• Library에서 부품 가져오기
- 전원트랜스: XFRM_Linear(Analog Libray)
- 다이오드: D1N4002(diode.olb)
- 교류전원: Vsin(source library)
- 레귤레이터 IC(LM7805C)(opamp.olb)

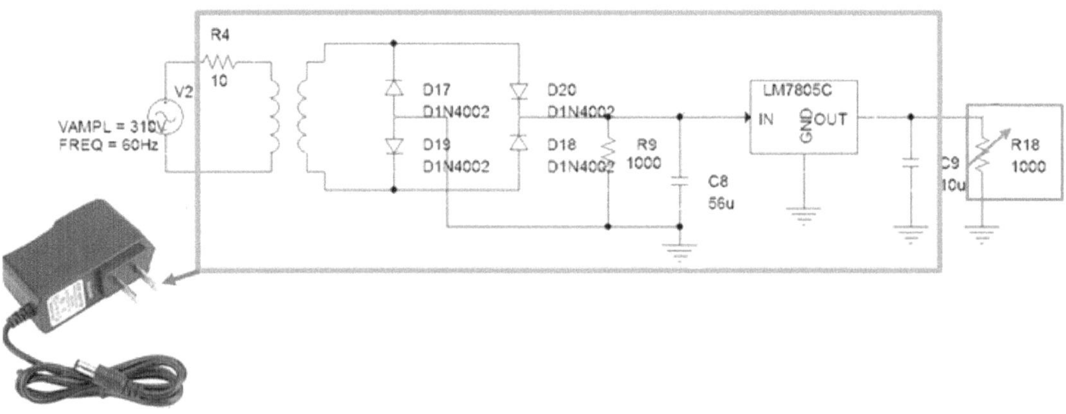

[그림 5-25] 시뮬레이션을 위한 전원 어댑터의 내부 회로 구성 및 부하

[그림 5-25]에서 전원트랜스의 설정은 부품(XFRM_linear)의 속성을 열어 [그림 5-26]과 같이 인덕턴스 값(L1, L2) 값을 설정한다. [그림 5-26]의 상단에서 2차 측 전압강하 전압인 12Vrms 인 이유는 [그림 5-25] 회로의 최종 단에 있는 레귤레이터 IC에서 출력 직류 전압이 5[V]일 때 필요한 입력전압이기 때문이다.

- 전원트랜스의 전압 강하비는 220Vrms(1차측) ⇒ 12Vrms(2차측) 로서 비율은 18:1
- 전원트랜스 전력 특성은 1차측 전력=2차측 전력

  $V_1 I_1 = V_1 \cdot V_1 / j\omega L_1 = V_2 I_2 = V_2 \cdot V_2 / j\omega L_2$

  $V_1 / V_2 = N_1 / N_2 = 18,\ L_1 / L_2 = 18^2 = 324$

- 진원트랜스의 인덕딘스 게산

  $\omega L_1 \gg 10\Omega$(퓨즈저항값) 설정하여 교류전원이 트랜스1차 측에 모두 걸리게함

  $L_1 \gg 10/(2\pi\, 60Hz)$, L_1을 충분히 큰 값 5[H] henry

  $L_2 = L_1/(18^2) = L_1 = 5/324 = 15.4\, m[H]$

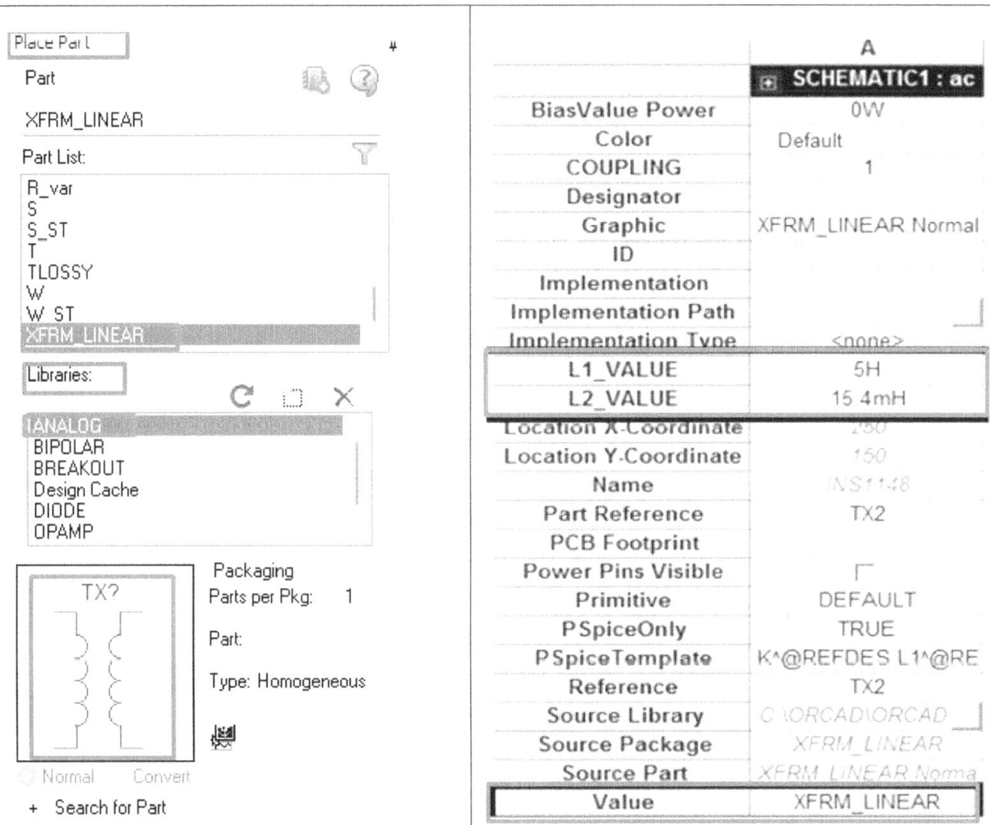

[그림 5-26] 전원트랜스의 시뮬레이션을 위한 부품 속성값 설정

■ **브릿지(bridge) 다이오드의 정류 및 평활 동작 시뮬레이션**

먼저 브릿지 다이오드의 정류작용을 시뮬레이션하기 위해 회로도를 [그림 5-27]과 같이 Pspice schematic page에 구성한다. 교류 입력 전원의 크기는 220Vrms 값으로부터 정현파 전압의 첨두전압($\sqrt{2} \cdot Vrms$)으로 대체([그림 5-20] 참고)하였다. 일차 측 저항(R13)은 퓨즈와 같은 역할을 하는 것이므로 1/4w 정격으로 10Ω 이만의 작은 저항 값을 사용한다. 저항 R15는 전원트랜스의 일차 측과 2차 측의 전위를 동등하게 하여 Pspice 시뮬레이션을 가능하게 하는 부품이다. 10MΩ 이상의 높은 저항을 사용하며 실제회로에서는 사용하지 않는다.

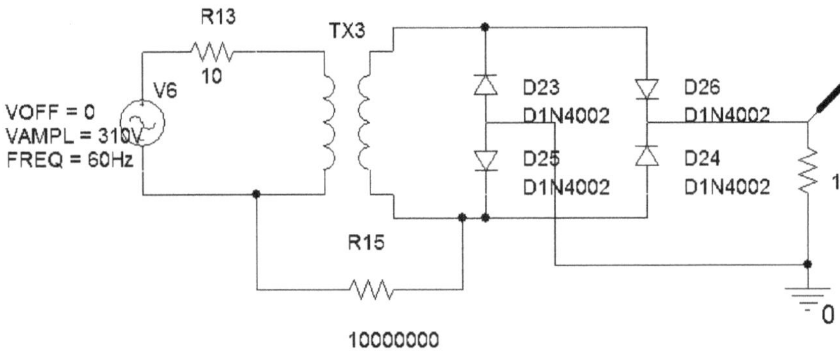

[그림 5-27] 브릿지 다이오드 정류회로의 시뮬레이션 회로

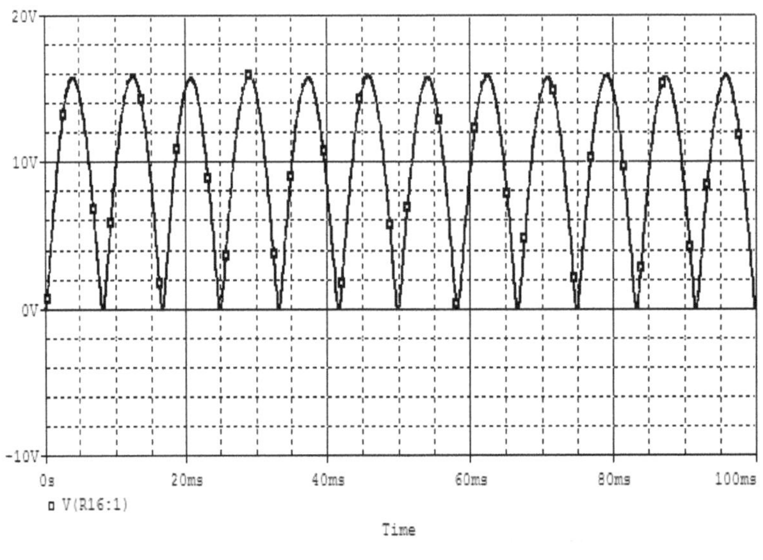

[그림 5-28] 브릿지 다이오드 정류회로의 시뮬레이션 결과(부하 R16에 걸린 전압)

[그림 5-27]에서 브릿지 다이오드의 출력단에 부하저항(*R*16)에 걸린 프로브 전압으로 전원트랜스의 역할과 다이오드의 전파 정류동작을 확인할 수 있다. 최대 첨두 전압은 약 15.8V가 관찰된다.

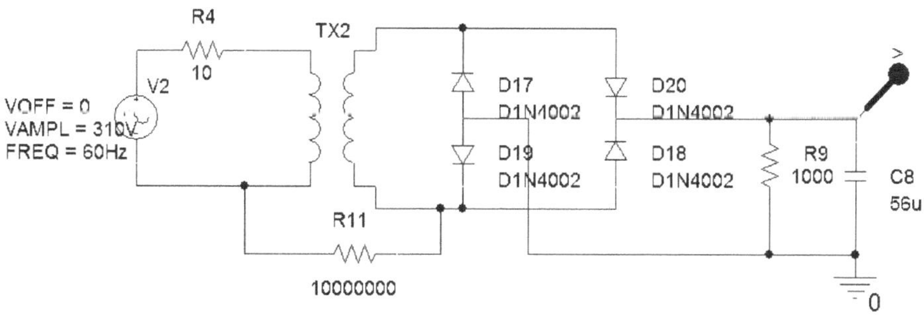

[그림 5-29] 포락선 검파기를 이용한 정전원 회로의 평활동작 시뮬레이션 회로

[그림 5-29]에서는 최종 부하저항(R9)과 병렬로 추가한 커패시터(C8)를 추가하여 구성된 포락선 검파기(envelope detector) 회로를 볼 수 있다. 커패시터의 값에 따라 시정수가 변화하고 이에 따라 교류파형을 직류와 유사하게 변환시키는 평활동작을 [그림 5-30]에서 관찰된다. 교류파형의 끝단에서 리플(ripple)이 관찰되고, 리플의 첨두간 전압(V_r)은 약 1.2[V]이다.

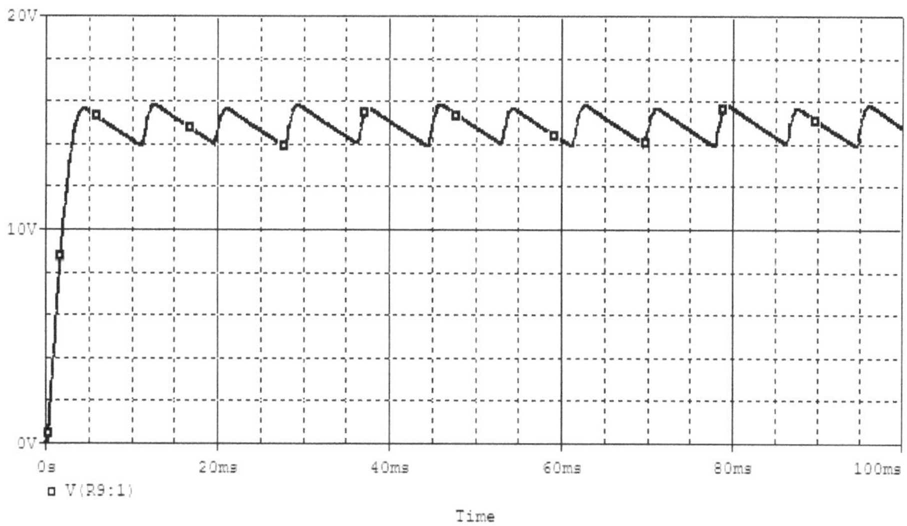

[그림 5-30] 포락선 검파기를 이용한 정전원 회로의 평활동작 시뮬레이션 결과

[그림 5-30]에서 평활 동작결과 리플을 포함한 교류 전압의 최소전압은 약 14.6[V]이다. 이는 계속해서 연결되는 레귤레이터(regulator) 최소 입력전압이다.

■ 부하저항(R18)의 변화에 따른 정전원회로의 시뮬레이션

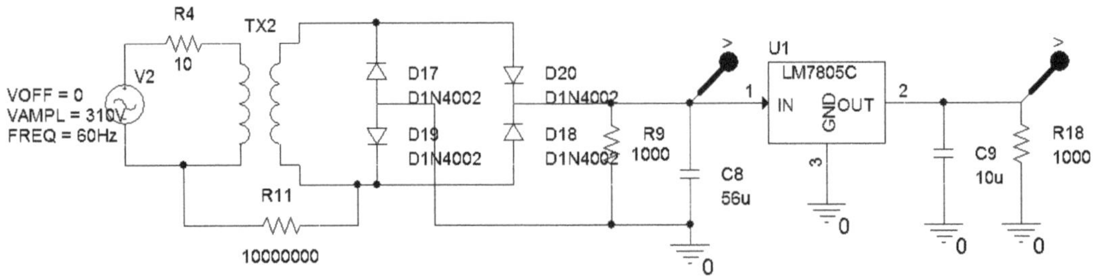

[그림 5-31] 정전원회로의 시뮬레이션 schematic diagram

[그림 5-30] 회로에 레귤레이터(LM7805C)를 추가하여 정전원회로를 [그림 5-31]처럼 Pspice schematic page에 구성한다. 레귤레이터(LM7805C)는 출력 직류전압으로 5[V]를 최종 부하저항(R18)에 공급한다. 레귤레이터(LM7805C) 입력단과 출력단에 레귤레이션 동작을 안정시키는 커패시터(C8, C9)이 션트(shunt)로 접지와 연결되었다.

본 설계에서 요구하는 부하전류가 5m[A]에서 100m[A]로 증가하는 경우 정전원 회로의 성능 변화를 시뮬레이션해본다. 이때 부하저항은 부하전류가 5m[A]일 때 5[V]/5m[A]⇒1000Ω이고, 100m[A]일 때 5[V]/100m[A]⇒50Ω이므로 [그림 5-31] 회로에서 R18을 50~1,000Ω 범위로 대체하여 결과를 [표 5-4]에서 확인해 본다.

레귤레이터(regulator)는 리플이 포함된 직류신호를 정제(regulation)하여 정해진 직류전압으로 출력하는 부품으로 본 시뮬레이션에서 사용하는 레귤레이터(LM7805C) 데이터쉬트(datasheet)의 일부를 [그림 5-22]에 나타냈다.

[표 5-4]의 시뮬레이션 결과들은 부하전류의 변화에 따라 정전원회로의 출력전압을 표시한다. 데이터에서 0~5ms까지는 시뮬레이션 또는 부품 자체의 천이특성으로 회로의 전체적인 동작과는 다르므로 무시한다.

부하전류가 5m[A]부터 50m[A]까지는 일정한 출력전압인 5[V]를 출력하고 있고 리플전압도 관찰되지 않는다. [그림 5-22]의 datasheet에서 요구하는 레귤레이터 입력전압은 7.0[V] 이상임을 확인한다.

부하전류가 100m[A]에서는 레귤레이터 입력전압의 최솟값이 6[V]까지 하강하여 레귤레이터가 정상동작을 할 수 없게 한다. 결과적으로, 출력전압인 5[V]에 리플전압이 실려 있어 정전원회로가 정상 동작을 하기 어렵다. **부하전류가 더욱 증가하게 되면 출력전압도 5V]이하로 떨어지고 리플 전압도 더욱 커진다.**

[표 5-4] 정전원 회로의 부하변화에 따른 시뮬레이션 결과(5V 출력전압)

부하전류 및 부하저항 값 변화		레귤레이터 입력전압 파형(V(R9:1)) 및 정원회로 출력전압 파형(V(R19:1))
부하전류	부하저항 (R18)	
5m[A]	1K Ω	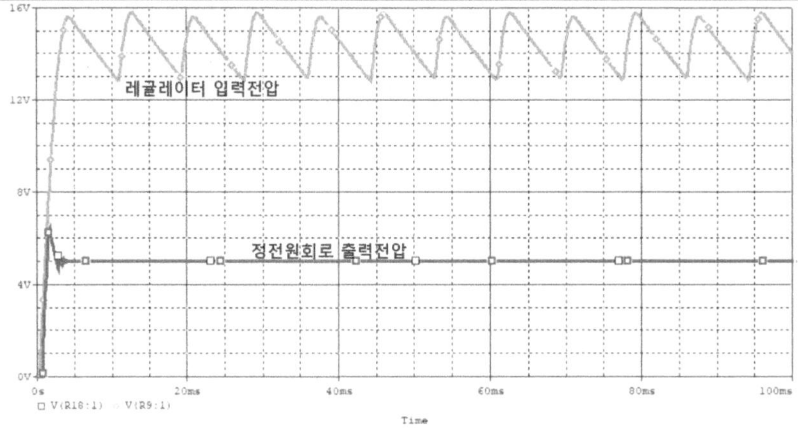
50m[A]	0.1K Ω	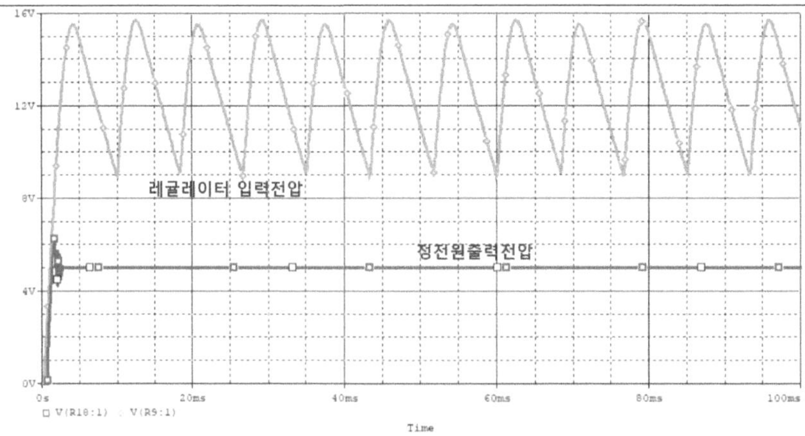
100m[A]	50 Ω	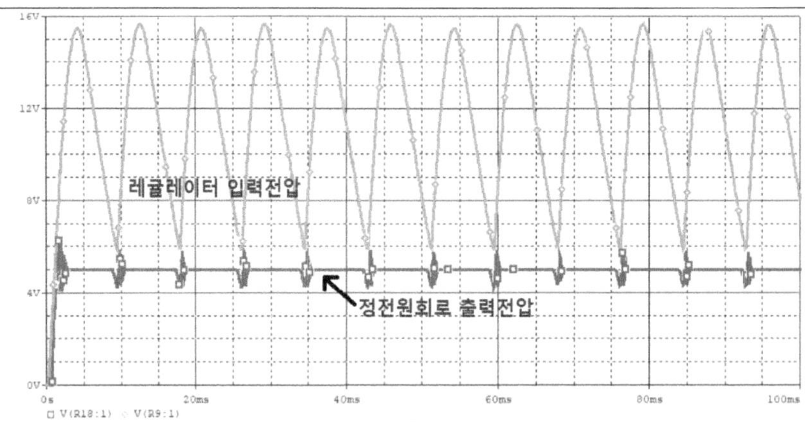

5.5 다이오드 포락선검파기(envelope detector) 실험

5.5.1 실험목적

- 다이오드의 정류 동작특성을 이해한다.
- 포락선 검파기 회로의 동작을 파악하고 시정수에 따른 리플(ripple)계수 변화를 이해한다.
- Pspice 시뮬레이터 및 오실로스코프 등 장치들의 사용법을 이해한다.

5.5.2 실험내용 및 절차

■ 실험 내용

브레드보드 위에 [그림 5-32] 회로를 구성한다. 교류전원(V_{in})은 오실로스코프의 '파형발생(wavegen)' 기능을 이용하여 공급한다.

커패시터(C_1) 값의 변화에 따라 부하저항(R_L)에 걸린 전압(V_{out})을 측정하여 포락선 검파기의 동작을 확인한다. 측정결과와 Pspice 시뮬레이션 결과를 비교한다.

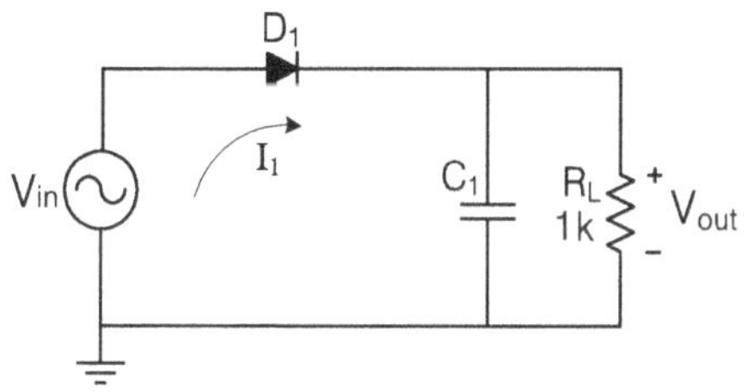

[그림 5-32] 포락선 검파기 실험 회로

■ 오실로스코프 설정

- 오실로스코프의 '파형발생(wavegen)' 설정

:정현파($V_{in} = 5\sin(2\pi \cdot 1KHz \cdot t)$), 주파수 1KHz, 크기 5[Vampl], offset 전압=0[V]

- 세로축(전압) 설정

- 포락선검파기 출력단자 전압측정: 'DC coupling' 으로 하고, 접지 라인을 화면에서 낮은 쪽으로 위치시킨다.

- 리플파형 만의 측정: 리플파형은 크기가 직류전압에 비해 작으므로 잡음신호에 섞여 측정하기 어렵다. 'AC coupling'을 사용하고, 접지라인을 화면 중앙에 위치시킨다. 세로축(전압) 스케일 노브(knob)와 세로축 위치조정 노브를 이용해서 화면 중앙에서 크게 보일

수 있게 해야 측정오차를 줄일 수 있다. 이때 스코프의 커서 기능을 이용하면 정확한 측정에 도움이 된다.

- **가로축(시간) 설정**: 리플파형이 5~10 주기 정도 표시될 수 있게 조정한다.

■ 실험 순서

커패시터(C_1) 값의 변화에 따라 부하저항(R_L)에 걸리는 전압(V_{out})을 오실로스코프를 이용하여 측정한 후 데이터를 이용하여 **[표 5-5]을 작성**한다.

① 다이오드 반파 정류 동작 확인실험 : 커패시터(C_1)을 제거한 후 전압(V_{out})을 측정한다. 이때 다이오드 임계전압(V_{Th}) 값을 확인하고 측정한다.

② 시정수에 따른 포락선검파기 동작확인 실험

: 커패시터(C_1)를 다시 위치시킨 후 C_1 값의 변화에 따라 V_{out}을 측정한다. C_1 값에 따라 리플(ripple) 전압이 달라지므로 적절한 2개(조별로 주어진 실험 가능한 부품 중에서 선택)를 Pspice 시뮬레이션을 통해 선정하고 브레드보드 상에 실험해본다.

: 위의 측정결과를 토대로 식 (5-6)~ 식 (5-7)을 이용하여 리플계수(R_f)와 직류 전압(V_{RDC})값 계산을 계산한다. 즉, 시정수에 따라 리플 계수와 평활 동작이 개선됨을 측정데이터로부터 분석한다.

③ 시뮬레이션 결과와 측정결과 비교를 통해 다이오드의 정류동작과 포락선 검파기의 평활 동작을 이해한 결과를 보고서에 서술한다.

5.5.3 실험장치 및 부품

장치목록	악세사리	기타
-디지털멀티미터 1대 -오실로스코프 1대	-브레드보드 1개 -교류신호입력용 케이블 1셋 -오실로스코프 프로브 1셋	-저항, 커패시터 set -다이오드(1N4001) 1개 -점퍼선(빨강, 검정, 흰색/파랑)

5.5.4 실험 유의사항

- 브레드보드 상에 결선된 회로들로부터 쉽게 회로도를 연상할 수 있도록 회로를 간결하고 일목요연하게 하는 것이 문제점 발견 및 해결에 쉽다.
- **점퍼선은 색상별 구분**: 브레드보드 상의 점퍼선은 적게 쓰되 짧은 것을 사용하고 색상별로 적절한 것을 사용한다. 빨강은 양(+) 전압 공급선, 검정은 접지선을 사용한다.
- **모든 접지선은 검정색으로 일치할 것**: 오실로스코프의 접지와 브레드보드 연결을 위한 단자의 접지, 브레드보드에 실장된 부품의 접지들을 모두 검정으로 하여 회로 이해도 개선 또는 오동작을 방지한다.

5.5.5 측정 데이터 정리

1) 실험회로(오실로스코프 + 브레드보드 구성) 사진

전체실험회로 구성사진	브레드보드 회로 상세 연결사진

*전체 연결구성과 브레드보드내의 회로 연결을 알수 있는 수준의 해상도

2) 스코프 측정파형 및 커패시터(C1)의 변화에 따른 시뮬레이션 결과(전압(V_{out}) 파형)

[표 5-5] 포락선 검파기 동작 측정 데이터(전압(V_{out}) 파형)(사용한 C1, C2 값 표시)

<table>
<tr><th colspan="2"></th><th>오실로스코프 측정 화면</th><th>시뮬레이션 결과</th></tr>
<tr><td rowspan="2">커패시터(C1)
없는 경우</td><td>출력
파형
(Vout)</td><td></td><td>[표 5-1] 시뮬레이션 결과 참조</td></tr>
<tr><td colspan="3">리플팩터(R_f): ,직류전압(V_{RDC}): [V]</td></tr>
<tr><td rowspan="2">작은
커패시터(C1)
값의
출력파형
(Vout)</td><td>출력
파형
(Vout)</td><td></td><td>[표 5-2] 시뮬레이션 결과 참조</td></tr>
<tr><td colspan="3">리플팩터(R_f): ,직류전압(V_{RDC}): [V]</td></tr>
<tr><td rowspan="2">큰
커패시터(C1)
값의
출력파형
(Vout)</td><td>출력
파형
(Vout)</td><td></td><td>[표 5-3] 시뮬레이션 결과 참조</td></tr>
<tr><td colspan="3">리플팩터(R_f): ,직류전압(V_{RDC}): V]</td></tr>
</table>

5.6 정전원회로 부하실험

5.6.1 실험목적

- 정전원회로의 일종인 전원어댑터의 동작을 이해한다.
- 정전원회로의 부하 개념을 이해하고 회로 동작을 익힌다.
- 오실로스코프 등 장치들의 사용법을 이해한다.

5.6.2 실험내용 및 방법

1) 부하 정의 및 실험내용

- **부하(load)의 정의**: 정전원회로의 일종인 전원어댑터에 연결되는 회로(또는 전자기기)를 '부하(load)'라 칭한다. 전원어댑터에서 일정한 직류전압을 부하에 제공하고, 부하에서 사용되는 전류를 '부하전류'라 하고 궁극적으로는 부하에서 전력을 소비하게 된다. 예를 들어 5[V] 전원어댑터에 LED가 연결되면 LED는 일종의 부하이며 이에 제공하는 부하전류가 0.1[A]이면 5/0.1=50Ω 값을 LED 대신 **부하(저항)**로 표시한다. 따라서, 회로 동작 설명을 위해 '부하전류'와 '부하저항'을 혼용하기도 한다.

- 본 실험의 정전원어댑터 사양(규격, specification)은 5[V] 출력이므로 부하변동으로 인해 **부하전류가 증가(부하저항 감소)하더라도 일정한 출력전압인 5[V]를 제공**해야 한다. 본 실험을 통해 전원어댑터 성능을 평가한다.

■ 실험내용

[그림 5-33] 회로는 본 실험의 개념을 보여준다. 사용하는 어댑터와 부하저항을 연결한다. 어댑터에 연결되는 부하저항을 변화시킴으로써 부하에 흐르는 전류가 달라진다. 즉, 일정한 5[V] 직류전압을 부하에 공급하는 상태에서 부하전류가 증가함에 따라 부하저항이 감소하게 되고 정전원 어댑터의 성능들이 다음과 같이 악화된다.

① 5[V] 직류전압에 실려 있는 리플 전압이 커진다.

② 직류전압인 5[V] 크기가 작아진다.

본 실험은 [그림 5-33]에서 보여주는 부하저항(R_L)대신 [그림 5-34]와 같이 **저항과 직렬연결된 LED의 조합을 1set으로 하고 이를 병렬로 set을 증가시켜 부하저항을 감소시키는 변화(부하전류를 증가시키는 변화)**를 시도한다.

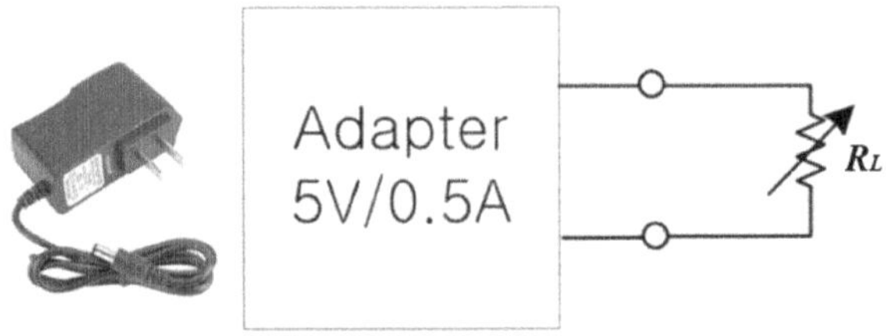

[그림 5-33] 정전원회로 부하 실험 개념도

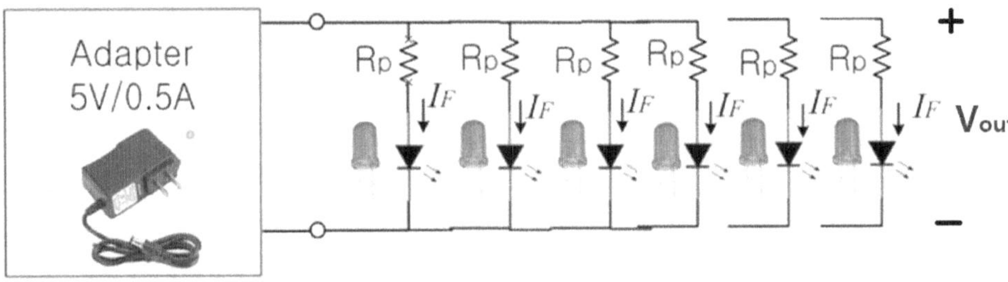

[그림 5-34] LED 병렬연결을 통한 정전원회로 부하실험

2) 실험 방법

본 실험은 정전원 어댑터의 부하능력을 실험하는 것으로 [그림 5-34]와 같이 부하로서 (저항+LED) set들의 병렬회로를 부하로 한다. 브레드보드 상의 구제적 회로 구성은 [그림 5-35]와 같이 실험실 전원콘센트에 삽입된 전원어댑터와 브레드보드를 연결하고, 브레드보드에서는 저항과 LED를 직렬로 연결된 회로를 1set으로 한 조합을 병렬로 연결하고, 그 숫자를 증가시켜가면서 정전원 어댑터의 부하 성능을 평가한다.

LED와 직렬로 연결된 저항을 LED 구동저항(R_D)이라 하며 저항값은 [그림 5-9](a) 회로를 참고하고 식 (5-1)을 통해 구한 후, 아래 브레드보드 회로에 적용한다.

■ 측정항목

브레드보드 회로들에 연결된 정전원 어댑터의 출력단(V_{out})에서 다음 항목들을 오실로스코프로 측정하고 파형을 캡처하여 [표 5-6]을 작성한다.

① 출력단(V_{out})에서 리플(V_r)이 포함된 전압 파형 측정(DC 커플링)

② 직류전압에 실려 있는 리플(V_r) 파형만의 Peak to peak 전압측정(AC 커플링)

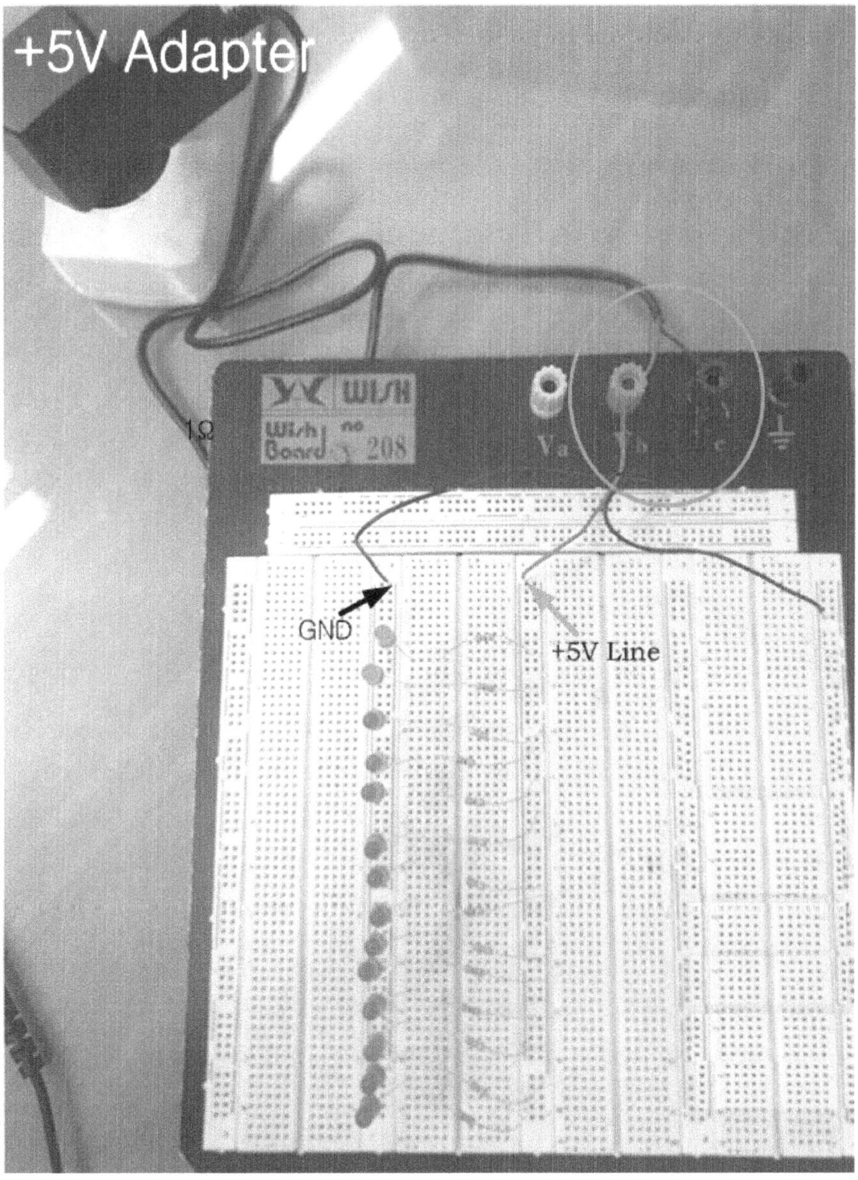

[그림 5-35] 그림([5-34])을 브레드보드에 구현한 상세 예제 회로

■ 부하 변화에 따른 측정 순서

① <u>**무부하**</u> 상태의 실험

정전원 어댑터 출력단에 부하를 연결하지 않은 채로 출력단자의 직류전압과 리플 전압 등을 오실로스코프로 측정하여 [표 5-6]의 최상단 공간을 채운다.

② <u>**임계 부하 상태(LED ALL ON)**</u>의 실험

LED와 구동 저항(R_D)으로 구성되는 LED 회로를 1set의 부하로 사용하고 LED 불빛이 켜지는지 확인한다(ON 상태). Set을 하나씩 증가시켜가면서 LED가 ON 상태인지 반복 실험한다. 마지막으로 더해진 LED set로 인해 LED들이 off가 될 **때** 회로 구성을 중단하고 마지막 LED set를 제거하여 구성된 모든 LED가 ON 상태로 있게 한다. 모든 LED가 ON 상태인 회로에서 출력단자의 직류출력 전압파형과 리플 전압 등을 측정하여 [표 5-6]의 중간의 빈 공간을 채운다.

위 회로 상태의 부하를 **'임계 부하'**라고 칭한다. 조별로 다를 수 있으니 회로 상태를 보고서에 서술한다. 서술 내용은 LED가 ON 된 set 수, 임계상태에서 DMM을 이용하여 측정된 부하저항, 부하전류(간접 방법으로 측정), 출력 직류전압값들을 포함하고 시뮬레이션 결과와 비교한다.

③ <u>**과부하 상태**</u>에서 실험

임계상태의 회로 구성에 2개 이상의 set을 추가하여 LED가 여전히 OFF 인지 확인한다. 또한, 추가한 set으로 인해 ON 되었던 LED 숫자가 감소한 수준을 확인해 본다. 임계상태에서 부하를 추가하는 경우 **'과부하'** 상태라 한다.

정전원 어댑터의 직류출력 전압파형 과 리플을 오실로스코프로 측정하여 [표 5-6]의 최하단 공간을 채움으로써, 어느 정도로 성능이 악화되었는 지 평가해보고, 시뮬레이션 예측과 비교한다.

참고로, 본 실험은 정전원 어댑터의 부하능력을 실험하는 것이므로 임계상태에서 이미 성능이 떨어지는 예(출력전압이 5% 이상 저하, 리플 발생)도 있다. 정전원 어댑터의 역할이 가능한 많은 LED를 많이 ON 시키는 데 목적이라면 각 조에서 사용하는 정전원 어댑터에 연결할 수 있는 <u>**적절한 LED 숫자**</u>를 평가해 본다.

※ 유의사항: 시뮬레이션 회로는 전형적인 정전원회로를 시뮬레이션한 결과로서, 실제 사용된 정전

원 어댑터의 회로 부품과 정확하게 일치하지 않는다. 오히려 실험결과 측정 데이터가 시뮬레이션 결과보다 우수할 수 있음을 고려하여, 실험에서 추구하고자 하는 본디 목적을 달성하도록 한다.

5.6.3 실험장치 및 부품

장치목록	악세사리	기타
-디지털멀티미터 1대 -오실로스코프 1대	-브레드보드 1개 -오실로스코프 프로브 1셋	-저항(47Ω/51Ω) 12~20개 -정전원어댑터(+5[V]) 1개 -LED 12~15개 -점퍼선(빨강, 검정, 흰색/파랑)

■ 오실로스코프 설정

- **세로축(전압) 설정**
  - 정전원 어댑터의 직류출력 전압파형 측정: 'DC coupling' 으로 하고, 접지라인을 화면에서 낮은 쪽으로 위치시킨다.
  - 리플파형 측정: 리플파형은 크기가 직류전압에 비해 작으므로 잡음신호에 섞여 측정하기 어렵다. 'AC coupling'을 사용하고, 접지라인을 화면 중앙에 위치시킨다. 세로축(전압) 스케일 노브(knob)와 세로축 위치조정 노브를 이용해서 화면 중앙에서 크게 보일 수 있게 해야 측정오차를 줄일 수 있다. 이때 스코프의 커서 기능을 이용하면 정확한 측정에 도움이 된다(상세 내용은 본 교재 51 페이지 참조).
- **가로축(시간) 설정**: 교류전원은 60Hz(주기 16.7ms)이므로 가로축의 스케일(시간/div)을 조정하여 화면 당 2~5 주기 신호를 확보한다.
- **트리거링**: 화면의 파형이 흔들리면 트리거 소스를 '파형발생' 으로 설정한다.
- 리플전압의 측정

5.6.4 실험 유의사항

- 브레드보드 상에 결선된 회로들로부터 쉽게 회로도를 연상할 수 있도록 회로를 간결하고 일목요연하게 하는 것이 문제점 발견 및 해결에 쉽다.
- 부하를 병렬로 추가하다 보면 과부하가 걸려 부품이 타 버릴 수 있으니 주의한다. 이를 위해 최종 연결된 부하저항을 DMM으로 측정하여 확인 후 어댑터 전원을 연결한

다. 또한, **수시로 부품의 발열 상태를 점검한다**.

- **점퍼선은 색상별 구분**: 브레드보드 상의 점퍼선은 적게 쓰되 짧은 것을 사용하고 색상별로 적절한 것을 사용한다. 빨강은 양(+) 전압 공급선, 검정은 접지선을 사용한다.
- **모든 접지선(회로, 전원공급의 0[V], 오실로스코프)은 검은색**으로 일치시키고 서로 연결돼야 한다.

5.6.5 측정 데이터 정리

1) 실험회로(오실로스코프 + 브레드보드 구성) 사진+ 회로구성 사진(LED배열) 첨부

전체실험회로 구성사진	브레드보드 회로 상세 연결사진

*전체 연결구성과 브레드보드내의 회로 연결을 알수 있는 수준의 해상도

2) 실험(오실로스코프 측정) 데이터

[표 5-6] 정전원 어댑터(adapter) 부하실험(오실로스코프 화면 사진)

<table>
<tr><th></th><th>직류출력 전압 파형
(오실로스코프: DC 커플링, 1[V]/)</th><th colspan="2">리플전압(Vpp) 파형 및 값
(오실로스코프: AC 커플링, /20~100m[V])</th></tr>
<tr><td rowspan="2">무부하</td><td rowspan="2"></td><td colspan="2"></td></tr>
<tr><td>리플(V_r)의 Peak to peak 전압</td><td>______[V]</td></tr>
<tr><td rowspan="2">LED 병렬 회로 (ALL ON: 임계 부하) 상태</td><td rowspan="2"></td><td colspan="2"></td></tr>
<tr><td>리플(V_r)의 Peak to peak 전압</td><td>______[V]</td></tr>
<tr><td rowspan="2">LED 병렬 회로 (과 부하) 상태</td><td rowspan="2"></td><td colspan="2"></td></tr>
<tr><td>리플(V_r)의 Peak to peak 전압</td><td>______[V]</td></tr>
</table>

실험 결과 보고서 양식 1

실험 제목		제출자 이름	
조구성 및 참여율	이름(학번)	실제 실험 참가율(%)	이름(학번)	실제 실험 참가율(%)

※ 보고서 분량은 가급적 적은 페이지로 핵심내용을 중심으로 작성합니다. 불필요한 내용을 나열하는 것은 중요 부분을 파악하지 못한 것으로 간주된다.

1. 실험목적

작성 안내	본 실험에서 달성하고자 하는 실험 내용과 목적을 요약 정리한다 (1/4 페이지 이내). - 따른 조별로 할당된 실험목표 표시.

2. 실험데이터

작성 안내	- 측정한 각종 실험 DATA들을 표와 그림 등을 활용하여 쉽게 표현한다. - 실험 사진은 실험 내용이나 결과를 확인할 수 있는 해상도로 표현한다.

3. 실험 결과분석

작성 안내	- 가장 중요한 부분으로 위의 '실험데이터'에서 표시된 값들을 바탕으로 데이터가 갖는 의미와 내용을 이론에 근거하여 분석한다. 시뮬레이션 결과들과 비교해본다. - 분석 결과들을 바탕으로 실험을 통해 이해한 내용과 성취 수준 등을 서술한다.

4. 문제점 해결 및 개선내용

작성 안내	▪ 실험과정에서 발생했던 문제점들을 나열하고 어떻게 해결하였는지에 대한 과정과 개선된 사항들을 서술한다. ▪ 실험과정에서 변경 혹은 내용을 조정한 경우 이유를 논리적이고 구체적으로 설명한다.

5. 결론

작성 안내	실험목적에 대비하여 실험과정이나 측정결과들로부터 도출된 결론을 요약하여 작성한다. 표로 작성하거나 요점 위주로 개조 식으로 나열하고 간단한 설명을 추가하면 효과적이다.

실험 결과 보고서 양식 2(요약)

실험 제목	포락선검파기 실험		제출자 이름	
조구성 및 참여율	이름	실제 실험 참가율(%)	이름	실제 실험 참가율(%)

1. 전체 실험회로 사진

전체실험회로(오실로스코프 + 브레드보드) 구성사진	브레드보드 회로 상세 연결사진

*전체 연결구성과 브레드보드내의 회로 연결을 알수 있는 수준의 해상도

2. 측정 결과: 포락선검파기 동작 특정 및 시뮬레이션 결과 (사용한 C1, C2 값 표시)

		오실로스코프 측정 화면	시뮬레이션 결과
커패시터(C1) 없는 경우	출력 파형 (Vout)		[표 5-1] 시뮬레이션 결과 참조
	리플팩터(R_f):	,직류전압(V_{RDC}):	[V]
작은 커패시터(C1) 값의 출력파형 (Vout)	출력 파형 (Vout)		[표 5-2] 시뮬레이션 결과 참조
	리플팩터(R_f):	,직류전압(V_{RDC}):	[V]
큰 커패시터(C1) 값의 출력파형 (Vout)	출력 파형 (Vout)		[표 5-3] 시뮬레이션 결과 참조
	리플팩터(R_f):	,직류전압(V_{RDC}):	V]

3. 측정 데이터 분석 및 이해된 내용

- 측정 데이터 분석(
- 실험목적 대비 이해된 내용

실험 결과 보고서 양식 3(요약)

실험 제목	정전원 어댑터 부하실험		제출자 이름	
조구성 및 참여율	이름	실제 실험 참가율(%)	이름	실제 실험 참가율(%)

1. 전체 실험회로 사진

전체실험회로(정전원어댑터+오실로스코프+브레드보드) 구성사진	브레드보드 회로 상세 연결사진

*전체 연결구성과 브레드보드내의 회로 연결을 알수 있는 수준의 해상도

2. 정전원 어댑터(adapter) 부하실험(오실로스코프 화면 사진)

	직류출력 전압 파형 (오실로스코프: DC 커플링, 1[V]/)	리플전압(Vpp) 파형 및 값 (오실로스코프: AC 커플링, /20~100m[V])	
무부하			
		리플(V_r)의 Peak to peak 전압	______[V]
LED 병렬 회로 (ALL ON:임계 부하) 상태			
		리플(V_r)의 Peak to peak 전압	______[V]
LED 병렬 회로 (과 부하) 상태			
		리플(V_r)의 Peak to peak 전압	______[V]

3. 측정 데이터 분석 및 이해된 내용

- 측정 데이터 분석
- 실험 목적 대비 이해된 내용

제6장 트랜지스터회로

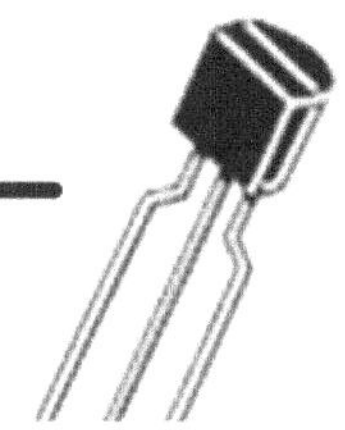

기초이론

6.1 BJT의 기본동작
6.2 BJT 증폭이론
6.3 BJT의 스위칭 동작이론

시뮬레이션/실험

6.4 BJT 증폭회로 설계 및 시뮬레이션 예제
6.5 BJT 스위칭 회로 시뮬레이션 예제
6.6 BJT 증폭기 실험
6.7 BJT 스위칭 회로 실험

바이폴라 트랜지스터는 다이오드의 PN 접합(junction)을 기반으로 하고 있다. 다이오드는 불순물 도핑 과정에서 생성된 반도체인 P형 반도체와 N형 반도체가 원자 구조적 결합(단극 접합)을 통해 정류작용 등의 기능을 한다. 트랜지스터는 N형 반도체와 P형 반도체를 PNP 또는 NPN 형태로 이극 접합(bipolar junction)한 구조로 전류의 흐름 등을 조절하는 부품이다.

본 단원의 핵심주제는 다음과 같다.

- BJT 기본 동작 및 증폭 이론의 이해
- DC Biasing
- BJT의 스위칭 동작 이해
- 시뮬레이션 도구 및 오실로스코프 사용법 이해

6.1 BJT의 기본동작

6.1.1 재료의 종류 및 자유전자 발생

물질이 전기를 띠게 되기 위해서는 외부에서 전기력이 인가되었을 때 자유전자의 이동을 발생시켜야 한다. 다음은 대표적인 3종류 물질을 나타낸다 l

- **절연체**: 플라스틱, 나무, 유리 등과 같은 재료로 외부에서 인가된 전기력과 상관없이 전기를 띠지 않는다.
- **도체**: 철을 포함하는 대부분의 금속으로 외부에서 인가되는 전기력에 쉽게 자유전자를 발생하여 흐름(전류)을 만든다.
- **반도체**: 도체와 절연체의 중간특성을 나타내며 단일 원소 반도체로 실리콘(Si), 게르마늄(Ge), 탄소(C)등이 있다. 화합물 반도체로 갈륨비소(GaAs)와 인듐인(InP)등이 있다.

한편, 반도체에서 자유전자의 발생 과정은 다음과 같다. 반도체인 탄소(C)는 그 중심에 양전하를 띠는 양성자와 주변에 가전자대(valence electron band)를 돌면서 음전하를 띠는 전자(electron)으로 구성된다. 외부에서 가해지는 힘이 없는 경우 이들은 전기적으로 중성을 띠고 있다. 만일 외부에서 전기력이 가해져 최 외곽 가전자 대의 전자를 하나 잃어버리면 탄소 원자의 전체전하는 양(positive, +)이 되고 전자가 빠져나간 빈 상태를 정공(hole)이라 한다. 에너지를 얻어 궤도를 벗어난 전자를 자유전자(free electron)라 하며 전류 흐름에 기여한다.

6.1.2 진성반도체와 불순물반도체

진성반도체(intrinsic semiconductor)는 불순물(dopant)이 첨가되지 않는 순수한 반도체를 의미한다. 즉, 다른 형태의 원자가 존재하지 않은 단결정물질로 고유반도체라고도 한다. 진성반도체는 전류흐름에 기여하는 캐리어(carrier)의 농도가 매우 작아 용도가 작다.

불순물 반도체는 도핑(doping) 물질에 따라 N형반도체와 P형 반도체로 구분된다. 진성반도체에 불순물을 도핑하면 캐리어 농도가 증가하여 도전성이 향상된다. 실리콘에 인(P, 비소(As), 안티몬(Sb) 같은 5가 불순물을 첨가하면 전자의 농도를 증가시킬 수 있는 N형 반도체가 된다. 또한, 실리콘에 붕소(B), 인듐(In), 갈륨(Ga)과 같은 3가 불순물을 첨가하면 양전기를 띠는 정공의 농도를 증가시킬 수 있는 P형 반도체가 된다.

6.1.3 트랜지스터 구조 및 심볼

NPN 바이폴라 트랜지스터는 [그림 6-1](a)와 같이 N형 반도체, P형 반도체, 다시 N형 반도체를 조합한 구조를 갖는다. 이는 N형 반도체와 P형 반도체 조합, 그리고, P형 반도체와 N형 반도체 조합으로 이극(bipolar) 트랜지스터, 즉, BJT(bipolar junction transistor)라 칭한다.

NPN 바이폴라 트랜지스터는 전류의 흐름을 주도하는 다수 캐리어가 전자(electron)인 반면 이와는 상반되는 PNP 바이폴라 트랜지스터는 정공(hole)이 다수캐리어다. 이들은 전류의 방향이 서로 반대일 뿐 전체 동작은 같으므로 본 단원에서는 NPN 바이폴라 트랜지스터를 중심으로 설명한다.

[그림 6-1](a)와 같이 NPN 바이폴라 트랜지스터는 불순물이 도핑된 결과로, N형 이미터 영역에는 다수 캐리어인 전자가 고밀도를, P형 반도체인 베이스 영역에는 양전하를 갖는 정공이 저밀도로, N형 반도체인 컬렉터 영역에는 전자들이 분포되었다. 각 반도체에 부착된 금속 단자(metal contact)들을 이미터(emitter), 베이스(base), 컬렉터(collector)라 부른다. 이는 [그림 6-1]에서 다이오드로 표시된 등가회로와 같이 이미터-베이스간의 PN접합으로 구성된 다이오드와, 베이스-컬렉터간의 PN 접합으로 구성된 다이오드가 서로 마주보고 연결된 모습이다.

한편, [그림 6-1](a)은 각 반도체의 구조적인 특징과 다수캐리어 밀도를 각 반도체 영역별로 다르게 하여 트랜지스터의 동작 개념을 표시하였다. 즉, 이미터 단자에 연결된 N형 반도체는 큰 영역을 차지하고 있으며 전자밀도가 매우 크게 도핑하였다. 이와 유사하게 컬렉터 단자도 큰 영역을 차지하나 약한 도핑으로 상대적으로 전자밀도는 작다.

이들과 다르게 베이스 단자에 연결된 P형 반도체의 영역은 폭을 매우 좁게 한 구조적 특징을 갖는다.

트랜지스터의 전류흐름은 이미터와 베이스 간에 형성된 다이오드의 도통 상태에 따라 제어되며 전체 트랜지스터의 동작이 정해진다. 즉, 이미터 단자보다 상대적으로 베이스단자의 전압이 높은 순바이어스 상태일 때 이미터와 베이스 사이에 전류가 흐르며 이를 기반으로 이미터와 컬렉터사이에도 전류가 흐른다.

[그림 6-1](c)에 NPN 바이폴라 트랜지스터의 심볼을 볼 수 있다. 심볼 내에 화살표는 트랜지스터가 도통 상태일 때 전류가 흐르는 방향을 나타낸다.

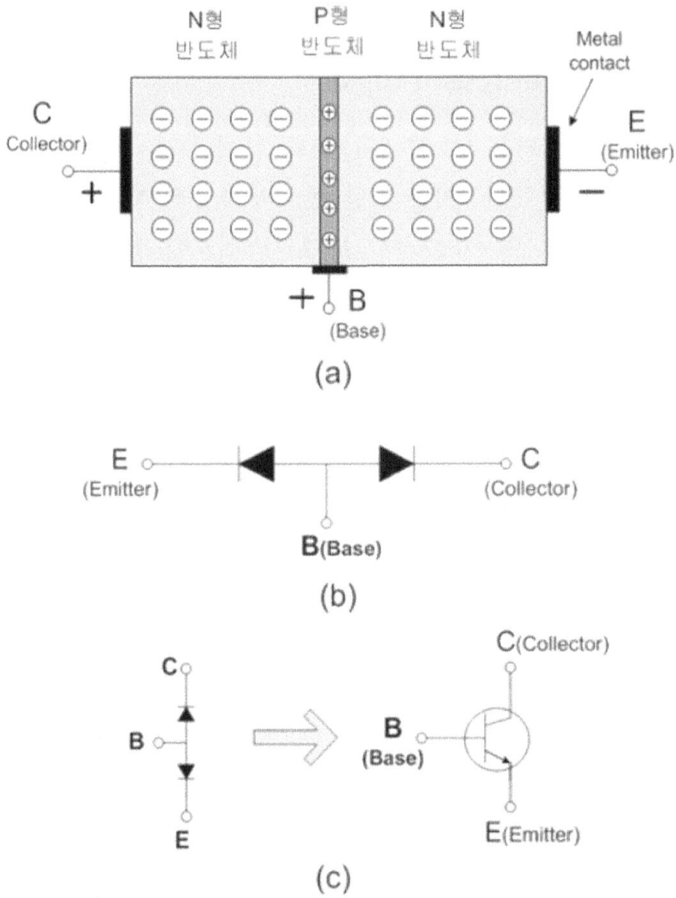

[그림 6-1] NPN 트랜지스터의 구조(a), 등가회로(b), 심볼(c)

6.1.4 트랜지스터 기본 회로 동작

트랜지스터의 기본동작은 베이스-이미터 간에 형성된 다이오드가 ON 되도록 전압 (V_{BE}) 이 인가되면 매우 작은 베이스전류(I_B)가 흐르고 이를 계기로 트랜지스터의 증폭특성(β_{DC})에 따라 컬렉터에서 이미터 방향으로 많은 전류($\beta_{DC} \cdot I_B$)가 흐른다.

따라서, **이미터-베이스간 다이오드 동작상태가 전체 트랜지스터 동작을 결정짓는다**. 한편, 트랜지스터의 이미터 단의 전류(I_E)의 대부분은 컬렉터 전류(I_C) 같다. 이들을 정리하면 다음과 같은 관계식을 갖는다. 아래 식에서 β_{DC}를 DC 전류증폭률이라 한다.

$$I_E = I_B + I_C \tag{6-1}$$

$$I_C = \beta_{DC} \cdot I_B \tag{6-2}$$

$$I_C \approx I_E \tag{6-3}$$

한편, [그림 6-2] 회로처럼 접지를 기준으로 베이스 단자에서 신호가 입력되고, 출력을 컬렉터 단자에서 얻어낸다고 가정할 때, 이미터 단자는 입출력에 공통으로 위치해 있고 접지에 연결되었으므로 이미터 공통접지(CE, common emitter) 회로라 칭한다.

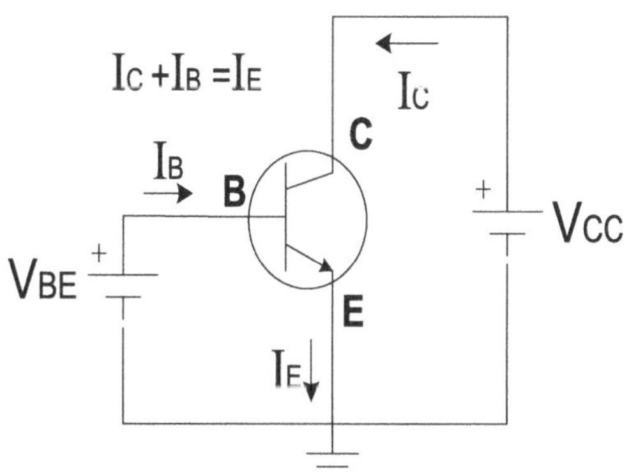

[그림 6-2] 트랜지스터의 기본 회로 동작

6.1.5 트랜지스터 특성곡선

[그림 6-3](a)는 트랜지스터의 베이스-이미터 사이의 다이오드 특성을 나타낸다. 임계전압(V_{Th})인 0.7[V]보다 커지면 베이스 전류(I_B)가 증가하는 것을 볼 수 있다. [그림 6-3](b)는 I_B에 대응하는 컬렉터 전류(I_C)를 세로축에 표시하였다. 직류증폭률 $\beta_{DC}=100$이라 가정했을 때 전류 크기들을 세로축에 표시되었다. 컬렉터 전류(I_C)로 인해 컬렉터-이미터 사이에 전압(V_{CE})이 걸린다.

예를 들어, 직류증폭률 $\beta_{DC}=100$을 갖는 트랜지스터의 V_{BE}가 임계전압이상 바이어스된 경우, [그림 6-3](a)에 있는 A점에서 베이스 전류는 30uA이며 이에 대응하는 컬렉터전류는 우측의 [그림 6-3](b)로 부터 3mA임을 알 수 있다. 이때 컬렉터-이미터간에 전압(V_{CE})는 1~14[V] 범위의 전압을 갖는다. 이처럼 베이스 전류에 따라 컬렉터 전류(I_C)와 컬렉터-이미터간의 전압(V_{CE})사이의 관계를 플롯(plot)하여 놓은 곡선들의 집단을 **"트랜지스터의 특성곡선"** 이라 부른다.

이 특성곡선은 트랜지스터에 흐르는 전류와 전압들의 특성을 모두 표현한 것으로 트랜지스터의 종류 또는 제조사 따라 조금씩 다르다.

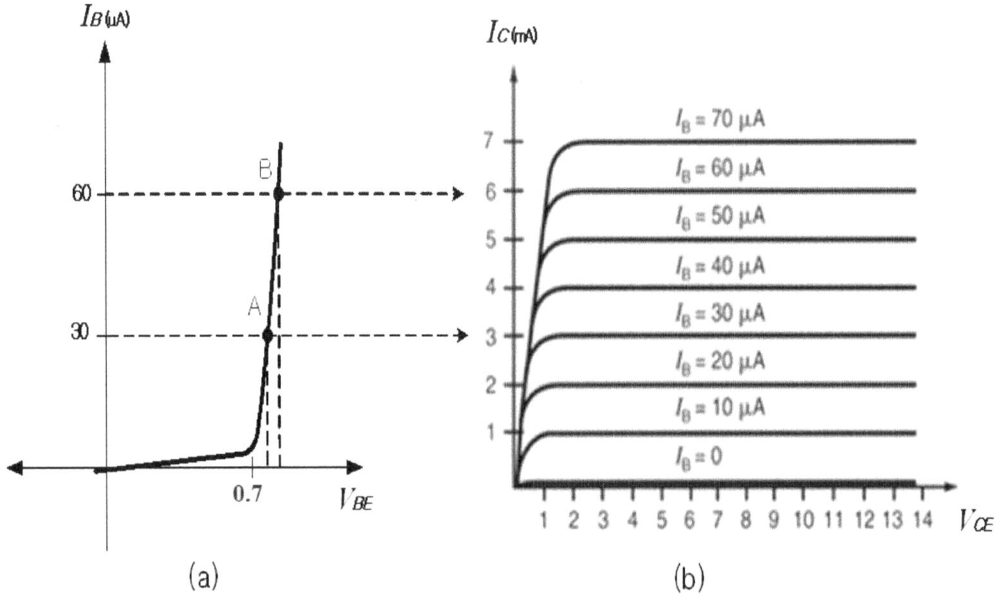

[그림 6-3] 베이스 전류와 연계된 바이폴라 트랜지스터(PN2222)의 특성곡선($\beta_{DC}=100$)

6.1.6 BJT 직류 바이어스 회로 및 동작영역

바이폴라 트랜지스터(BJT)에 직류 전원을 인가하는 가장 기본적인 회로는 [그림 6-4]와 같다. 베이스-이미터 간의 전압(V_{BE})를 공급하기 위해 베이스 단자에 전원 V_{BB}와 직렬저항 R_B가 입력단에 연결돼있다. 또한, 컬렉터-이미터 간에 전압(V_{CE})을 공급하기 위해 전원 V_{CC}와 직렬저항(R_C)이 회로에 연결돼있다.

일반적으로 컬렉터에 인가되는 전압(V_{CC})은 응용에 따라 특정 값으로 고정된다. 베이스 주변 저항들과 인가전압(V_{BB})을 적절히 설계하여, 트랜지스터 응용(증폭기 또는 스위칭)에 맞도록 베이스-이미터 간의 전압(V_{BE})를 인가한다.

■ 베이스-이미터 회로방정식

[그림 6-4]에서 베이스-이미터 회로 경로는 직류전압(V_{BB})이 인가되고 베이스 저항(R_B)를 통해 다이오드 특성을 나타내는 트랜지스터의 베이스-이미터 단자와 연결된다. 이 회로에서 트랜지스터인 베이스 전류(I_B)는 다음과 같이 계산해낼 수 있다. 물론, 다이오드가 도통하기 위해서는 임계전압($V_{Th} \approx 0.7[V]$)이상 걸려야 한다.

$$I_B = \frac{V_{BB} - V_{BE}}{R_B} \tag{6-4}$$

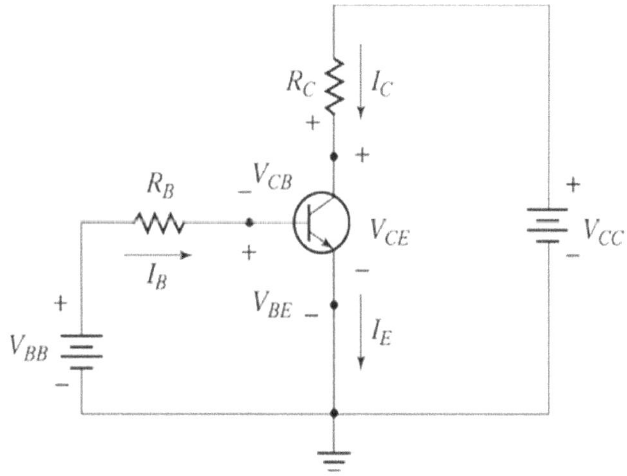

[그림 6-4] 트랜지스터의 기본 직류 바이어스(bias) 회로

■ 컬렉터-이미터 회로방정식

베이스-이미터 전압(V_{BE})가 임계전압보다 커 베이스 전류(I_B)가 흐를 때 컬렉터 전류(I_C)가 흐르면, 컬렉터-이미터 간의 회로 루프(loop) 방정식을 다음 식 (6-5)와 같이 쓸 수 있다. 이 식은 컬렉터 전류(I_C), 컬렉터-이미터간의 전압(V_{CE})이 포함된다.

$$V_{CC} = I_C \cdot R_C + V_{CE} \tag{6-5}$$

$$I_C = \frac{V_{CC} - V_{CE}}{R_C} \tag{6-6}$$

$$V_{CE} = V_{CC} - I_C \cdot R_C \tag{6-7}$$

위 식에서 컬렉터 전류(I_C)가 증가하면 최종 컬렉터-이미터간의 전압(V_{CE})전압은 0[V]에 근접하고, 반대로 컬렉터 전류(I_C)가 0m[A]에 접근하게 되면 $V_{CE} = V_{CC}$ 가 된다.

■ 바이폴라 트랜지스터의 직류 동작영역

트랜지스터는 [그림 6-4]처럼 베이스-이미터 전압(V_{BE})에 따라 다음과 같은 세개의 동작영역으로 구분된다.

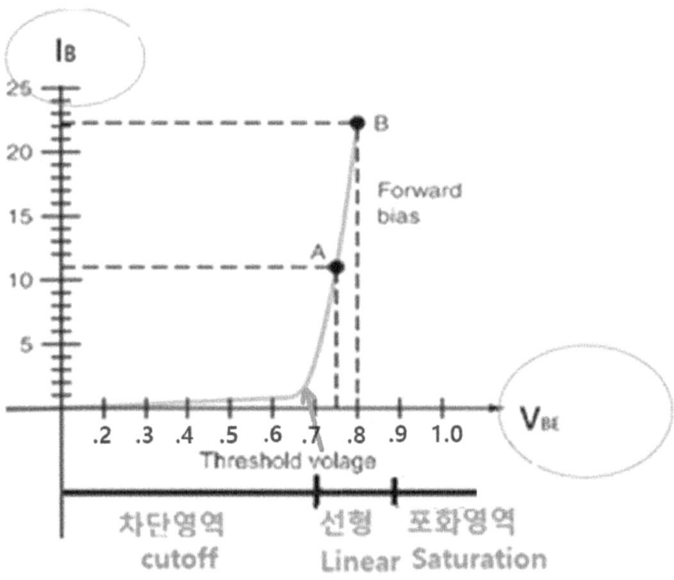

[그림 6-5] 베이스-이미터 전압(V_{BE})에 따른 BJT 동작영역

① **활성영역**(active region): V_{BE} (베이스-이미터 다이오드 ON)

V_{BE}가 임계전압($V_{Th} \approx 0.7$V)보다 크면 베이스전류(I_B)가 흐르고 이에 비례하여 컬렉터 전류(I_C)가 흐른다. 즉, $I_C = h_{FE} \cdot I_B$ 를 만족한다. 트랜지스터가 증폭기로 동작할 수 있는 선형영역이며 적절한 증폭을 위해 이 영역으로 직류 동작점(quiescent point)을 맞춘다.

② **포화영역**(saturation region): V_{BE} (베이스-이미터 다이오드 ON)

V_{BE}가 임계전압보다 매우 커서 약 0.9[V] 이상일 때 큰 베이스 전류(I_B)가 흐른다. 따라서 대량의 컬렉터 전류가 흐르며, 고정된 V_{CC} 회로에서 컬렉터-이미터전압(V_{CE})이 식 (6-7)에 따라 0에 가깝다. 이때 트랜지스터는 많은 전류가 흐르므로 포화 되었다고 한다. 실제는 컬렉터-이미터 전압(V_{CE})은 약 0.2V의 포화전압(V_{sat})이 걸린다.

③ **차단영역**(cutoff region): $V_{BE} < V_{Th}$(베이스-이미터 다이오드 OFF), $I_B = I_C \approx 0$

V_{BE}가 임계전압보다 낮아 베이스-이미터간의 다이오드가 OFF 된 상태로 간주된다. 따라서 베이스 전류(I_B)가 거의 0이므로 컬렉터 전류(I_C)도 거의 흐르지 않는다. 이때 트랜지스터는 차단되었다고 한다. 식 (6-7)에 따라 컬렉터에 고정된 V_{CC} 회로에서 컬렉터-이미터전압(V_{CE})은 V_{CC}에 근접한다.

6.1.7 범용 BJT 트랜지스터 외관 및 정격

[그림 6-6]는 범용 트랜지스터(PN2222)의 외관과 전기적 특성을 보여준다. To-92 plastic case 외관은 컬렉터, 베이스, 이미터로 구성되는 3개의 단자를 갖는다. 중요한 전기적 특싱을 살펴보면 다음과 같다.

- DC 전류이득(h_{FE} 또는 β_{DC}): 컬렉터전류(I_C)가 10m[A], 컬렉터-이미터 전압(V_{CE})이 10[V]일 때 이득(gain)이 최소 75배이다.
  ※ 제조사에 따라 β_{DC}를 h_{FE}로 표기하기도 한다.
- 소신호 교류이득(h_{fe}): 컬렉터전류(I_C)가 10m[A], 컬렉터-이미터 전압(V_{CE})이 10[V]일 때 교류신호 주파수가 1KHz에서 이득(gain)이 최소 75배이다.

PN2222, PN2222A

General Purpose Transistors

NPN Silicon

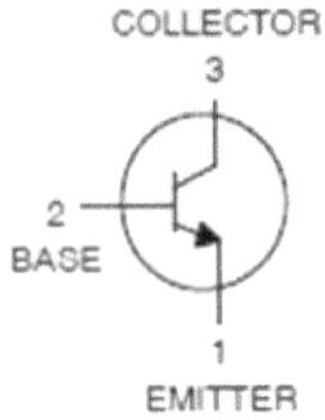

TO-92
CASE 29
STYLE 1

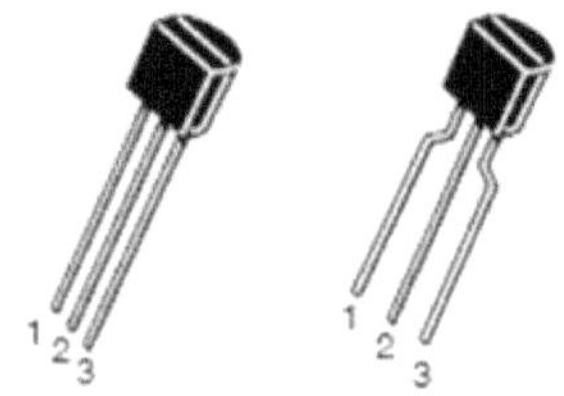

STRAIGHT LEAD
BULK PACK

BENT LEAD
TAPE & REEL
AMMO PACK

ELECTRICAL CHARACTERISTICS (T_A = 25°C unless otherwise noted)

Characteristic		Symbol	Min	Max	Unit
DC Current Gain		h_{FE}			-
(I_C = 0.1 mAdc, V_{CE} = 10 Vdc)			35	-	
(I_C = 1.0 mAdc, V_{CE} = 10 Vdc)			50	-	
(I_C = 10 mAdc, V_{CE} = 10 Vdc)			75	-	
(I_C = 10 mAdc, V_{CE} = 10 Vdc, T_A = −55°C)	PN2222A only		35	-	
(I_C = 150 mAdc, V_{CE} = 10 Vdc) (Note 1)			100	300	
(I_C = 150 mAdc, V_{CE} = 1.0 Vdc) (Note 1)			50	-	
(I_C = 500 mAdc, V_{CE} = 10 Vdc) (Note 1)	PN2222		30	-	
	PN2222A		40	-	
Small–Signal Current Gain		h_{fe}			-
(I_C = 1.0 mAdc, V_{CE} = 10 Vdc, f = 1.0 kHz)	PN2222A		50	300	
(I_C = 10 mAdc, V_{CE} = 10 Vdc, f = 1.0 kHz)	PN2222A		75	375	

[그림 6-6] 상업용 NPN 트랜지스터(PN2222)의 data sheet 의 일부

위의 이득(gain) 특성들은 특정 직류 동작점((I_C, V_{CE})에서 주어지는 값들이다. 동작점이 변화거나 교류 주파수가 다를 경우 이득이 변한다.

한편, 실험을 위해 회로를 구성할 때 3개 단자 순서를 살펴보고 주변 회로와의 연결을 정확하게 해야 적절한 직류전원이 공급되며 교류신호의 동작특성을 나타낸다.

6.2 BJT 증폭 이론

[그림 6-7]은 10[V] 직류전원을 사용하는 전형적인 공통이미터 증폭기 회로의 예를 나타낸다. 이미터 단자가 접지되어 입력과 출력에 공통역할을 하므로 공통이미터(common emitter) 증폭기라고 한다. 작은 크기를 갖는 교류신호가 베이스 단자에 입력되고 트랜지스터의 증폭 동작에 의해 컬렉터에서 교류신호가 출력된다. 블로킹 커패시터(C_C)를 통해 부하저항(R_L)에서 증폭된 교류출력을 얻을 수 있다. 컬렉터 단자로부터 출력된 신호는 입력과 위상이 반전된다.

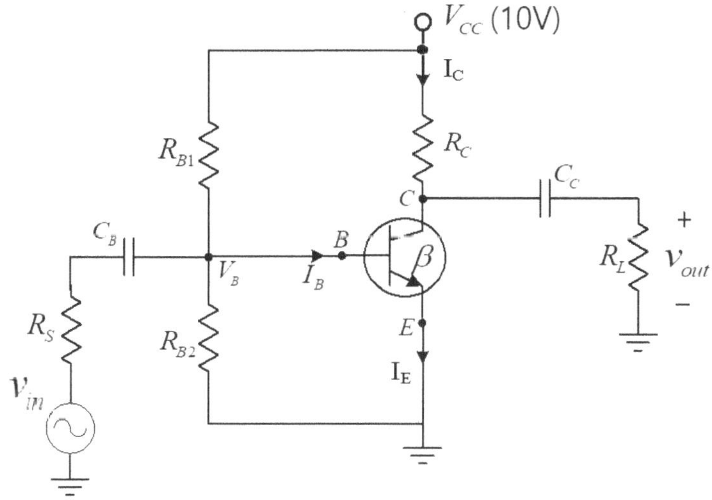

[그림 6-7] BJT의 공통이미터(CE) 증폭회로 기본 구조의 전형적인 회로

트랜지스터가 증폭기 회로에 사용되기 위해서는 선형(활성) 영역에서 동작점이 설정되도록 직류 바이어스를 인가한다. 설정된 동작점에서 작은 크기의 교류신호가 실리고 트랜지스터의 동작에 따라 증폭된다. 즉, **직류 동작점에서 직류신호와 교류신호가 합해지는 중첩의 원리가 적용된다.** 따라서, 트랜지스터의 각 단자의 전압, 전류는 다음과 같이 표현될 수 있다.

$$I_B = I_{BQ} + i_b$$

$$I_C = I_{CQ} + i_c$$

$$V_{BE} = V_{BEQ} + v_{be}$$

$$V_{CE} = V_{CEQ} + v_{ce}$$

위 식들에서 소문자는 교류신호를, 대문자는 동작점에서의 직류를 나타낸다. 한편, 교류전류의 증폭률은 h_{fe}로, 직류 전류의 증폭률을 β_{Dc}로 표기된다.

트랜지스터 증폭기 해석에는 동작점을 결정하는 **DC해석**과 이를 기반으로 교류신호의 동작을 이해하는 **AC해석**으로 구분된다.

6.2.1 증폭기 회로 구성([그림 6-7] 회로 적용)

증폭을 위한 부품은 범용 NPN BJT 트랜지스터(예, PN2222)들이 쉽게 작은 신호를 크게 증폭할 수 있다. 회로를 구성하는 각 부품들의 역할은 다음과 같다.

- 입출력 신호: 입력 교류전원은 V_{in}이며, 부하저항(R_L)에 걸린 전압이 출력신호(V_{out})
- 입출력을 위한 저항(소스저항(R_S)및 부하저항(R_L)): R_S는 V_{in} 신호와 트랜지스터와 연결을 위해 50Ω을 사용하고, R_L은 증폭회로 이후에 연결되는 회로와 연결을 위해 가급적 큰 저항을 사용한다.
- 블로킹 커패시터(C_B, C_C): 직류 동작점을 형성하게 한다. 교류신호가 1KHz 근처의 주파수인 경우 큰 값(100u[F])을 사용하여 교류 신호 손실을 최소화 시킨다.
- 동작점에 영향을 주는 저항:
  베이스-이미터단의 동작점(V_{BEQ})에 영향을 주는 저항 ⇒ R_{B1}, R_{B2}
  컬렉터-이미터단의 동작점(I_{CQ}, V_{CEQ})에 영향을 주는 저항⇒ R_C
- 교류 신호의 증폭동작에 영향을 주는 저항: R_S, R_C, R_L

6.2.2 증폭기 DC 해석: 직류 동작점(($I_C = I_{CQ}$, V_{CEQ}) 설정

증폭기의 동작을 위해 직류전원을 10[V]로 가정한다.

- <u>최대 교류출력을 위한 동작점설정</u>: [그림 6-7] 회로에서 직류전원(V_{CC})이 10[V]이므로 컬렉터-이미터 직류전압(V_{CE})을 V_{CC}의 1/2인 5[V]로 잡을 때, 출력은 5V의 offset 전

압(동작점)을 중심으로 0~10V에 범위에 걸쳐 최대 5[V] 진폭으로 스윙.

- 따라서, $V_{CEQ}=5[V]$, 컬렉터 저항(R_C)에 걸린 전압(V_{R_C})을 5[V]로 설계한다.
- 컬렉터저항(R_C) 결정 사례: 컬렉터 전류의 동작점(I_{CQ})을 25m[A]로 가정하고 컬렉터저항(R_C)을 계산(5[V]/0.025[A])하면 200Ω이 된다.
- 컬렉터 단의 동작점(I_{CQ}, V_{CEQ})결정 ⇒ R_C

  -컬렉터 동작점 전류(I_{CQ})는 25mA

  -컬렉터-이미터전압($V_{CEQ}=V_c$): 5V
- 베이스-이미터 단의 동작점(V_{BEQ})결정 ⇒ R_{B1}, R_{B2}

R_{B1}와 R_{B2} 값은 베이스-이미터 단의 동작점 전압 V_{BEQ}를 정하게 되므로 V_{BEQ}가 약 0.7~0.9[V] 범위에서 설정되도록 전압분배 식을 활용한다. [그림 6-7] 회로에서

$$V_{BEQ}\approx\frac{R_{B2}}{R_{B1}+R_{B2}}V_{CC}=\frac{R_{B2}}{R_{B1}+R_{B2}}\times 10\,V\approx 0.7[V]$$

여기에서 R_{B2}을 12계열 또는 24계열 저항으로 먼저 값을 고정하고 R_{B1}을 역시 12계열 또는 24계열 저항값을 선택한다. 이들 값에 따라 컬렉터 전류(I_{CQ})가 변화하므로 시뮬레이터를 이용하여 베이스 저항값들을 조정할 수 있다.

6.2.3 증폭기 AC 해석: 교류 증폭회로 부품 값 결정

베이스-이미터 단의 동작점 전압 V_{BEQ}가 약 0.7~0.8[V] 범위에서 정해지면 트랜지스터는 선형영역에서 동작하므로 그 동작점 위에서 교류신호가 증폭한다.

- 소스저항(R_S), 부하저항(R_L), 증폭 이득 계산

증폭기 이득은 아래와 같다. 여기에서 R_L은 이웃하는 회로와의 간섭을 피하기 위해 큰 값으로 한다. 증폭기 이득을 계산하면 다음과 같다.

$$A_v\approx -h_{fe}\left(\frac{R_C \parallel R_L}{R_S}\right) \tag{6-8}$$

위 식에서 - 값은 입력신호와 출력신호의 위상이 반전되는 것을 의미한다.

6.3 BJT의 스위칭 동작이론

BJT(Bipolar Junction Transistor)는 디지털 회로에서 스위치로 사용되는 경우에는 소신호 해석이 필요 없고, 매우 크게 입력되는 디지털 신호에 의해 BJT는 **차단(cutoff) 영역과 포화(saturation) 영역을 오가는 스위칭(switching) 동작**을 하게 되며, 이에 따라 컬렉터 단자에서 디지털 출력신호를 얻어낸다.

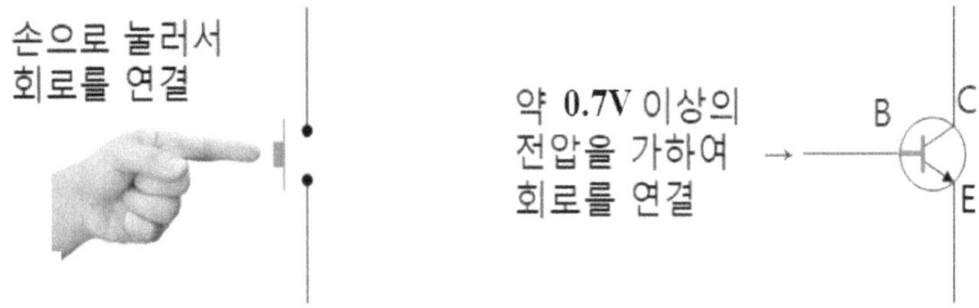

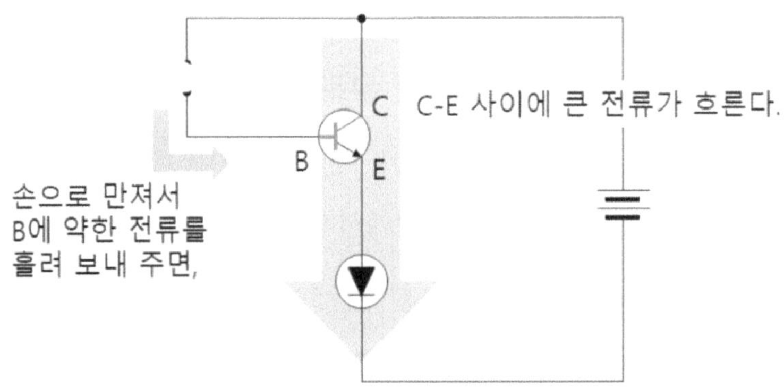

[그림 6-8] 스위칭 트랜지스터의 동작 개념

디지털 논리회로에서 보편적인 TTL(Transistor-Transistor Logic) 신호는 '0' 표시하는 저전압(Low voltage)으로 0~0.8V를 사용하고, '1' 을 표시하는 고전압(high voltage)으로

2V~5.25V 정도를 사용한다. 따라서 베이스-이미터사이의 다이오드 임계전압(V_{Th})을 중심으로 베이스 단자로 입력되는 디지털 신호의 저전압(0~0.5V)과 고전압(1[V]이상)을 인가하면 컬렉터의 출력단자에서 입력신호와 반대되는 디지털신호를 얻을 수 있다. 즉, 트랜지스터의 스위칭동작에 의해 논리회로의 'Inverter'로서 역할을 한다.

[그림 6-8]에서 트랜지스터의 스위칭 동작에 대한 개념을 표시하고 있다. 베이스-이미터 사이의 전압(V_{BE})이 임계전압(V_{Th})인 0.7[V]보다 크고 작음에 따라 트랜지스터의 컬렉터-이미터 사이의 전류흐름을 제어하고 있음을 볼 수 있다.

교류신호의 증폭회로와는 다르게 베이스 단자에 직류전원이 별도로 없다. 2개의 전압레벨만을 갖는 디지털신호(V_{in})가 베이스전류(I_b) 제어용 저항(R_B)을 통해 베이스 단자에 인가된다. 베이스-이미터 사이 회로에 적용되는 회로방정식은 식 (6-9)이다. 또한, 전류증폭률(β_{DC} or h_{FE})에 따라 증폭된 컬렉터전류(I_C)가 인가전압(V_{CC})에서 컬렉터 저항(R_C)을 통해 이미터 단자까지 흐르고 이에 적용되는 회로 방정식은 식 (6-10)과 같다.

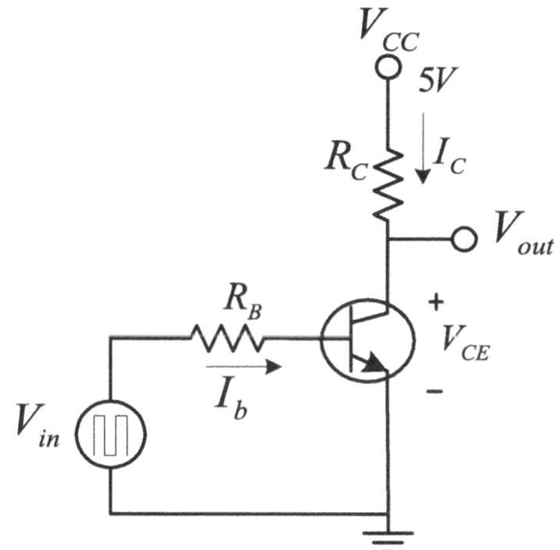

[그림 6-9] BJT의 스위칭 동작

$$V_{in} = I_b \cdot R_B + V_{BE} \quad , V_{BE} = V_{in} - I_b \cdot R_B \tag{6-9}$$

$$V_{out} = V_{CE} = V_{CC} - I_c \cdot R_C \tag{6-10}$$

이들 두 개의 방정식을 이용하여 스위칭 동작을 이해할 수 있다. 베이스-이미터 전압(V_{BE})이 문턱전압(V_{Th})보다 매우 작거나 혹은 훨씬 큰 두 종류의 전압크기를 갖는 V_{in}이

입력된다. 이에 따라 트랜지스터가 포화영역과 차단영역을 주기적으로 오가며 스위칭한다.

디지털신호의 입력에 따라 트랜지스터가 포화영역과 차단영역을 스위칭하며 전체적으로 논리회로의 'Inverter'로서 역할을 한다.

■ **BJT 스위칭 회로에서 컬렉터 저항(Rc)와 베이스 저항(R_B)의 선택**

이들 저항은 정확한 값보다는 포화영역에서 동작을 가정하여 식 (6-9)와 식 (6-10)을 이용하여 개략적인 저항 값을 구한다. [그림 6-9]에서 V_{in}=5[V]인 경우 V_{BE}가 약 0.7~1[V] 범위이고 베이스 전류(I_b가 0.5~1m[A]일 경우 PN2222 BJT는 포화영역에서 동작하므로 식 (6-9)를 이용하여 다음과 같이 베이스 저항(R_B)를 추정할 수 있다. 8.4KΩ보다는 12계열 저항으로 10KΩ을 선택한다.

$$R_B = \frac{(V_{in} - V_{BE})}{I_B} = \frac{(5-0.8)[V]}{0.5m[A]} = 8.4K\Omega$$

포화영역에서 컬렉터-이미터 단자 사이의 회로 방정식은 식 (6-10)으로 표현된다. 또한, 직류 전류증폭($\beta_{DC} = 100$)이므로 컬렉터 전류는 50~100m[A] 범위를 갖는다. 이를 이용하여 컬렉터 저항(Rc)를 다음과 같이 구한다.

$$R_C = \frac{(V_{CC} - V_{sat})}{I_C} = \frac{(5-0.2)[V]}{0.05[A]} = 96\Omega$$

컬렉터 저항(Rc)을 12계열 저항에 가까운 100Ω으로 한다.

지금까지 수식을 통해 구한 저항 값들은 시뮬레이션을 통해 스위칭에 적절한 저항 값으로 재 조정할 수 있다.

■ **개방 스위치로서 동작([그림 6-10])**

디지털 입력신호(V_{in})의 '0'을 표시하는 전압(0~0.5V)이 베이스 단자에 가해진다. 따라서 베이스-이미터 전압(V_{BE})도 작아 베이스 전류(I_b)도 0에 가깝다($I_b \approx 0$). 베이스 전류(I_b)가 매우 작은 경우, 컬렉터 전류도 작고(차단영역), 식 (6-9)에 따라 출력전압(V_{out})은 인가전압(V_{CC})에 근접해진다. BJT가 차단영역에 있을 때 BJT를 스위치의 개방회로로 간주된다. 이를 [그림 6-10]에 등가회로로 그렸다. 컬렉터전류가 0이므로 컬렉터 저항에 걸린 전압도 거의 없으며 출력 전압(V_{out})이 인가된 직류전압(V_{CC})와 같아진다.

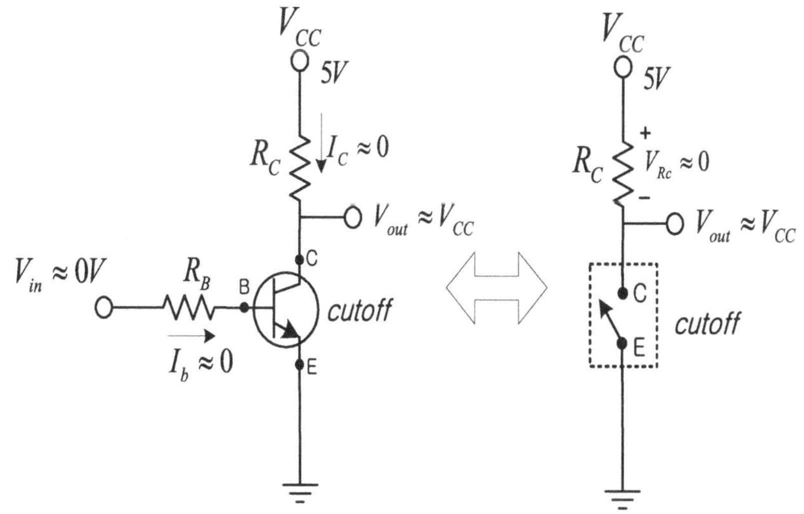

[그림 6-10] BJT의 개방회로 동작

■ 단락 스위치로서 동작([그림 6-11])

디지털 입력신호(V_{in})의 '1' 을 표시하는 큰 전압(2V 이상)이 베이스단자에 가해질 때, 베이스 전류(I_b)가 지수함수로 크게 증가한다. 이를 [그림 6-8]의 다이오드 특성곡선에서 이해할 수 있다. 식 (6-11)는 컬렉터-이미터를 포함한 출력단 회로 방정식이다. 베이스 전류(I_b)가 매우 큰 경우 컬렉터 전류도 비례하여 커지며 결국 포화전류 ($I_{C(sat)} = V_{CC}/R_C$)에 근접하여 트랜지스터의 포화영역에 들어간다. 따라서 식 (6-12)에서 $V_{CC} \approx I_C \cdot R_C$ 가 되므로 출력전압(V_{out})은 0이 된다.

BJT가 포화영역에 있을 때 BJT를 스위치의 단락회로로 간주한다. 이를 [그림 6-11] 등가회로로 그렸다. 컬렉터단자에 포화전류가 흐르므로 컬렉터 저항에 걸린 전압이 인가전압과 동일해지며 결국, 출력 전압이 0에 근접해진다. 이들을 수식으로 표현하면 다음과 같다.

$$I_{C(sat)} = I_b \cdot \beta_{DC} \qquad I_{C(sat)} = \frac{V_{CC} - V_{CE(sat)}}{R_C} \tag{6-11}$$

$$V_{CE(sat)} = V_{CC} - I_{C(sat)}R_C \simeq 0 \tag{6-12}$$

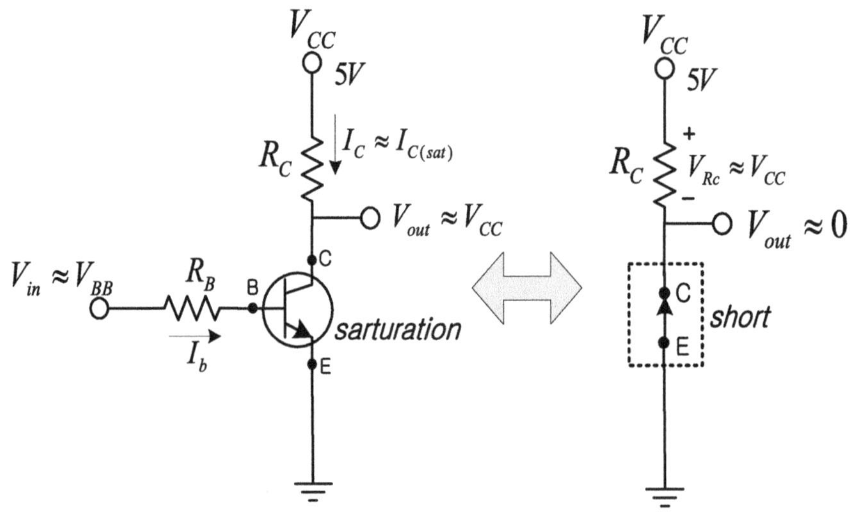

[그림 6-11] BJT 스위치(switch)의 단락회로 동작

6.4 BJT 증폭회로 설계 및 시뮬레이션 예제

본 [그림 6-12] 회로 예제는 일반적으로 센서(온도, 압력, 생체신호 등) 증폭회로로 많이 사용된다.

[그림 6-12]에서 교류전원(V_{in})은 센서로부터 감지된 신호를 나타내며, 부하저항(R_L)에 걸린 전압(V_{out})에서 증폭된 신호가 출력된다. 설계 목표는 다음과 같다.

BJT 증폭기 예제의 설계 목표
• 교류신호 주파수: 1KHz
• 직류전원 전압(V_{CC}): 10[V]
• 소신호 증폭 전압이득: 최소 20dB(10배 전압 증폭) 이상
• 최대 출력 가능한 증폭 회로 구성

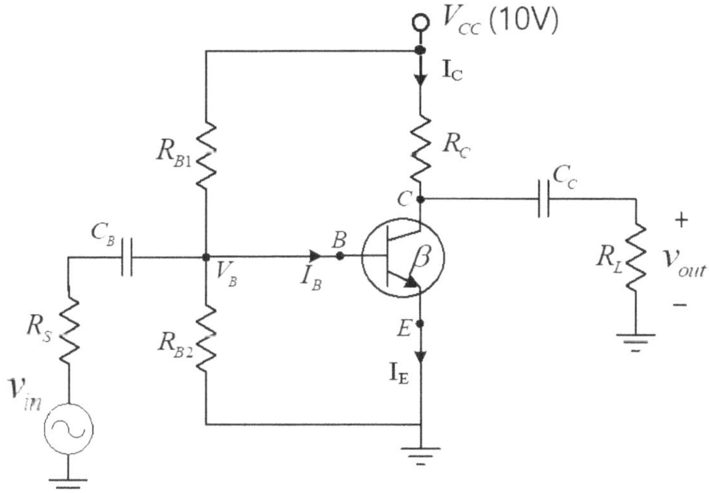

[그림 6-12] BJT의 공통이미터(CE) 증폭회로의 전형적인 회로

6.4.1 증폭기 회로 구성

1) Transistor 선정

PN2222은 쉽게 구입할 수 있는 범용 NPN BJT이다. 이의 data sheet([그림 6-6])로부터 설계 목표를 달성할 수 있음을 알 수 있다. 즉, 다음 내용과 같다.

- 전류이득(β_{DC}, h_{fe}): 'DC current gain(β_{DC})' 와 'Small signal current gain(h_{fe})' 이 동작점에서 최소 75배로 설계 목표의 전압이득 10배(20dB)보다 크다.

2) 직류 동작점(($I_C = I_{CQ}$, V_{CEQ}) 설정

- 최대 교류출력을 위한 동작점설정: 직류전원(V_{CC})이 10[V]이므로 컬렉터-이미터 직류 전압(V_{CE})을 V_{CC}의 1/2인 5[V]로 잡을 때, 출력은 5[V]의 offset 전압(동작점)을 중심으로 0~10V에 범위에 걸쳐 최대 5[V] 진폭으로 스윙한다.
- 따라서, $V_{CEQ} = 5[V]$, 컬렉터 저항(R_C)에 걸린 전압(V_{R_C})을 5[V]로 설계한다.
- 컬렉터저항(R_C) 결정: 컬렉터 전류의 동작점(I_{CQ})을 25m[A]로 가정하고 컬렉터 저항(R_C)을 계산(5/0.025 = 200)하면 200Ω이다.
- **동작점 결정 및 정리**
  - 컬렉터 동작점 전류(I_{CQ})는 25mA
  - 컬렉터-이미터전압($V_{CEQ} = V_c$): 5V
  - 컬렉터저항(R_C)는 200Ω

3) 회로 부품 값 결정

- 소스저항(R_S)및 부하저항(R_L) 값 결정

증폭기 이득은 아래와 같이 각 저항 값들과 관련된다. 여기에서 R_S 값은 작을수록, R_L은 1KΩ보다 큰 값일수록 유리하다. 그러나 센서 및 증폭기 이후에 연결되는 회로와의 간섭을 피하기 위해 가급적 큰 값으로 한다. 따라서 $R_S = 500$, $R_L = 1K\Omega$으로 설정한다.

위의 동작점 설정과정에서 R_C는 위 단계에서 200Ω으로 결정했으므로 지금까지 정해진 저항들을 이용하여 전체 이득을 식 (6-8)에 적용하면 다음과 같다.

$$A_v = -h_{fe}\left(\frac{R_C \parallel R_L}{R_S}\right) = -\frac{75}{500} \times \left(\frac{200 \times 1K}{200 + 1K}\right) = -25$$

계산 결과로 얻어진 값은 - 값은 입력신호와 출력신호의 위상이 반전되는 것을 의미

한다. 즉, 본 증폭회로는 입력과 출력신호의 위상이 반전되고 교류신호 이득이 25배 성능을 갖는다. 이는 설계 목표인 10배보다 크다.

-베이스 저항(R_{B1}, R_{B2}) 값 결정

R_{B1}와 R_{B2} 값은 일반적으로 1KΩ 이상 값으로 설계하여 교류신호가 유입되는 것을 차단한다. 또한, 이들은 트랜지스터 베이스-이미터 단의 동작점 전압 V_{BEQ}를 정하게 되므로 V_{BEQ}가 약 0.7~0.8[V] 정도에서 설정되도록 전압분배 식을 활용한다.

$$V_{BEQ} \approx \frac{R_{B2}}{R_{B1}+R_{B2}} V_{CC} = \frac{R_{B2}}{R_{B1}+R_{B2}} \times 10\,V \approx 0.7[V]$$

여기에서 R_{B2}을 2.7k로 고정하고 R_{B1}을 계산하면 24계열 저항으로 24kΩ(또는 22kΩ)을 사용할 수 있다. 이들에 따라 컬렉터 전류(I_{CQ})가 변화하므로 시뮬레이션을 통해 베이스 저항값들을 조정할 수 있다.

-블로킹(blocking) 커패시터 들(C_B, C_C)의 용량 결정

교류신호 주파수에서 임피던스가 0의 값에 근접하도록 하는 큰 용량 값으로 정한다. 주파수가 1KHz에서 **100uF**의 전해커패시터를 사용할 경우 임피던스는,

$$Z_C = \frac{1}{\omega C} = \frac{1}{2\pi f C} = \frac{1}{2\pi \cdot 1000 \cdot 100\mu} \approx 1.6\Omega$$

이므로 이들에서 교류신호 손실은 무시할 수 있다.

4) 시뮬레이터를 이용한 회로 구성([그림 6-13] 회로)

- Pspice 시뮬레이터를 실행시킨다.
- 회로구성: 위의 설계과정에서 결정된 수동부품(R, C), 지류전원(Vdc,10[V]), 교류전원(Vsin), 접지, PN2222(pspice \bipolar.olb) 등을 연결한다.
- 교류전원(Vsin)은 센서신호를 대표하는 것으로 주파수는 1KHz(주기 1ms), 크기는 20m[V], offset 전압은 0[V]로 가정한다.
- 시뮬레이션 환경설정
  - 'Run to time' =5ms (5주기 파형관찰)
  - 'Maximum step size' =0.01ms(주기의 1/100 해상도)

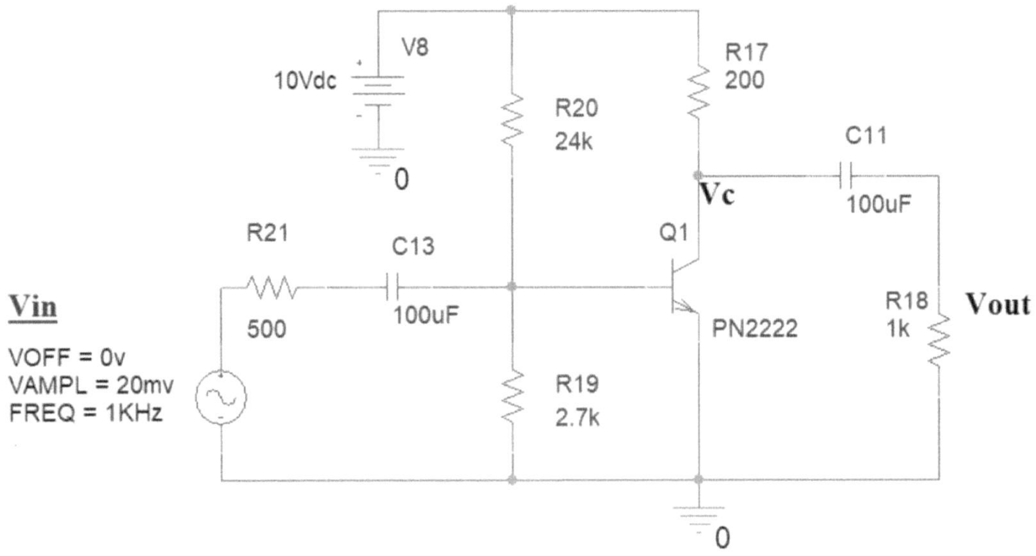

[그림 6-13] Pspice에서 회로(schematic diagram) 구성

6.4.2 시뮬레이션을 통한 증폭기 성능 점검

1) 직류(DC) 해석 시뮬레이션 및 동작점 확인

시뮬레이터의 schematic 창 화면의 상단 측에 있는 직류전압(V)과 직류전류(I) 버튼을 클릭하면, [그림 6-14]와 같이 회로의 각 지점에서 직류 값들이 나타난다. 10[V] 직류 전원전압(V_{CC})이 인가되었을 때, 트랜지스터의 동작점들을 다음과 같다.

시뮬레이션을 통해 확인된 동작점
▪ $I_{CEQ} = 22[mA]$, $V_{CEQ} = 5.5\,[V]$ ▪ $V_{BEQ} = 727m[V]$

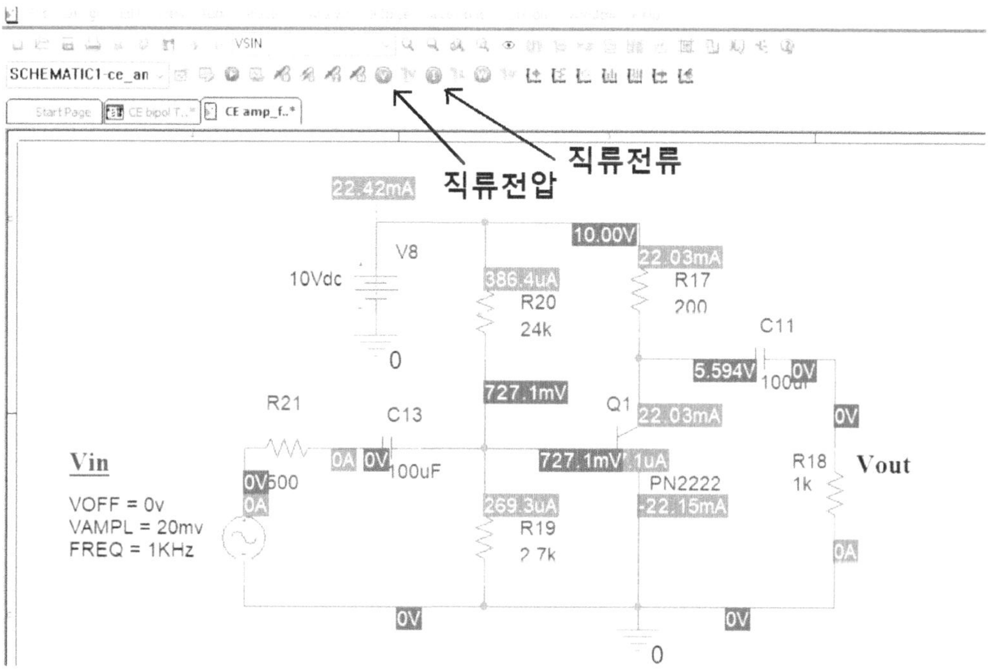

[그림 6-14] Schematic diagram에서 직류전압과 직류전류 표시

2) 교류해석 결과 및 소신호 증폭 확인(시간축) => [그림 6-15]

- 교류신호(Vsin) 설정([그림 6-13]의 좌측)
  offset 전압 0[V], 주파수 1KHz, 크기가 20m[V] (소신호 대표크기)
- 시뮬레이션 결과 data([그림 6-15])
  출력신호는 입력과 동일한 주기를 갖으며 진폭 680m[V]를 갖는다
  이득은 약 35배로 목표인 10배 이상의 값을 갖는다.
- 소신호 증폭 이득 조정 가능성
  PN2222의 datasheet에 보듯이 교류 증폭률(h_{fe})이 직류 동작점 및 주파수 마다 차이를 보인다. 저항 값들(R_C, R_L)의 조정에 따라 이득을 조정할 수 있다.
- 위상 반전특성: 출력 파형은 입력에 대비해 180° 반전되었다.

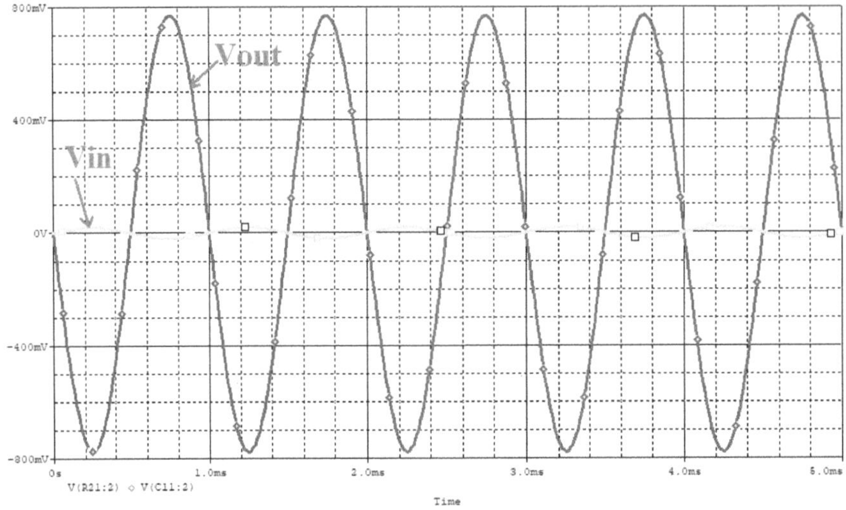

[그림 6-15] 작은 교류신호 입력(V_{in})과 증폭된 출력(V_{out})파형

3) 최대 교류 출력전압 확인(시간축)

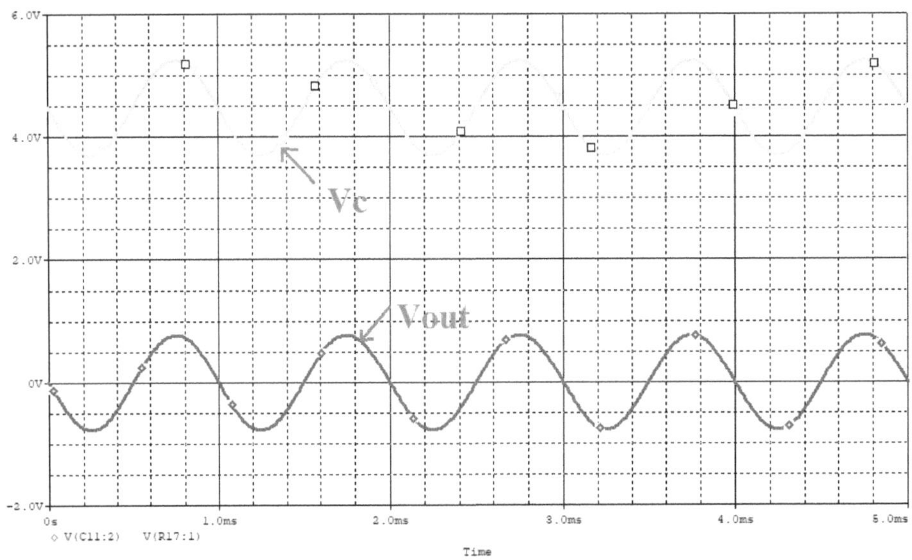

[그림 6-16] 컬렉터 전압(V_c)와 부하저항(R_{18}) 출력전압(V_{out})

- 부하단 전압(V_{out})과 컬렉터 전압파형(Vc) 비교([그림 6-16])

  그림에서 이들은 중심 offset 전압이 다르다. 주파수와 진폭, 그리고 위상이 모두 동일

하다. 그러나, 출력전압(V_{out})은 블로킹커패시터(C_c)로 인해 직류가 통과되지 않아 중심 전압이 0[V]이다.

- 컬렉터 전압파형(Vc)은 중심 전압이 동작점(V_{CEQ})이며 이를 중심으로 교류신호가 점점 커져 최대 직류공급전압인 10[V]/2 까지 증폭한다.
- 컬렉터 단자에서 최대 출력파형 →([그림 6-17])

컬렉터 단자의 직류 동작점(V_{CEQ})인 약 5.5V이며 입력이 증가함에 따라 출력이 선형적으로 증폭하여 왜곡되기 식선 파형이 관찰된다.

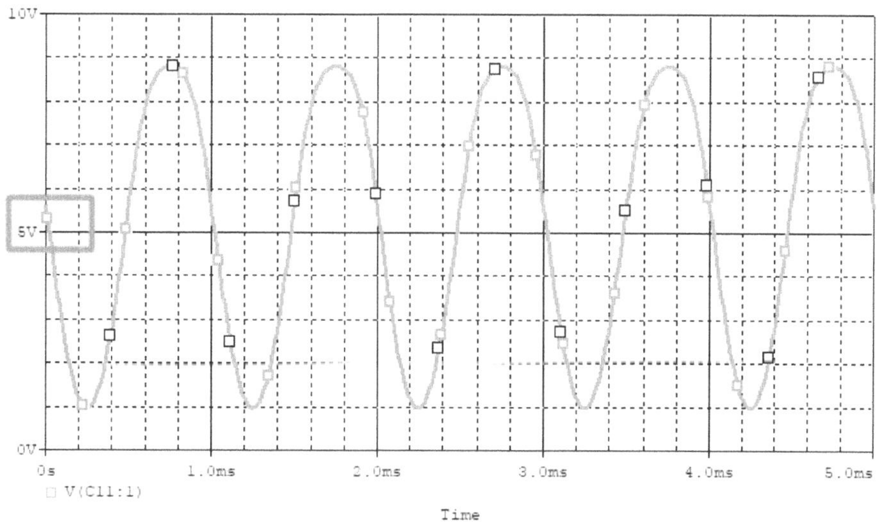

[그림 6-17] 컬렉터단자에서 최대 교류출력(V_C) 파형($V_{in} = 240m[V]$)

4) 증폭기의 주파수 응답 특성

증폭 회로는 트랜지스터의 능력에 따라 높은 주파수까지 교류신호를 증폭을 할 수 있다. **주파수에 따른 증폭 성능을 주파수 응답특성**이라 한다. 이를 위한 시뮬레이션을 위한 환경을 다음과 같이 변경한다.

- 교류전원 교체: 'Vsin' → 'V_{AC}' (Source Library)
- dB 단위 이득측정: 20log((부하저항 R5에 걸린전압)/(교류전원(V_{in})전압))
- Simulation 환경설정([그림 6-18]) :
  'AC sweep', 시작주파수 100Hz, 종료 주파수를 1MHz, 'Total point'는 101

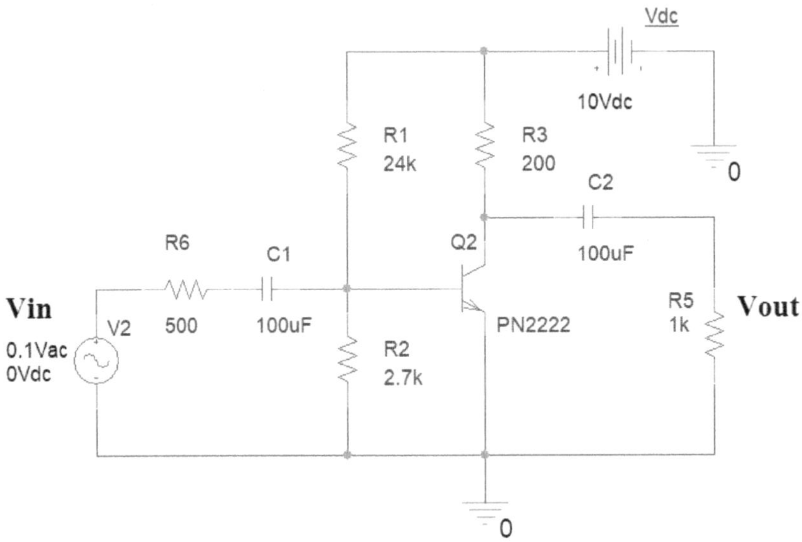

[그림 6-18] 주파수 응답특성을 위한 회로 구성

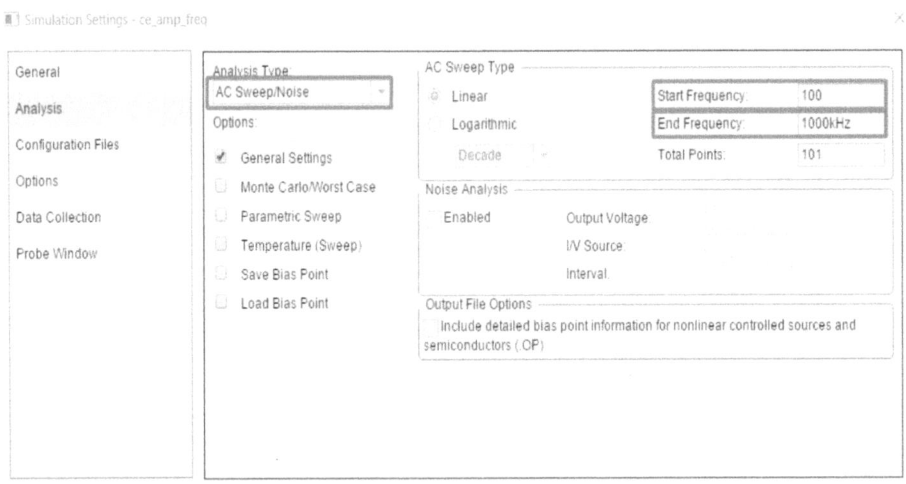

[그림 6-19] Pspice에서 주파수 응답을 위한 환경설정

- 시뮬레이션 결과([그림 6-20]):

가로는 주파수 축, 세로는 dB 단위로 표시된 이득이다. 설계 주파수인 1KHz를 중심으로 100KHz 까지 31.5dB 전압이득을 나타내며 이후로는 이득이 감소한다. 설계 목표인 20dB를 상회한다.

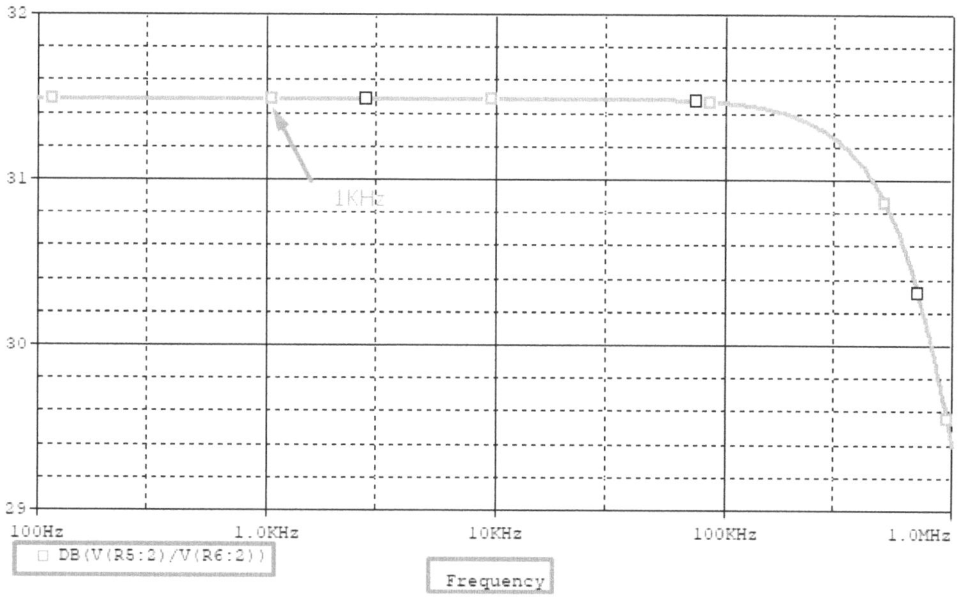

[그림 6-20] 시뮬레이션을 통해 관측된 주파수 응답특성

6.5 BJT 스위칭 회로 시뮬레이션 예제

[그림 6-21]은 BJT 스위칭 회로이며, 컬렉터 단자에 연결된 LED를 통해 트랜지스터(PN2222A)의 ON/OFF 동작을 표시한다. LED ON은 BJT가 포화영역, OFF는 BJT가 차단영역임을 나타낸다.

본 회로의 교류입력신호(V_{in})는 최대('high') 5[V], 최소('Low') 0[V] 의 2개 전압만을 갖으며, **이에 대해 BJT는 스위칭 동작을 통해 컬렉터 단자(출력(V_{out}))은 전원(V_{CC}) 전압을 출력시키기도 하고 '0' [V]를 출력시키기도 한다. 이들 통해 BJT와 연결되는 회로에 전원을 공급 또는 차단시킨다.**

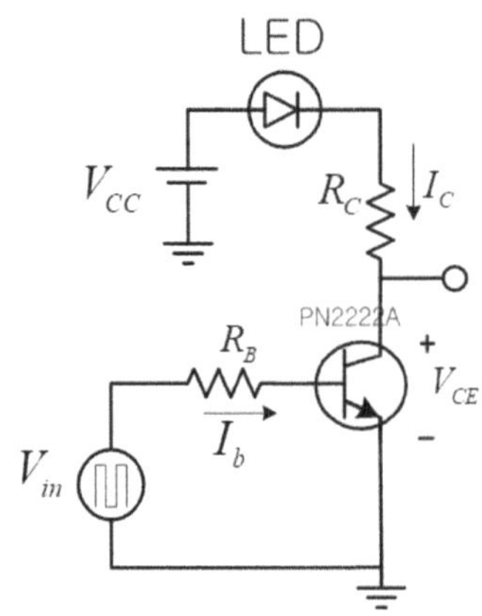

[그림 6-21] BJT 스위칭 동작 회로

6.5.1 스위칭 동작 설명

■ **교류전원(V_{in}) (0[V]) ⇒ TR은 차단영역 ⇒ 컬렉터 출력** $V_{out} \approx V_{CC} - V_{LED\,off}$

[그림 6-22]와 같이 베이스-이미터 전압(V_{BE})은 0[V]이므로 베이스 전류(I_b)=0 m[A] → 컬렉터전류(I_c)=0 m[A]. 따라서 출력전압($Vout$)은 다음 식 (6-13)과 같다. 여기에서 V_{CC}는 회로에 공급되는 직류전압, V_{LED}는 LED에 걸린 전압을 표시한다. LED는 전류가 흐르지 않으므로 'OFF' 상태이다.

$$V_{out} = V_{CE} \approx V_{CC} - V_{LED} - I_c \cdot R_C \approx V_{CC} - V_{LED\,off} \tag{6-13}$$

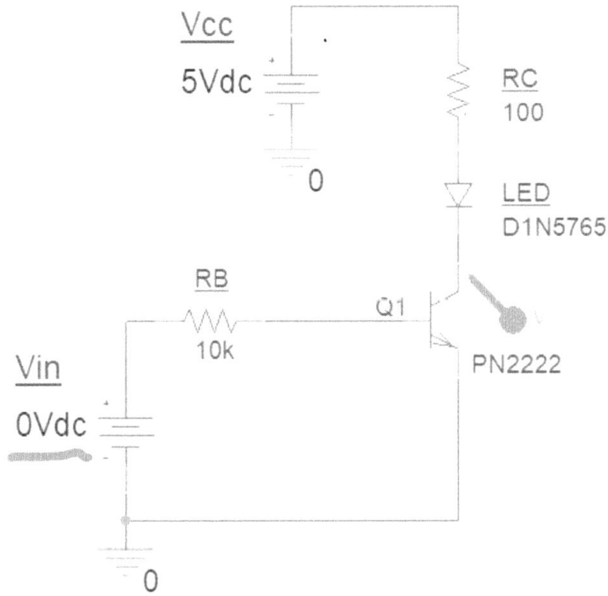

[그림 6-22] 차단(Off) 상태의 트랜지스터 스위칭 회로

■ **교류전원(V_{in}) (5[V]) ⇒ TR은 포화영역 ⇒ 컬렉터 출력** $V_{out} \approx V_{sat} \approx 0.2[V]$

[그림 6-23]과 같이 베이스-이미터간 전압(V_{BE})가 매우 높을 때 큰 베이스전류(I_b)가 흐른다. 역시 큰 컬렉터전류($I_c = \beta I_B$)가 컬렉터 단자로 흘러 트랜지스터는 포화영역에 도달한다. PN2222 BJT의 데이터쉬트(부록 A)로 부터 포화된 컬렉터전류(I_c)는 최대 100mA이고, 포화전압(V_{sat})은 약 0.2V이다. 또한, LED는 순방향 바이어스가 걸려 'ON' 상태가 된다. 이들 특성을 다음 식 (6-14)에 대입하면 출력전압은 포화전압(V_{sat})에 근접한 결과를 얻는다.

$$V_{out} = V_{CE} \approx V_{CC} - V_{LED\,ON} - I_c \cdot R_C \approx V_{sat} \tag{6-14}$$

이를 이용하여 컬렉터 저항을 다음과 같이 계산해 낼 수 있다.

$$R_C = \frac{(V_{CC} - V_{LED} - V_{sat})}{I_c}$$

여기에서 V_{CC}, V_{sat}, V_{LED}는 고정 값을 가지므로 LED에 흐르는 전류를 고려하여 컬렉터 저항(R_C) 값을 선택할 수 있다.

한편, data sheet로부터 전류 증폭률 $\beta = 75$이므로 설정된 컬렉터 전류(I_C)로부터 베이스 전류를 역으로 환산($I_B = I_C / \beta$)할 수 있다. 이 값을 이용하여 다음 식 (6-15)에 적용하면 베이스 저항도 계산해 볼 수 있다.

$$V_{in} = I_b \cdot R_B + V_{BE}\ ,\ R_B = (V_{in} - V_{BE})/I_b \tag{6-15}$$

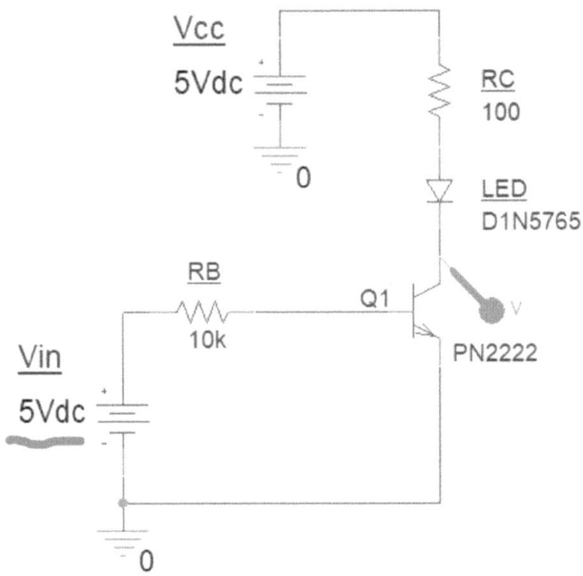

[그림 6-23] ON 상태의 트랜지스터 스위칭 회로

■ **스위칭 회로 시뮬레이션**

① 교류전원에서 'Low' (0[V]) 입력: **TR은 차단영역** 시뮬레이션

: 회로구성 [그림 6-24](a), $V_{in} = 0[V]$

: 시뮬레이션 결과([그림 6-24](b))

베이스-이미터 전압(V_{BE})은 0[V]이므로 트랜지스터는 OFF 상태.

[그림 6-24](a)에서 컬렉터전류(I_c)=5.5p[A]로 0에 가깝다. 식 (6-14)에 따라 컬렉터 단에서 출력전압($Vout$)은 [그림 6-24](b)처럼 4.5[V] 이며 $V_{out} \approx V_{CC} - V_{LED\,off}$로 해석된다.

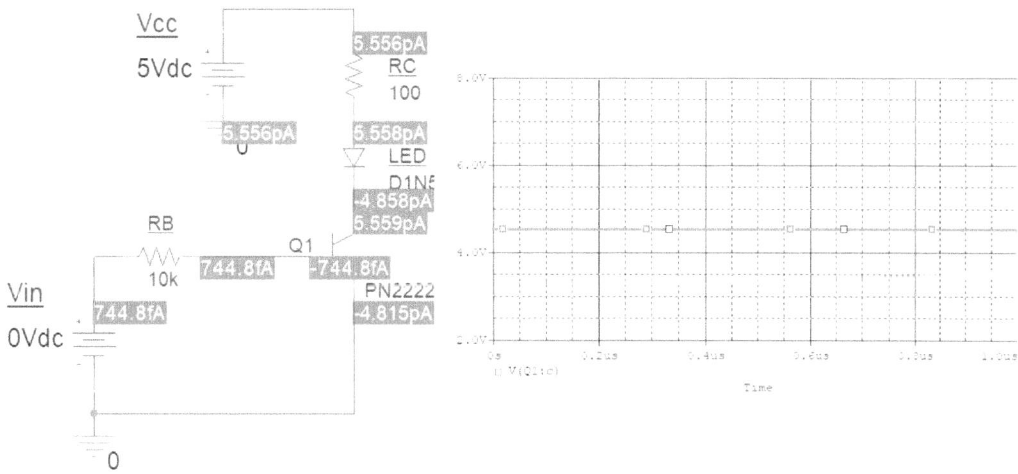

(a) 스위칭 회로 전류　　　　　　　　(b) 트랜지스터 출력전압(V_{out})

[그림 6-24] OFF 상태의 트랜지스터 출력전압(V_{out})과 회로 전류

② 교류전원에서 'High'(5[V]) 입력: TR은 **ON(포화영역)** 시뮬레이션

: 회로구성 [그림 6-25(a)], $V_{in} = 5[V]$

: 시뮬레이션 결과 [그림 6-25(b)]

베이스-이미터 전압(V_{BE})은 0.74[V]이므로 트랜지스터는 ON 상태.

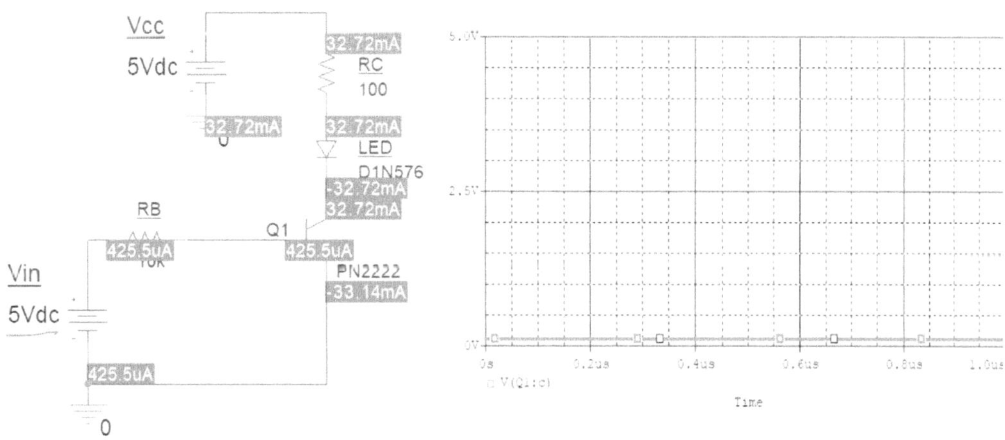

(a) 스위칭 회로 전류　　　　　　　　(b) 트랜지스터 출력전압(V_{out})

[그림 6-25] ON 상태의 트랜지스터 출력전압(V_{out})과 회로 전류

[그림 6-25](a)에서 컬렉터전류(I_c)=약 33m[A]로 트랜지스터는 포화영역에 가까우며 LED light가 ON 되기에 충분한 전류다. 컬렉터 단에서 출력전압($Vout$)은 [그림 6-25](b)처럼 약 0.12[V] 이며 $V_{out} \approx V_{sat} \approx 0.12[V]$로 해석된다.

③ 펄스 파형 교류전원(Vpulse)을 이용한 **ON/OFF 시뮬레이션**

: 회로구성 [그림 6-26], $V_{in} = V_{pulse}$ (Source.olb) library

: 위의 ① ② 과정(차단, 포화)을 주파수 1KHz(주기 1ms) 간격으로 반복

: 교류전원 V_{pulse} 설정 - 주파수 1KHz(주기 1ms), 크기 5[V], offset 전압 2.5[V] ([그림 6-27] Vpuse 파형 참조),

: LED ON/OFF 동작을 육안으로 관찰하기 위해서는 주파수를 1KHz→1Hz(저주파)로 변경하면 1초마다 **LED ON 일 때 트랜지스터는 포화영역, LED OFF일 때 차단영역**임을 표시한다.

: **시뮬레이션 결과 해석([그림 6-28])과 [그림 6-29]) 참조)**

교류 펄스의 입력파형($V_{in} = V_{pulse}$)은 5[V]와 0[V]를 1ms 간격으로 교대로 하는 디지털 신호에 대한 베이스-이미터 전압(V_{BE})의 변화를 나타내는 [그림 6-28]을 참고하면 다음 내용을 쉽게 이해할 수 있다.

출력파형(V_{out})은 다음과 같다.

입력(V_{in}) 5[V] 구간 → 출력 약 0.2[V], 트랜지스터는 포화상태, LED ON

입력(V_{in}) 0[V] 구간 → 출력 약 4.0[V], 트랜지스터는 차단상태, LED OFF

즉, **트랜지스터는 포화와 차단상태를 1ms 간격으로 반복하며, 전체적으로 Inverter 동작을 수행하면서 컬렉터 단자(출력)에서 직류전원(Vcc)을 트랜지스터와 연결되는 회로에 공급하기도하고 차단시키기도 한다.**

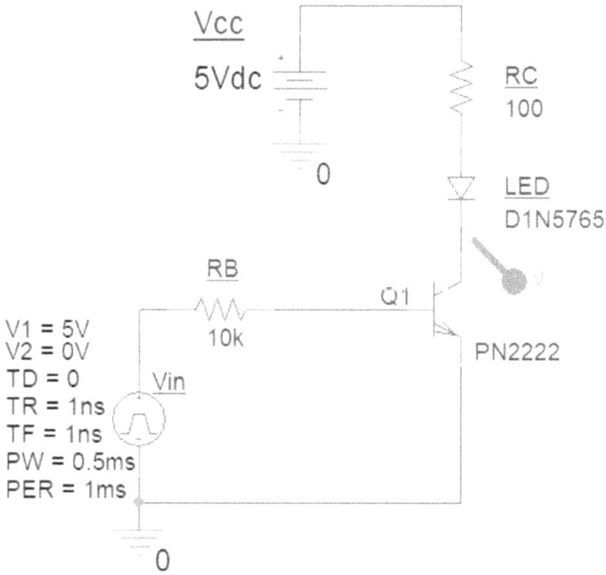

[그림 6-26] Vpulse를 이용한 스위칭회로 시뮬레이션

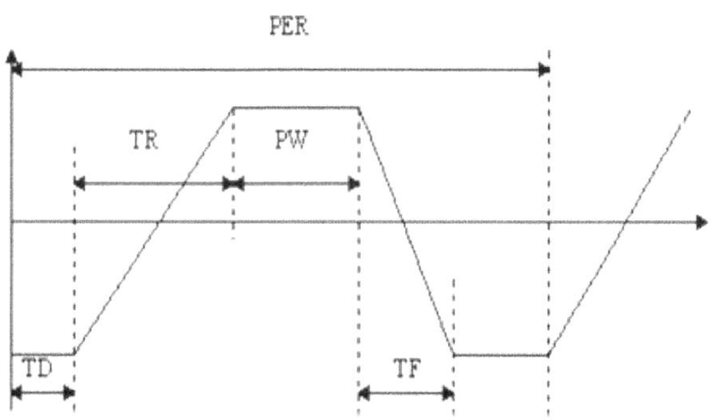

V1=: initial
V2=: pulse voltage
TD=: delay time
TR=: rise time

TF= : fall time
PW=: pulse width
PER=: period

[그림 6-27] 펄스(pulse) 파형에 대한 파라미터 정의

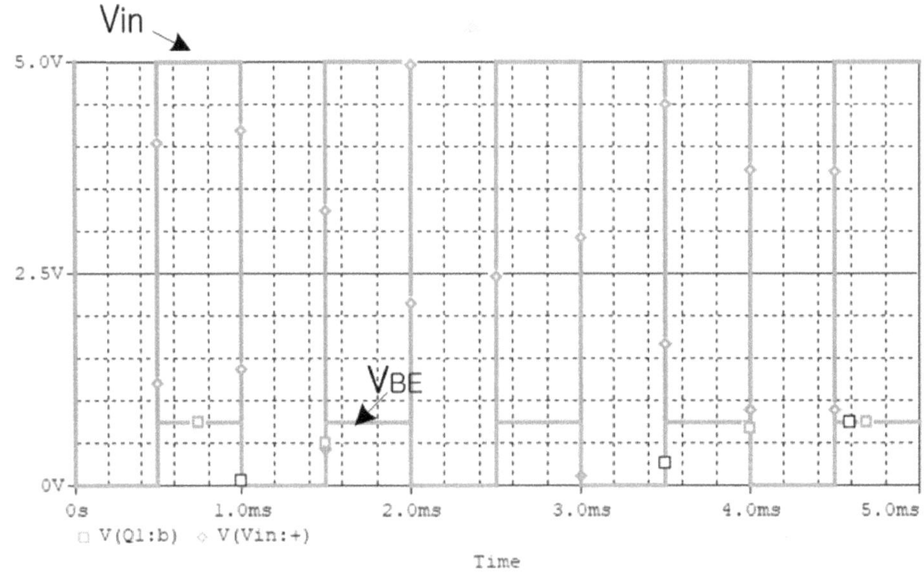

[그림 6-28] Vpulse에 대한 BJT 트랜지스터의 베이스-이미터전압(V_{BE})

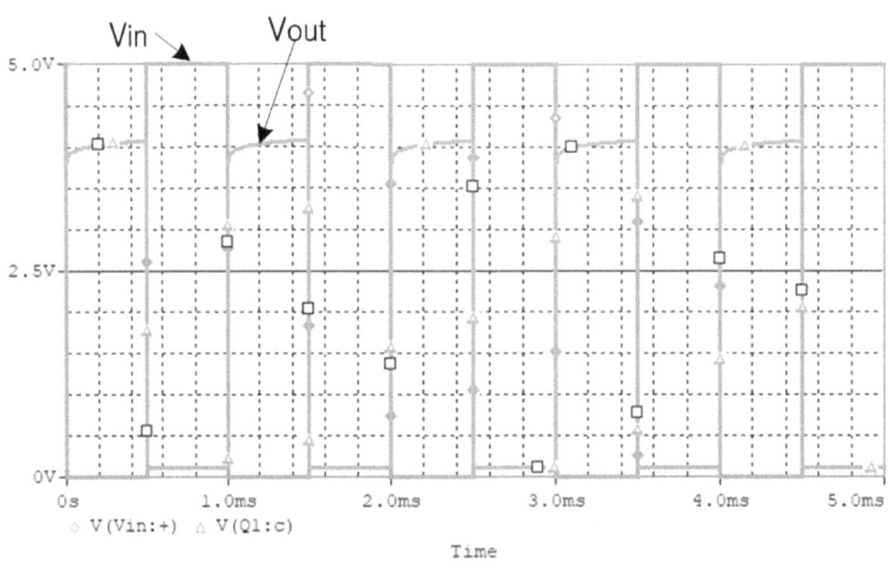

[그림 6-29] Vpulse를 입력으로 한 BJT 트랜지스터 시뮬레이션 결과

6.6 BJT 증폭기 실험

6.6.1 실험목적

- 소신호 교류 증폭기의 동작점을 이해한다.
- 트랜지스터의 증폭동작을 이해하고 설계하는 능력을 갖춘다.
- 시뮬레이션 기법을 숙지하고 오실로스코프등 주요 장치들의 사용법을 이해한다.

6.6.2 실험내용 및 순서

1) 소신호 증폭기의 조별 설계 목표

Transistor 증폭기의 조별 실험 목표
• 교류신호 중심 주파수: (1+x)KHz
• 직류전원 전압: 5[V]
• 소신호 증폭 전압이득: 최소 20dB(10배 증폭) 이상

※ x는 실험조 번호의 끝자리수

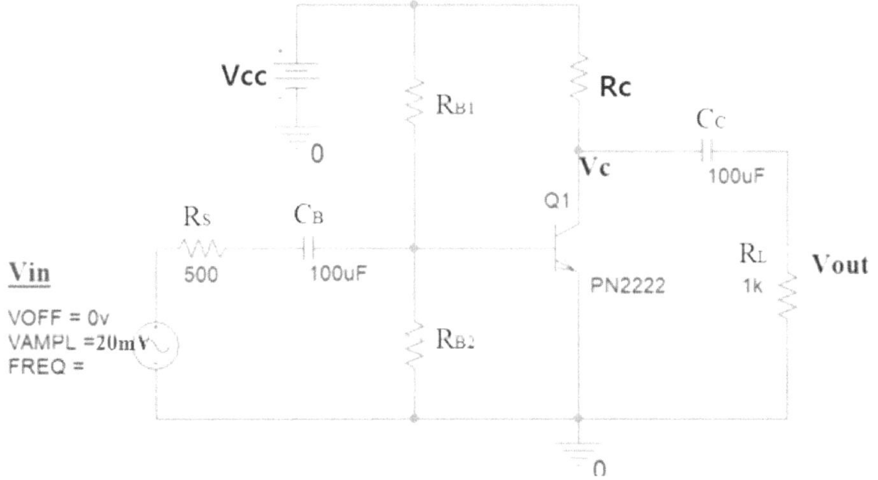

[그림 6-30] BJT 증폭기 실험 기본 회로

2) 회로 및 부품 값 결정

증폭기의 기본 회로는 [그림 6-30]을 참고하여 **6.4 절의 시뮬레이션 예제에 따라** 조별로 주어진 설계 목표를 위해 회로를 구성하는 저항값들을 설계한다. 트랜지스터는 NPN BJT인 PN2222을 사용한다.

- 직류 동작점 설정에 따른 컬렉터 저항(R_C) 값 결정
- 베이스 저항(R_{B1}, R_{B2}) 값 결정

3) 실험 내용 및 순서

- **회로구성**: 브레드보드에 시뮬레이션을 통해 설계된 회로를 구성하고, 직류전원(V_{CC}) 공급 케이블과 교류전원 공급을 위한 악어케이블을 브레드보드 상단에 있는 단자와 연결한다. 정확한 회로 연결을 위해 '6.6.3 실험유의사항'을 참고한다.
- **동작점 확인**: 직류전원공급장치[그림 6-31]를 이용하여 직류 전원을 회로에 공급하고 멀티미터(DMM)으로 다음 항목에 해당하는 직류 동작점을 확인한다. 시뮬레이션 결과와 비교한다.

  : I_{CEQ}, V_{CEQ}, V_{BEQ}
- **오실로스코프 '파형발생((wavegen)' 설정**: offset 전압 0[V], 크기는 20m[V] (40mVpp), 주파수는 조별로 할당된 값을 입력한다.
- **측정 항목**

  ① 주파수 응답 특성을 위해 출력 전압 측정→ [표 6-1] 작성

  : 교류신호크기를 40m[Vpp]로 고정한 다음, 주파수를 100Hz에서 약 5MHz까지 증가시키면서 각 주파수마다 부하저항(R_L)에 걸린 출력전압(V_{out})의 크기를 측정한다.

  : 오실로스코프는 AC 커플링하고 접지(0[V])를 화면의 중심으로 가져간다.

  : 측정 결과 [표 6-1] 내용을 Excel을 이용하여 [그림 6-32]의 오른쪽 빈 공간에, 가로축을 주파수 단위로, 세로축을 dB 단위(20log(V_{out}/V_{in})로 plot한다. 시뮬레이션 결과([그림 6-20] 참고)와 비교·한다.

  ② 소신호 증폭확인→ [표 6-2]의 빈 공간에 삽입

  : 교류입력단과 출력단에서 오실로스코프를 이용, 조별 중심주파수에서 교류파형 크기를 측정하여 증폭 수준을 확인한다. 이때 프로브 2개와 오실로스코프의 2개 입력단자(CH1, CH2)를 이용하면 입력신호와 출력신호를 비교할 수 있다.

  : 오실로스코프는 AC 커플링한다.

  : 입력신호에 비해 출력신호의 증폭 수준과 위상의 반전 여부를 확인한다.

  : 시뮬레이션 결과([그림 6-15])와 비교한다.

4) 실험 장치 세팅 및 사용

■ **전원공급장치 설정**

[그림 6-31]와 같이 P1 포트를 이용하여 Knob를 돌려 적정한 직류전압을 선택하고 회로에 전원을 공급한다. 빨강 케이블은 양(+)전압을, 검정 케이블은 접지로 0[V]를 회로의 접지에 연결한다. 이때 케이블 대신 점퍼선을 사용할 수 있다.

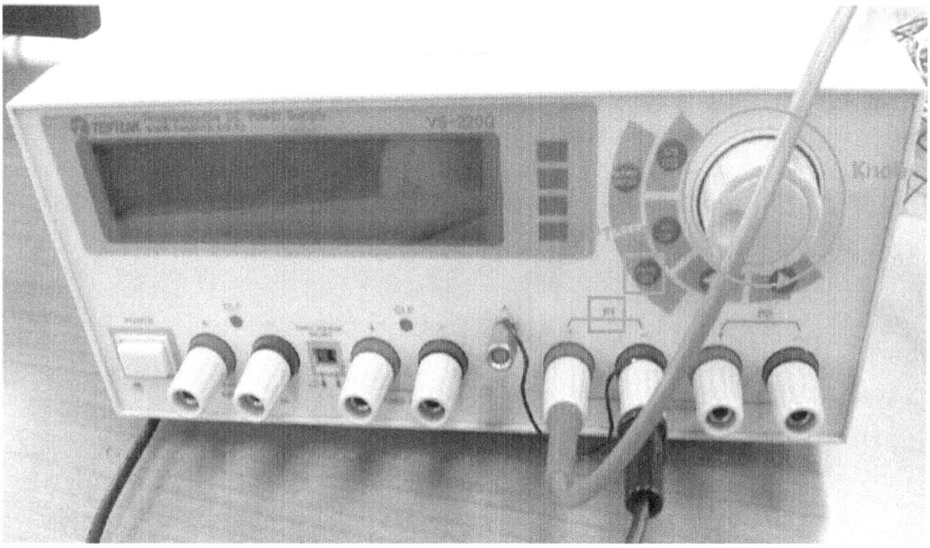

[그림 6-31] 실험실에서 사용하는 직류 전원공급장치의 외관

■ **오실로스코프 신호 발생기(wavegen) 설정**

- 증폭기의 주파수 변화 특성 측정을 위한 설정 : OFFSET 전압은 0[V], 정현파(Sine), 주파수는 조별 중심주파수(f_0)를 중심으로 100Hz부터 약 5MHz 까지 증가. 스코프 노브(knob)를 이용하여 주파수를 가변시킨다.
- 중심주파수에서 소신호 증폭 이득 측정을 위한 설정
  - 파형: Sine 파형
  - 주파수: 조별로 할당된 중심주파수로 설정한다.
  - 교류신호 크기 40m[Vpp], OFFSET 전압은 0[V]

■ **오실로스코프 화면 및 환경설정**

- **세로축(전압) 설정**

  -AC **커플링(coupling)**: 소신호 증폭 및 주파수 응답 특성을 측정할 때 사용하며 접지위치를 화면의 중심에 맞춘다.

  -세로축 스케일(V/div)과 세로축 위치조정 노브(knob)를 이용해서 화면 중앙에서 크게 보일 수 있게 해야 측정오차를 줄일 수 있다.

- **가로축(시간) 설정**: 측정 주파수에 따라 가로축의 스케일(시간/div)을 지속적으로 조정하여 화면 당 최소 2~5주기 신호를 확보한다.
- **트리거링(triggering)**: 스코프 화면에 파형이 흔들릴 경우, 트리거 소스를 'wavegen(파형발생)' 으로 한다.
- **파형 정밀 측정방법**: 측정 메뉴에서 커서(cursor) 이용하여 세로 축 선을 이용하여 주기나 주파수를, 가로 축 선을 이동시켜 신호 크기를 측정한다.

6.6.3 실험 유의사항

- **간결한 회로**: 쉽게 회로도를 연상할 수 있도록 브레드보드 회로를 간결하고 일목요연하게 구성하는 것이 회로 이해가 빠르고 고장진단에 쉽다.
- **전원공급은 맨 뒤에**: 전체 회로 연결을 확인한 후 직류 전원을 맨 나중에 공급한다.
- **점퍼선은 색상별 구분**: 브레드보드 상의 점퍼선은 가급적 적게 쓰되 짧은 것을 사용하고 색상별로 적절한 것을 사용한다. 빨강은 양(+) 전압 공급선, 파랑/흰색은 교류신호 연결, 검정은 접지선을 사용한다.
- **모든 접지선은 검정으로 일치할 것**: 교류신호 입력용 케이블의 접지선과 스코프프로브의 접지선, 그리고 교류회로의 접지선은 모두 검정색으로 하여 공통 접지를 확보해야 회로가 정상 동작한다

6.6.4 측정 데이터 정리

1) 전체 실험회로(직류전원공급장치+오실로스코프 + 브레드보드) 사진

전체실험회로 구성사진	브레드보드 회로 상세 연결사진

*전체 연결구성과 브레드보드내의 회로 연결을 알수 있는 수준의 해상도

2) 주파수에 따른 Transistor 증폭 특성 측정

- **주파수별 출력전압(V_{out}) 측정표 구성**

시뮬레이션에 근거하여 주파수에 따라 출력전압을 [표 6-1]처럼 측정하고 결과를 아래 표에 기입한다.

[표 6-1] 주파수에 대한 출력 전압(V_{out}) 측정표

주파수	$Vout\ (V_{in} = 0.1\,V_{ampl})$
100Hz	
.	
.	
.	
중심주파수	
.	
.	
5MHz	

- **주파수에 따른 이득 데이터 Plot**

위의 표를 Excel을 이용하여 [그림 6-32]의 오른쪽 빈 공간에, 가로축은 주파수단위로, 세로축은 <u>dB 단위로 plot</u>한다. [그림 6-20]의 시뮬레이션 결과를 참고하여 조별로 주어진 설계 목표에 합당한 시뮬레이션 결과를 [그림 6-32]의 왼쪽에 삽입한다.

시뮬레이션 결과	측정결과
[그림 6-20] 예제 결과를 참고한 조별 시뮬레이션 결과 삽입	

[그림 6-32] BJT 증폭기의 주파수 응답 특성 측정 결과([그림 6-20] 결과 참고)

3) 증폭기 소신호 증폭 특성 측정 데이터 사진

조별로 주어진 중심주파수에서 증폭기 입력파형과 출력특성을 오실로스코프로 측정한 후 캡처하여 [표 6-2]의 왼쪽 빈 공간을 채운다.

[그림 6-15]의 시뮬레이션 예제 결과를 참고하여 조별로 주어진 설계목표에 적합한 시뮬레이션 결과를 [표 6-2]의 오른쪽 공간을 채운다

[표 6-2] 증폭기의 소신호 증폭 실험 측정결과와 시뮬레이션 결과 비교

	입력 및 출력파형(오실로스코프 화면)	입력 및 출력파형(시뮬레이션 결과)
소신호 증폭 (V_{in}= 20m V_{AMPL})		[그림 6-15] 예제를 참고한 조별 시뮬레이션 결과 삽입

6.7 BJT 스위칭 회로 실험

6.7.1 실험목적

- BJT 트랜지스터 스위칭동작을 이해한다.
- LED의 동작을 이해힌다.
- 시뮬레이션 기법을 숙지하고 오실로스코프등 주요 장치들의 사용법을 이해한다.

6.7.2 실험내용 및 방법

본 실험의 트랜지스터의 'Switching' 동작은 차단(cutoff)영역과 포화(saturation) 영역을 이동하면서 컬렉터 출력단자(V_{out})에 연결되는 회로에 직류전원(V_{CC})을 공급 또는 차단시킨다. 이러한 스위칭 동작은 회로에 연결된 LED(light emitting diode)의 ON/OFF를 통해 확인할 수 있다.

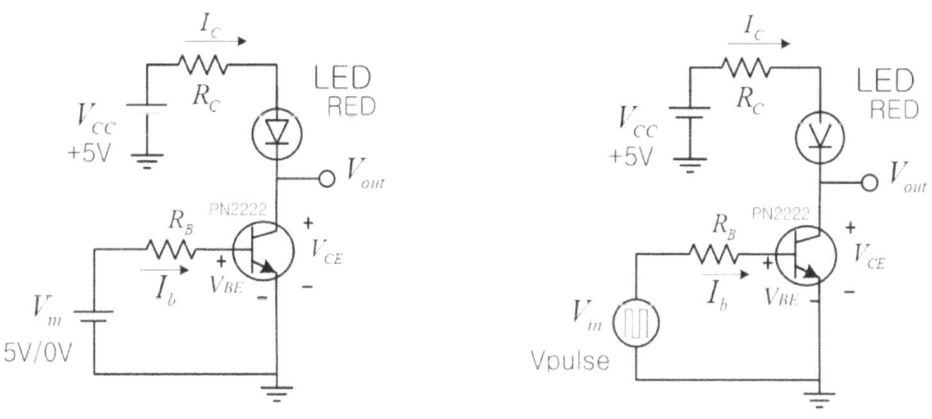

(a) 직류 공급전원　　　(b) 교류(V_{pulse}) 공급전원

[그림 6-33] 직류 공급전압에 따른 트랜지스터 스위칭 동작 실험

본 실험에서는 시뮬레이션을 통해 확인하고 브레드보드에 **[그림 6-33]과 같은 2 종류의 회로를 구성하고 측정한다**. 이들 회로 구성은 공급전원(V_{in})은 다르나 시뮬레이션을 위해 구성했던 [그림 6-26]과 같다. 부품 값 및 사용하는 장치들은 다음과 같다.

- 부품 값: R_C=100Ω, R_B=10KΩ, LED=적색(또는 녹색), BJT=PN2222
- 직류전원(V_{in}, V_{CC}): 직류전원공급장치의 P2 및 P1 단자 출력
- 교류전원(V_{pulse}): 오실로스코프의 'wavegen(파형발생)

1) 2단계 직류 전원(V_{in}) 공급에 따른 스위칭 동작 실험([그림 6-33](a) 회로)

V_{in}은 [그림 6-36]의 직류전원공급장치(DC power supply)의 P2 포트를 이용하여 [그림 6-33](a) 회로의 BJT 베이스 단자에 직류전압 5[V] 또는 0[V]를 각각 공급한다. BJT의 직류전원(V_{CC})는 직류전원공급장치(DC power supply)의 P1 포트(+5[V])를 이용한다.

[그림 6-33](a) 회로가 전원들이 인가되고 정상 동작하는 상태에서, [표 6-3]에 해당하는 전압과 전류들을 측정한다. 베이스전류(I_b)와 컬렉터전류(I_C)는 저항 R_B와 R_C에 걸리는 전압을 저항 값으로 나누는 간접측정방법을 사용할 수 있다.

■ 회로구성

[그림 6-33](a) 회로를 브레드보드에 구성한다. 직류전원공급장치, 오실로스코프 및 브레드보드의 개략적인 연결 환경 및 구성은 [그림 6-35]를 참고한다(단, *2개의 전원(V_{in}, V_{CC}) 상세연결방법은 실제와 차이가 있을 수 있고, 직류공급장치 화면과 오실로스코프 화면 내용은 무시한다).*

6.7.5 절에 설명된 실험 유의사항을 확인하여 정확한 회로를 구성한다. 사용되는 주요 부품은 다음과 같다.

- LED Red () : 2개 단자의 길이 차이가 있으니 주의(긴 것 +)
- PN2222 트랜지스터는 아래 [그림 6-34]과 같이 3개의 단자가 있으므로 각 핀의 역할을 확인하며 회로 구성한다.

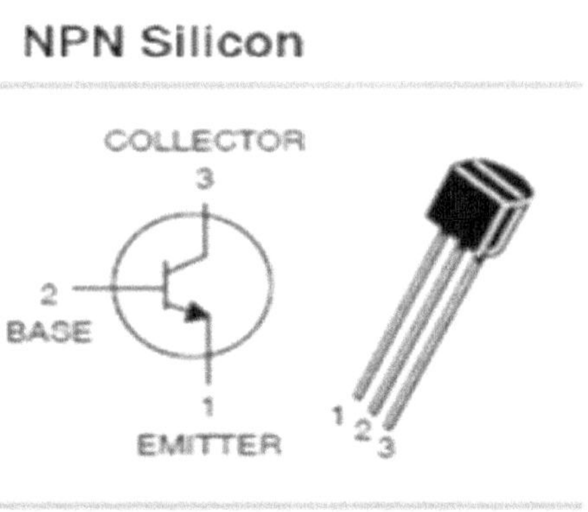

[그림 6-34] PN2222 트랜지스터의 Pin Description

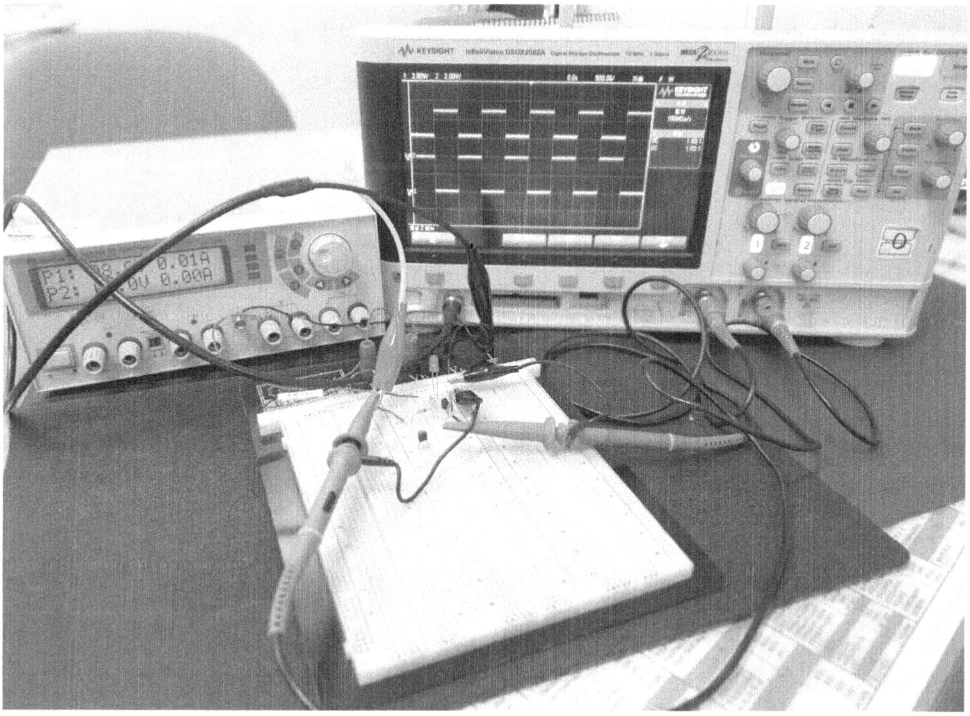

[그림 6-35] BJT 스위칭 동작 실험을 위한 전체 연결 환경

■ 측정내용 및 데이터 작성

: 2개의 전원(V_{in}, V_{CC}) 중에서 V_{CC}는 항상 5[V]로 일정하고, 직류 전원(V_{in}) 값은 5[V] 또는 0[V]에 따라 트랜지스터의 동작이 포화 또는 차단 상태를 오간다. 이에 따라 LED 동작도 ON 또는 OFF된다.

[표 6-3]에 직류전원(V_{in})의 전압(5[V] 또는 0[V])에 맞게 트랜지스터의 각 부분에 대한 전압과 전류에 대한 측정데이터를 작성한다.

2) 교류(V_{pulse})전원 공급에 따른 스위칭 동작 실험([그림 6-33](b) 회로)

Transistor 스위칭 회로 조별 실험 조건
• 교류신호 중심 주파수: (1+x)KHz • 직류전원 전압(V_{CC}): 5[V]

※ x는 실험조 번호의 끝자리수

■ **회로구성**

[그림 6-33](b) 회로를 브레드보드에 구성한다. 직류전원공급장치, 오실로스코프 및 브레드보드들의 개략적인 연결 환경 및 구성은 [그림 6-35]를 참고한다(*단, 직류전압의 상세 연결방법은 오류가 있을 수 있고, 직류공급장치 화면과 오실로스코프 화면 내용은 무시할 것*)

.

- 부품 값: R_C=100Ω, R_B=10KΩ, LED=적색(또는 녹색), BJT=PN2222
- 직류전원(V_{CC}): 직류전원공급장치([그림 6-37])로 5[V] 공급
- V_{pulse} 설정: 오실로스코프의 'wavegen(파형발생)' 기능 설정
  사각파형, OFFSET 전압은 2.5[V], 신호 크기는 5[V], 주파수는 조별로 할당된 값
- LED Red () : 2개 단자의 길이 차이가 있으니 주의(긴 것 +)
- PN2222 트랜지스터는 아래 [그림 6-34]와 같이 3개의 단자가 있으므로 각 핀의 역할을 확인하며 회로 구성한다.

[그림 6-29] 시뮬레이션 결과와 유사한 측정결과를 얻기 위해 브레드보드에 구성된 [그림 6-33](b) 회로에서 입력단에 있는 교류전원(V_{pulse}) 과 출력전압(V_{out})을 2개의 스코프 프로브를 이용하여 동시 측정한 결과를 [표 6-4]의 오른쪽 빈 공간을 채운다.

입력과 출력 파형의 위상이 반전돼있는 것을 확인한다. 또한, 이론을 토대로 실험결과와 시뮬레이션 결과를 비교해본다.

6.7.3 측정장치 사용방법

1) 직류 전원공급장치의 전원 공급방법

[그림 6-33](a) 회로는 2개의 전원(V_{in}, V_{CC})이 필요한 데 [그림 6-36]에 이를 위한 직류전원공급장치의 연결을 볼 수 있다. 장치의 접지와 P1과 P2 단자의 접지들을 검정 점퍼선을 이용하여 연결하고, 각기 V_{CC}와 V_{in}의 양 전압들을 브레드보드의 상단에 있는 단자와 연결한 후 장치의 원형 노브(knob)를 이용하여 적정 전압을 맞춘다.

[그림 6-33](b) 회로는 직류 전원은 $+V_{CC}$ 전원만 사용하므로 [그림 6-37]과 같은 연결을 통해 원형 노브(knob)를 이용하여 +5[V]를 맞춘다.

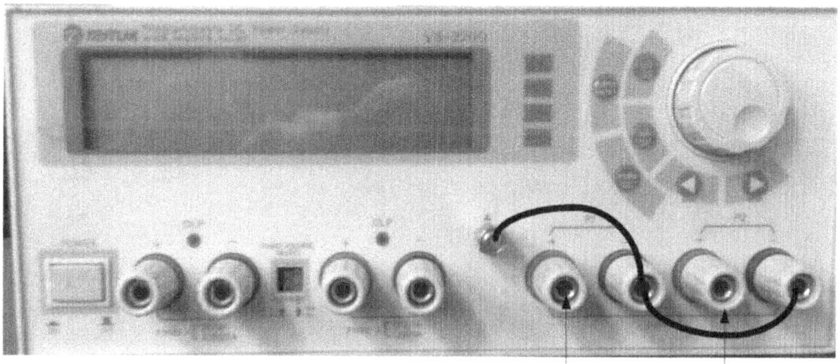

[그림 6-36] 직류 전원공급장치의 접지연결 및 이중전원공급(dual supply) 방법

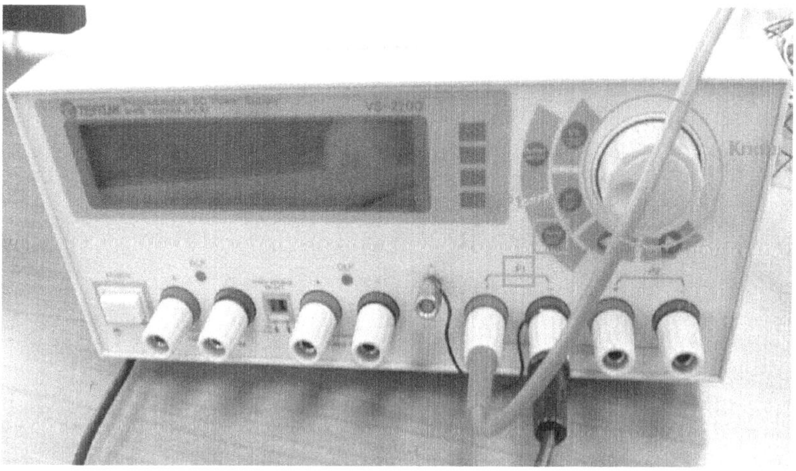

[그림 6-37] 직류 전원공급장치의 단일전원 공급(single supply) 방법

2) 오실로스코프 설정

- **Vpulse 신호**(오실로스코프의 wavegen(파형발생))
  사각파형 선택, OFFSET 전압은 2.5[V], 신호 크기는 5[V], 주파수는 조별 할당된 값
- **세로축(전압) 설정**: 본 실험에서는 입출력 단에서 직류를 포함하므로 'DC coupling' 한다. 이때, 정확한 파형측정을 위해 접지(0[V])는 가급적 화면의 아래에 위치한다. 세로축 스케일(V/div)과 세로축 위치조정 노브(knob)를 이용해서 화면 중앙에서 크게 보일 수 있게 해야 측정오차를 줄일 수 있다.
- **가로축(시간) 설정**: 주파수에 따라 가로축 스케일(시간/div)을 지속적으로 조정하여 화

면 당 최소 2~5주기 신호를 확보한다.

- **트리거링(triggering)**: 화면에 파형이 흔들릴 경우, 트리거 소스를 'wavegen(파형발생)'으로 한다.
- **파형 정밀 측정방법**: 측정 메뉴에서 커서(cursor) 이용하여 세로 축 선을 이용하여 주기나 주파수를, 가로 축 선을 이동시켜 신호 크기를 측정한다.

6.7.4 실험장치 및 부품

장치목록	악세사리	기타
-디지털멀티미터 1대 -오실로스코프 1대 -전원공급장치 1대	-브레드보드 1개 -교류신호입력용 케이블 1셋 -오실로스코프 프로브 2셋 -직류신호입력용 케이블 2셋	-BJT PN2222 1개 -저항 set 및 적색 LED 1개 -회로연결용 점퍼선 (빨강, 검정, 흰색/파랑)

6.7.5. 실험 유의사항

- **간결한 회로**: 쉽게 회로도를 연상할 수 있도록 브레드보드 회로를 간결하고 일목요연하게 구성하는 것이 회로 이해가 빠르고 고장진단에 쉽다.
- **전원공급은 회로구성 뒤에**: 전체 회로 연결을 확인한 후 직류 전원을 맨 나중에 공급한다.
- **점퍼선은 색상별 구분**: 브레드보드 상의 점퍼선은 가급적 적게 쓰되 짧은 것을 사용하고 색상별로 적절한 것을 사용한다. 빨강은 양(+) 전압 공급선, 파랑/흰색은 교류신호 연결, 검정은 접지선을 사용한다.
- **모든 접지선은 검정으로 일치할 것**: 교류신호 입력용 케이블의 접지선과 스코프프로브의 접지선, 그리고 교류회로의 접지선은 모두 검정색으로 하여 공통 접지를 확보해야 회로가 정상 동작한다

6.7.6 측정 데이터 정리

1) 전체 실험회로 사진

전체실험회로(전원공급장치+ 오실로스코프 + 브레드보드 구성) 구성사진	브레드보드 회로 상세 연결사진

*전체 연결구성과 브레드보드내의 회로 연결을 알수 있는 수준의 해상도

2) 직류전원 공급(V_{in}) 및 트랜지스터 스위칭동작 확인

[표 6-3] 직류전원공급에 따른 스위칭 실험

V_{in}	V_{BE}	I_b	I_C	V_{out}	LED(ON/OFF)	영역(포화/차단)
5[V]						
0[V]						

3) 교류전원 공급(V_{pulse}) 및 트랜지스터 스위칭 동작 확인

- 실험 중에 스코프 Wavegen(파형발생) 버튼이 항상 ON 상태로 유지되게 한다.
- [그림 6-33](b) 회로에서 입력단 교류전원(Vpulse) 과 출력전압(V_{out})을 2개의 스코프 프로브로 동시 측정하여 결과 사진을 아래 [표 6-4] 우측에 기입한다.
- Vpulse의 주파수를 1Hz로 낮춰 실험하면 1초당 한 번씩 LED가 ON/OFF 점멸을 하는 것을 확인할 수 있다.

[표 6-4] Vpulse를 사용한 BJT 트랜지스터 스위칭 실험 결과 사진

시뮬레이션 결과	오실로스코프 측정 화면
[그림 6-29] 결과를 참고한 조별 시뮬레이션 결과 삽입	

실험 결과 보고서 양식 1

실험 제목	BJT 스위칭 회로 실험		제출자 이름	
조구성 및 참여율	이름(학번)	실제 실험 참가율(%)	이름(학번)	실제 실험 참가율(%)

※ 보고서 분량은 가급적 적은 페이지로 핵심내용을 중심으로 작성합니다. 불필요한 내용을 나열하는 것은 중요 부분을 파악하지 못한 것으로 간주된다.

1. 실험목적 및 조별 할당 내용

작성 안내	본 실험에서 달성하고자 하는 실험 내용과 목적을 요약 정리한다 (1/4 페이지 이내).

2. 실험데이터(시뮬레이션 및 측정 결과)

작성 안내	- 측정한 각종 실험 DATA들을 표와 그림 등을 활용하여 쉽게 표현한다. - 실험 사진은 실험 내용이나 결과를 확인할 수 있는 해상도로 표현한다. - 측정결과와 비교할 수 있는 시뮬레이션 결과들을 제시한다.

3. 실험 결과분석

작성 안내	- 보고서에서 가장 중요한 부분으로 위의 '측정데이터' 에서 표시된 값들을 바탕으로 데이터가 갖는 의미와 내용을 이론(또는 시뮬레이션 결과)에 근거하여 비교·분석한다. - 분석 결과들을 바탕으로 실험을 통해 이해한 내용과 성취 수준 등을 서술한다.

4. 문제점 해결 및 개선내용

작성 안내	▪ 실험과정에서 발생했던 문제점들을 나열하고 어떻게 해결하였는지에 대한 과정과 개선된 사항들을 서술한다. ▪ 실험과정에서 변경 혹은 내용을 조정한 경우 이유를 논리적이고 구체적으로 설명한다.

5. 결론

작성 안내	- 실험목적에 대비하여 측정결과들로부터 도출된 결론이나 이해한 내용을 요약한다.

실험 결과 보고서 양식 2(요약)

실험 제목	트랜지스터 증폭기 실험		제출자 이름	
조구성 및 참여율	이름	실제 실험 참가율(%)	이름	실제 실험 참가율(%)

1. 전체 실험회로 사진

전체실험회로(전원공급장치+ 오실로스코프 + 브레드보드 구성) 구성사진	브레드보드 회로 상세 연결사진

*전체 연결구성과 브레드보드내의 회로 연결을 알수 있는 수준의 해상도

2. BJT 증폭기의 측정 결과

1) Transistor 증폭기의 주파수 응답 특성 측정

시뮬레이션 결과	측정결과
[그림 6-20] 예제 결과를 참고한 조별 시뮬레이션 결과 삽입	

2) Transistor 증폭기의 소신호 증폭실험 및 시뮬레이션 결과

	입력 및 출력파형(오실로스코프 화면)	입력 및 출력파형(시뮬레이션 결과)
소신호 증폭 (V_{in}= 20m V_{AMPL})		[그림 6-15] 예제를 참고한 조별 시뮬레이션 결과 삽입

3. 측정 데이터 분석 및 이해된 내용

- 측정 데이터 분석
- 실험목적 대비 이해된 내용

실험 결과 보고서 양식 3(요약)

<table>
<tr><td>실험 제목</td><td colspan="2">BJT 스위칭 실험</td><td>제출자 이름</td><td></td></tr>
<tr><td rowspan="3">조구성 및 참여율</td><td>이름</td><td>실제 실험 참가율(%)</td><td>이름</td><td>실제 실험 참가율(%)</td></tr>
<tr><td></td><td></td><td></td><td></td></tr>
<tr><td></td><td></td><td></td><td></td></tr>
</table>

1. 전체 실험회로 사진

전체실험회로(전원공급장치+ 오실로스코프 + 브레드보드 구성) 구성사진	브레드보드 회로 상세 연결사진

*전체 연결구성과 브레드보드내의 회로 연결을 알수 있는 수준의 해상도

2. 트랜지스터 스위칭 실험 측정 결과

1) 직류전원 공급(V_{in}) 및 트랜지스터 스위칭동작 확인

V_{in}	V_{BE}	I_b	I_C	V_{out}	LED(ON/OFF)	영역(포화/차단)
5[V]						
0[V]						

2) 교류전원 공급(V_{pulse}) 및 트랜지스터 스위칭 동작 확인

- *조별로 주어진 교류신호 주파수 표시*

시뮬레이션 결과	오실로스코프 측정 화면
[그림 6-29] 예제 결과를 참고한 조별 시뮬레이션 결과 삽입	

3. 측정 데이터 분석 및 이해된 내용

- 측정 데이터 분석
- 실험 목적 대비 이해된 내용

제7장 스위치 및 센서

기초이론

7.1 직류전원 및 잡음
7.2 스위치 및 Relay 회로
7.3 센서회로

시뮬레이션/실험

7.4 조도센서 회로구성 및 시뮬레이션
7.5 CDS 조도센서의 실험

본 단원에서는 실생활에서 주로 사용되는 기계식 및 전자식 스위치, 그리고 각종 IoT 시스템의 기본이 되는 센서들의 기초 개념을 다룬다.

본 단원의 핵심주제는 다음과 같다.

- 전원 잡음제거 및 스위치 회로 동작 이해
- 조도센서 회로 동작 이해
- 실험을 통해 센서부품 적용, 회로 구성, 장치사용 능력들을 향상시킨다.

7.1 직류 전원 및 잡음

직류 전(압)원은 회로에 깨끗한 직류전압만 공급하는 게 아니라, [그림 7-1]과 같이 잡음과 유사한 교류 신호까지 포함돼있는 경우도 많아 이를 제거해야 회로가 정상적으로 동작한다.

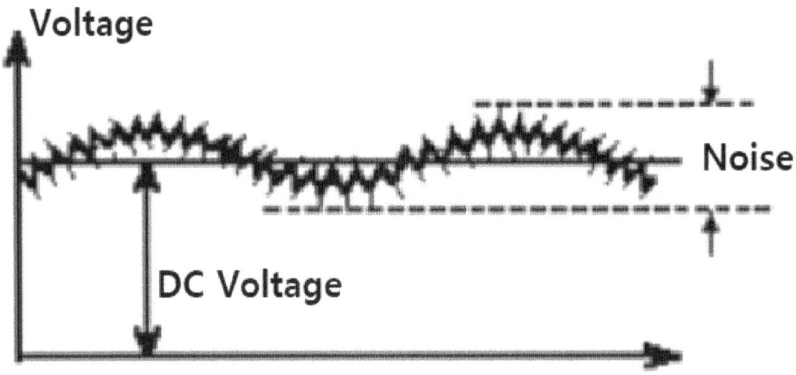

[그림 7-1] 직류 전(압)원과 잡음의 예

이를 위해 [그림 7-2]와 같이 직류 전원 출력단 옆에 병렬 커패시터를 접지 사이에 위치시키면 교류 잡음 신호는 제거되어 버린다. 이 커패시터를 바이패스(bypass) 커패시터라 칭하고 바이패스(bypass)란 교류잡음 신호를 통과시켜서 접지시켜 버리겠다는 의미이다.

교류전원 잡음은 보통 매우 낮은 주파수에서 뜨는 경우가 많아서 커패시턴스 값이 커야 한다. 그래서 전원 잡음 제거용 캐패시터는 10u[F] 단위 이상의 큰 전해 커패시터를 사용한다.

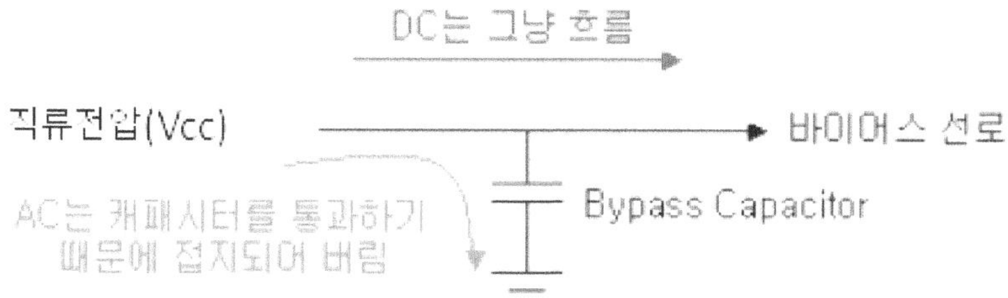

[그림 7-2] 직류 전원회로에서 바이패스 커패시터의 동작

[그림 7-3]은 OPAMP에서 실제 사용된 바이패스 커패시터의 예를 보여준다. 5[V]의 직류전압 출력단에 저항(10Ω)에 이어 접지 방향으로 10u[F]의 바이패스 커패시터를 구성하였다. 저항 없이 바이패스 커패시터로 충분히 전원 잡음 제거로 동작하나, 전원에 잡음이 많을 것으로 예상하는 응용에서는 [그림 7-3]과 같이 저항과 바이패스 커패시터로 구성되는 일종의 저역통과 여파기로 회로를 구성하여 5[V] 전원 단의 저주파 잡음을 확실히 제거한다.

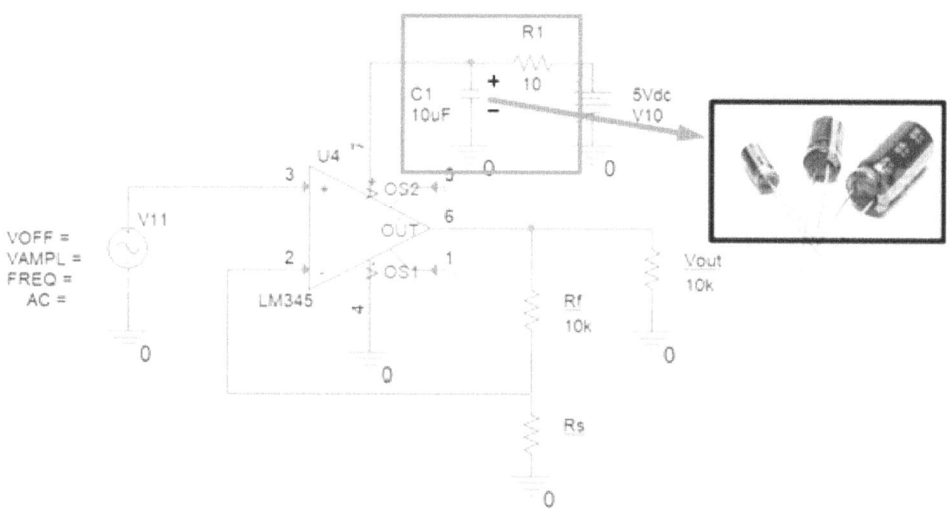

[그림 7-3] OPAMP 응용회로의 직류 전원회로에서 바이패스 커패시터(C1)을 적용한 예

7.2 스위치 및 Relay 회로

7.2.1 스위치 회로

스위치는 회로의 전류 흐름을 차단 또는 연결하는 부품으로, 모든 전기 및 전자 장치에는 스위치가 적용되어 있어 장치 또는 시스템을 ON/OFF 한다.

[그림 7-4](a) 회로 예는 스위치가 사용되어 회로의 전류를 차단 또는 연결하는데 LED에서 그 결과를 볼 수 있다. 즉, 스위치가 닫혀 폐회로가 구성된 경우에 LED가 ON된다.

[그림 7-4](b)는 스위치 심볼을 나타내며, 연결방법에 따른 스위치 종류를 분류하기 위해 스위치 입력단자와 출력단자에 명칭을 각기 pole과 throw라고 칭한다.

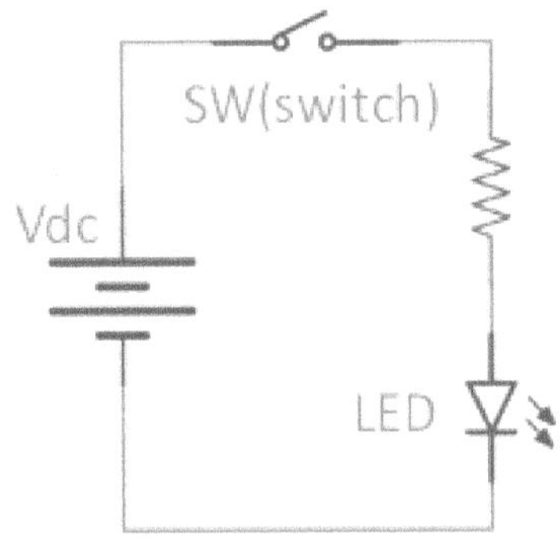

(a) 전형적인 스위치 적용 사례

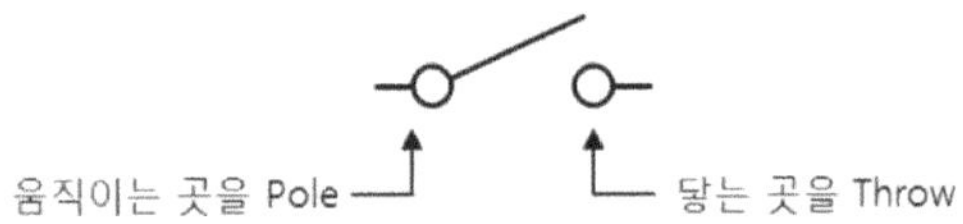

(b) 스위치 심볼 및 동작 표시

[그림 7-4] 스위치 적용 회로 예 및 심볼

한편, 스위치는 기계식 스위치와 전자식 스위치가 있다. 기계식은 [그림 7-5]와 같이 생활 주변에서 흔하게 볼 수 있는 여러 종류로 구분되며, 전자식은 트랜지스터나 relay를 이용하여 회로를 개폐한다.

	회로 심볼	상용제품 예
SPST		
SPDT	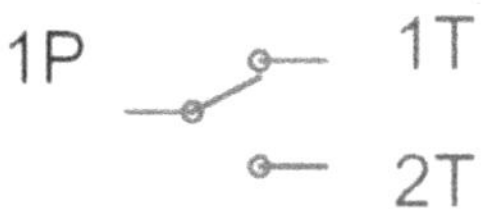	

[그림 7-5] 대표적인 기계식 스위치의 심볼 및 상용제품 예

■ 기계식 스위치

기계식 스위치는 [그림 7-5]와 같으며 대표적인 SPST(single pole single throw) 와 SPDT(single pole double throw)를 흔히 사용되는 상품 예와 함께 소개한다.

- SPST는 하나의 경로를 단순히 개폐한다. 버튼식 또는 토글식 등이 있다.
- SPDT는 하나의 경로에서 다른 2개의 경로를 선택하여 개폐한다. 슬라이드 스위치가 대표적이다.

■ 기계식 스위치에서의 채터링 현상

기계식 스위치는 수동으로 스위치를 개폐할 때 기계적인 진동으로 인해 아주 짧은 시간에서 ON/OFF 신호가 반복되는 현상이 발생한다. 이는 시스템에서 오동작을 유발시키므로 제거해야 한다. 짧은 시간의 ON/OF는 고주파 신호 현상이므로 기본적인 회로는 저역통과여파기를 이용하여 제거한다. [그림 7-6](b)은 푸쉬 버튼을 사용했을 때 발생하는 채터링 현상을 나타낸다.

저역통과여파기를 구성하는 부품으로 제일 흔한 것은 저항과 커패시터를 사용한다. [그림 7-7]은 스위치 위치에 따른 저역통과 필터의 구성을 보여준다. [그림 7-7](a)는 스위치 동작 특성이 active low일 때의 회로 구성을, [그림 7-7](b)는 스위치 동작 특성이 active high일 때의 회로 구성을 나타낸다.

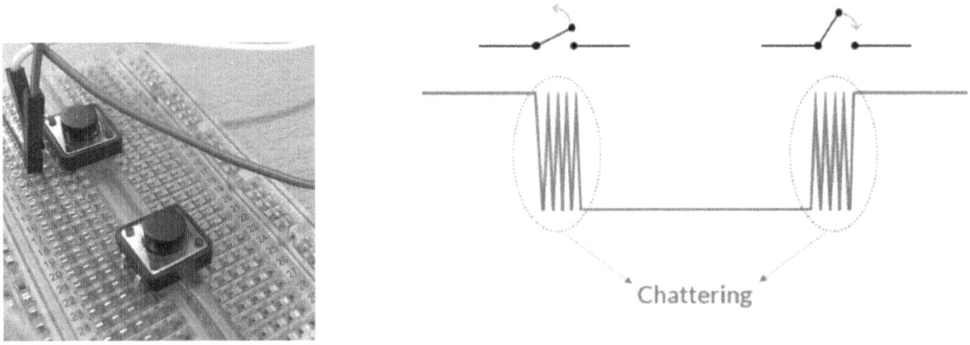

(a) 푸쉬버튼 (b) 스위칭 동작에 따른 채터링

[그림 7-6] 푸쉬버튼 기계적 스위치에서 채터링 현상

[그림 7-8](a)는 푸쉬 버튼에서 스위칭 동작에 따라 발생하는 채터링을 오실로스코프로 측정한 화면이며, [그림 7-8](b)는 푸쉬 버튼에서 저역통과필터를 이용하여 채터링을 제거한 스위칭 동작을 오실로스코프로 측정한 화면이다.

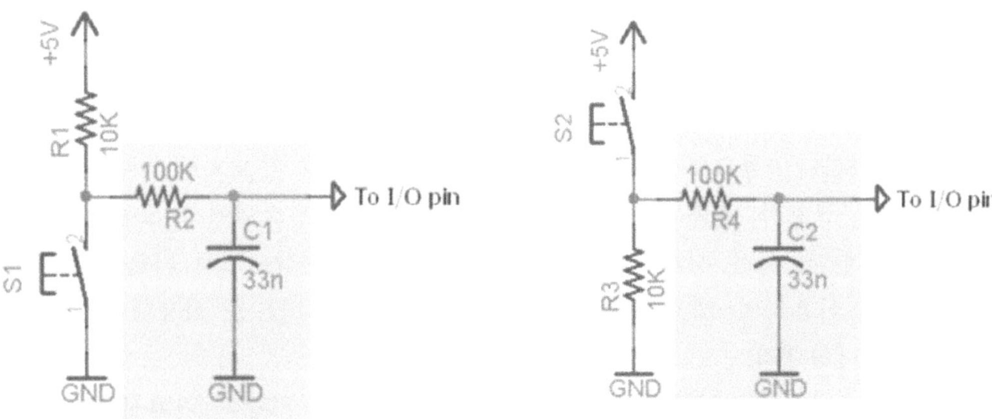

(a) 푸쉬버튼이 Active Low 상태의 회로 (b) 푸쉬버튼이 Active high 상태의 회로

[그림 7-7] 푸쉬버튼의 위치에 따른 동작과 채터링 제거회로(저역통과필터)

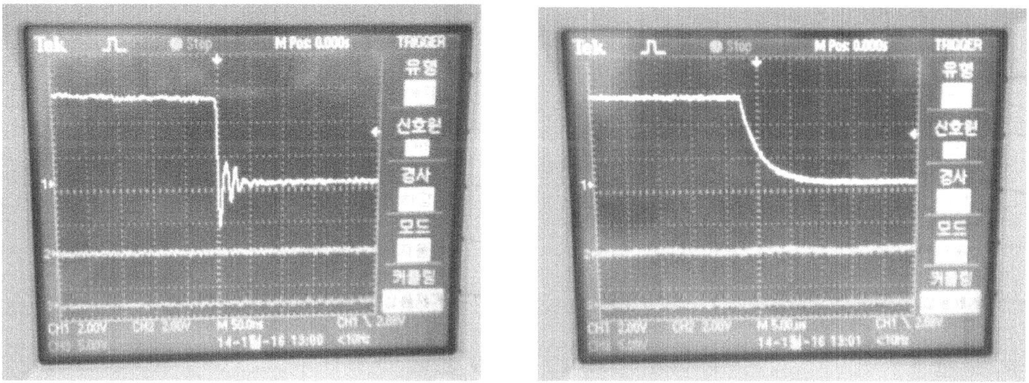

(a) 푸쉬버튼의 채터링 현상 측정화면 (b) 필터로 제거된 채터링 현상

[그림 7-8] 푸쉬 버튼에서 채터링 현상과 잡음이 제거된 결과

■ 전자식 스위치

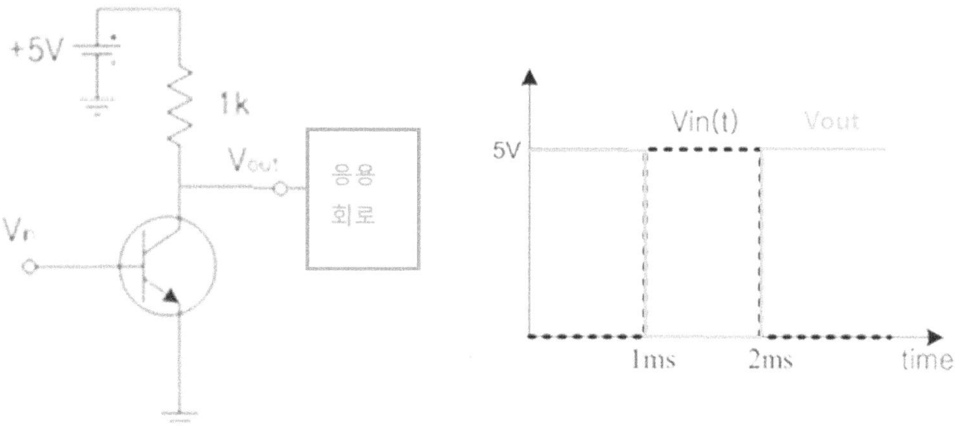

(a) 트랜지스터 회로 (b) 스위칭 동작 결과

[그림 7-9] 전자식 스위치 회로 및 동작

[그림 7-9](a)는 트랜지스터를 이용하는 대표적인 스위치이다. 제어용 입력전압(V_{in})의 전압에 따라 출력 전압(V_{out})이 컬렉터 단자에 연결된 응용회로에 직류전압(+5[V])을 공급 또는 차단할 수 있게 한다. [그림 7-9](b)에 그 동작 상태를 살펴볼 수 있다. 트랜지스터는 입력전압(V_{in})에 따라 차단영역과 포화영역 사이를 오가면서 스위칭 동작을 한다.

7.2.2 Relay 회로

Relay는 전기 제어 신호를 받아 대전력을 다루는 기계식 스위치를 제어하는 회로나 부품을 말한다. 자기장을 이용하여 전류변화를 감지하여 적절한 스위치 제어를 한다.

릴레이는 단순 구조로 가격도 저렴하고 교류, 직류 구분 없이 사용할 수 있어 간편하게 제품에 적용할 수 있다. 그러나 매번 기계식으로 스위치를 작도하는 구조이기 때문에 동작 시 소음이 발생되고, 오래 사용하면 접점 부위가 마모되어 고장날 가능성도 있다.

[그림 7-10]에 생활 주변에서 교류전원(220Vrms)을 받아 실내 전구를 ON/OFF 하는 용도로 릴레이를 사용한다. 실내 전구 외에 대전력을 사용하는 장치도 동일하게 적용된다. 즉, 대전력의 ON/OFF를 위해 지금까지 소개한 전자식 스위치를 사용하는 경우 트랜지스터 한계전력을 넘어 파손되는 오동작을 발생하므로 릴레이를 이용하여 간접 제어한다. [그림 7-10]처럼 릴레이에 외부에서 직류전압(+5[V]) 공급/차단을 하면 릴레이에서 전구의 조명을 제어할 수 있다.

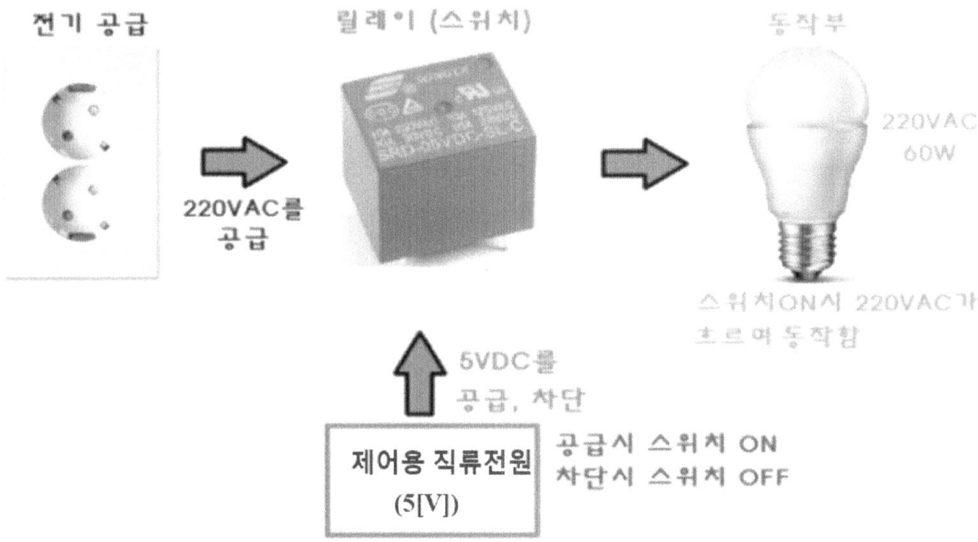

[그림 7-10] 실생활에서 교류전원 제어 릴레이 적용 예

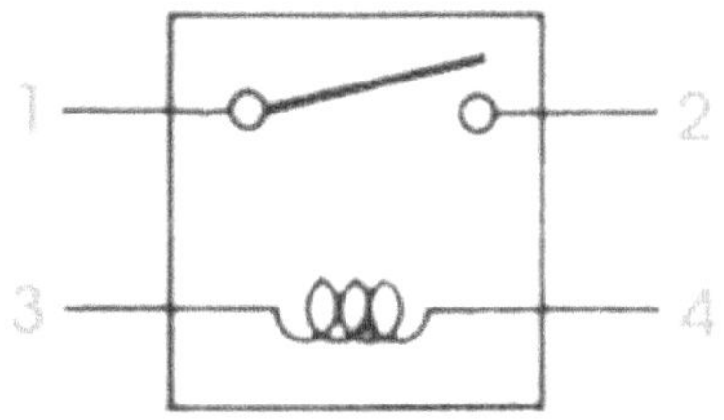

① 3,4번으로 5 V_{DC} (구동전압) 입력시 코일에 전류가 흐르며 자기장에 의해 자기력형성 됨
② 철편(스위치)을 끌어당겨 스위치가 ON
③ 1,2번이 연결(스위치 ON)되어 220VAC가 흐르며 조명이 켜지게 됨

[그림 7-11] 릴레이([그림 7-10] 회로)의 상세동작

[그림 7-10]의 상세한 동작은 [그림 7-11]에 표현하였다. 릴레이의 1번 단자에 콘센트 교류전원이 연결되고, 2번 단자에는 전구가 연결된다.

7.3 센서 회로

빛, 온도, 압력, 소리 등의 물리적인 양이나 변화를 감지하거나 구분하고 계측하여 일정한 신호를 알려주는 부품 또는 기기를 말한다. 최근 사물 인터넷(IoT)가 발전하면서 이들 센서기기는 급속도로 발전하고 있다.

전자기기에서 사용되는 센서의 종류는 매우 다양하다. 온도, 조도, 습도, 소리, 초음파, 압력, 지문, 근접, 자이로센서, 지자기, 가속도, 가스, 바이오(심박, 혈당)등 많은 것들이 소개되고 있다.

이를 이용한 상용 제품들을 흔히 볼 수 있는데 실내의 화재 감지기, 현관 조명의 자동 점멸, 어두워지면 켜지는 가로등을 예로 들 수 있다.

■ **센서의 회로 적용**

센서들의 특성과 이를 회로에 적용하기 위한 회로는 다음과 같은 특성들을 갖는다.

- 센서들이 sensing 한 결과는 다양한 특성 변화를 나타낸다. 대표적으로 온도 센서는 주위 온도에 따라 조도 센서는 주위 조도에 따라 센서 저항값이 변화한다.
- 센서 회로는 sensing 결과(저항값)를 선형적으로 전압/전류의 변화로 표현되어야 한다.
- 이를 위해 일반적으로 센서는 구동회로와 연결되며 구동회로는 센서 동작특성을 보존하여 sensing 신호를 선형적으로 증폭한다.

■ **센서와 OPAMP의 결합**

센서 구동회로로 대표적으로 OPAMP 가 사용된다. 이는 다음과 같은 우수한 특성들에 기인한다.

- 매우 큰 입력 임피던스 : 센서와 연결된 OPAMP는 센서 고유의 변화를 왜곡시키지 않고 그대로 출력시킬 수 있다.
- 매우 작은 출력임피던스 특성을 갖는: OPAMP와 연결되는 IC 또는 프로세서 등과 연결하기에 적합하다.
- 쉬운 이득조절 : 부귀환 OPAMP 증폭기는 2개의 간단한 저항의 조합만으로 최대 100 배까지 쉽게 센서 출력을 증폭시킬 수 있다. 출력 전압의 범위는 OPAMP를 구동하는 직류전압(V_{CC})에 의존한다.

7.3.1 온도 센서회로

온도 센서는 열을 감지하여 전기특성(저항)이 변화하는 소자로 비접촉식 센서를 회로에 활용한다. 온도가 올라지면 저항 값이 감소하는 부저항 온도계수의 특성이 있는 센서다. 반도체 제조 회사에서는 이 센서에 회로를 추가하여 packaging을 통해 반도체처럼 편하게 사용하도록 제품화하였다([그림 7-12])

Iot 응용을 위해 적용된 온도 센서 회로의 대표적인 예를 [그림 7-12]에서 볼 수 있다. LM35는 온도 센서로서 온도 1° 당 10m[V]의 출력을 비례하여 출력한다. LM35의 출력 전압은 Processor IC에서 읽혀 IOT 응용에 사용된다.

[그림 7-12]처럼 LM35가 Processor IC에 직접 연결되지 않고 중간에 부귀환 OPAMP가 연결돼있다. OPAMP는 온도 센서의 출력을 받아 선형 증폭한 후 IC에 전달한다. 단순 증폭 기능 외에도 OPAMP의 입력 임피던스가 매우 높으므로 LM35 고유 특성을 그대로 IC에 전달한다.

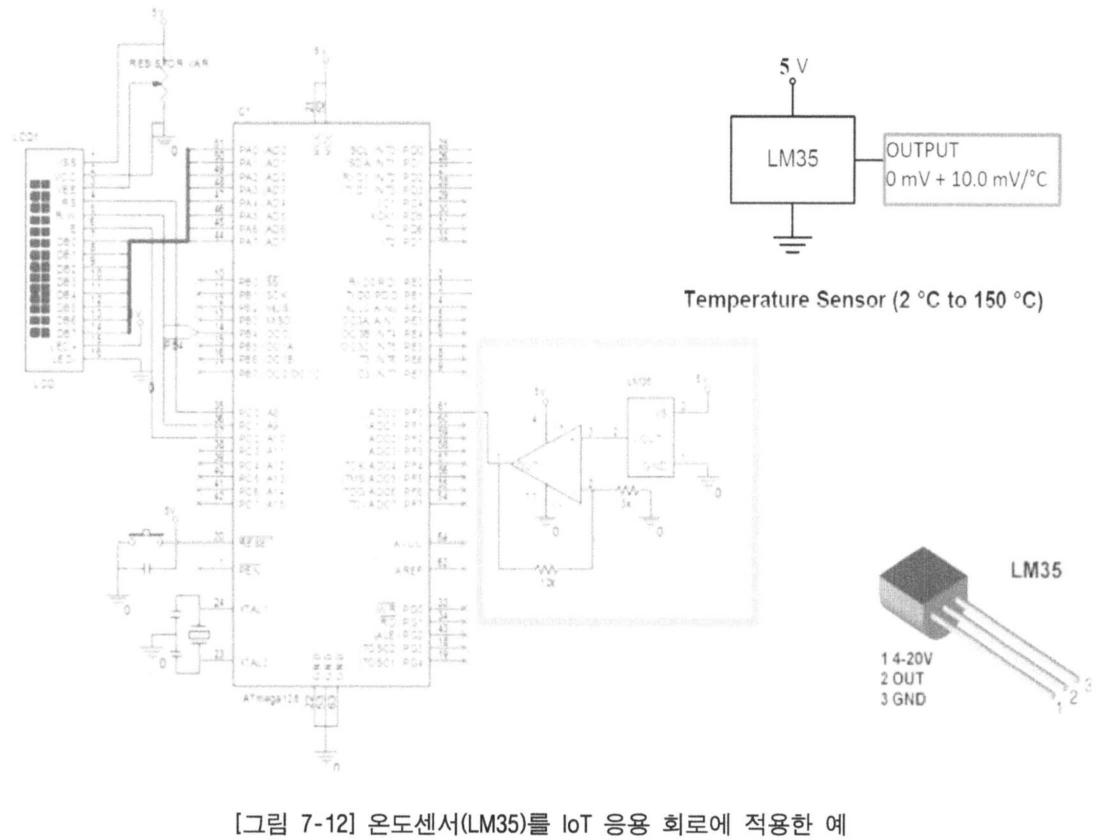

[그림 7-12] 온도센서(LM35)를 IoT 응용 회로에 적용한 예

7.3.2 조도 센서

조도 센서란 주변의 밝기를 측정하는 센서로 빛 센서라고도 한다. 광에너지, 즉 빛을 받으면 전도율이 변하는 특성을 가지며, 빛의 세기에 따라 저항이 변화되는 가변저항으로도 볼 수 있다. 조도 센서는 실생활에서도 쉽게 볼 수 있는데, 자동차 헤드라이트, 해가 지면 켜지는 가로등, 스마트폰 화면의 액정에 사용되었을 때 자동으로 화면의 밝기가 조절되는 기능 등 다양하게 적용되고 있다.

조도 센서에 사용되는 재료로 사용되는 황화 카드뮴(cadmium sulfide)은 화학식이 CdS인 화합물로서 빛이 많이 들어오면 저항이 작아지고 적게 들어오면 저항이 커지는 성질을 갖는 LDR(Light dependent resistor) 소자다. 이는 무극성 소자로서 극성없이 사용가능하고 리미트(limit) 저항 1개와 결합하여 간단한 회로 구성이 가능하다.

■ CDS 소자 저항 특성

동작원리는 소자 내부의 Cds 셀 전체가 빛의 양을 측정하여 빛의 양이 많아지면 전자를 운반하는 캐리어 밀도가 높아지며 증가 된 캐리어는 더 많은 전자를 운반하게 되어 전류가 증가한다. 이때 생성된 전류는 전극을 타고 리드선으로 흐르게 된다

CDS 셀중의 하나인 GL5537의 특성과 규격을 [그림 7-13]에서 볼 수 있다. 양 단자 간의 극성이 없으며 광도에 따라 저항 값이 다르다. 어두운 환경(암실)에서부터 100Lux 까지 광도에 따라 수십Ω에서 수십 KΩ 사이에서 변한다.

CdS PHOTOCONDUCTIVE CELLS GL5537

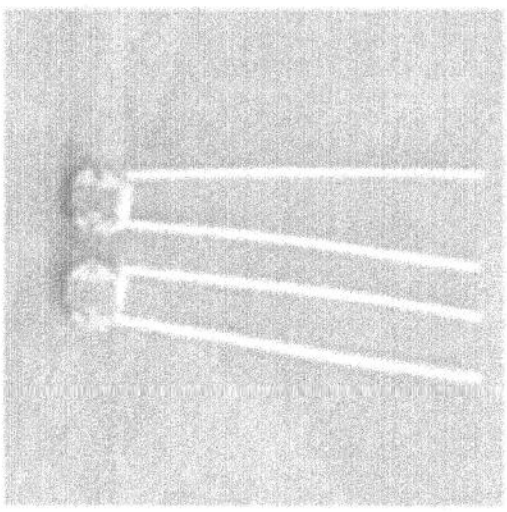

- ▲ Epoxy encapsulated
- ▲ Quick response
- ▲ Small size
- ▲ High sensitivity
- ▲ Reliable performance
- ▲ Good characteristic of spectrum

Light Resistance at 10Lux (at 25℃)	18~50KΩ
Dark Resistance at 0 Lux	2.0MΩ(min)
Gamma value at 100-10Lux	0.7
Power Dissipation(at 25℃)	100mW
Max Voltage (at 25℃)	150V
Spectral Response peak (at 25℃)	540nm
Ambient Temperature Range	-30~+70℃

Outline

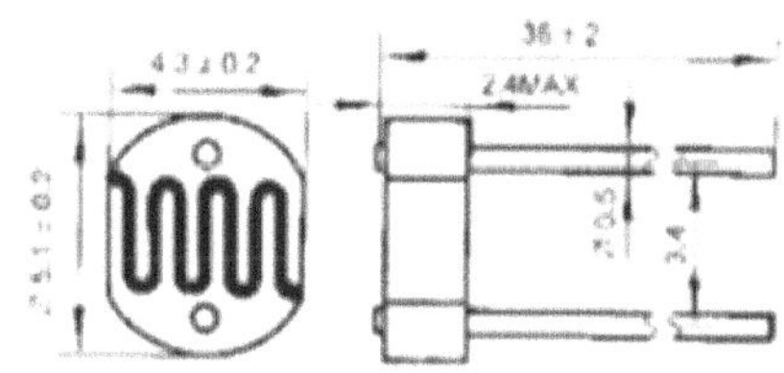

Illuminance Vs. Photo Resistance

Light Resistance at 10Lux (at 25℃)	8~20KΩ
Dark Resistance at 0 Lux	1.0MΩ(min)
Gamma value at 100-10Lux	0.7
Power Dissipation(at 25℃)	100mW
Max Voltage (at 25℃)	150V
Spectral Response peak (at 25℃)	540nm
Ambient Temperature Range	-30~+70℃

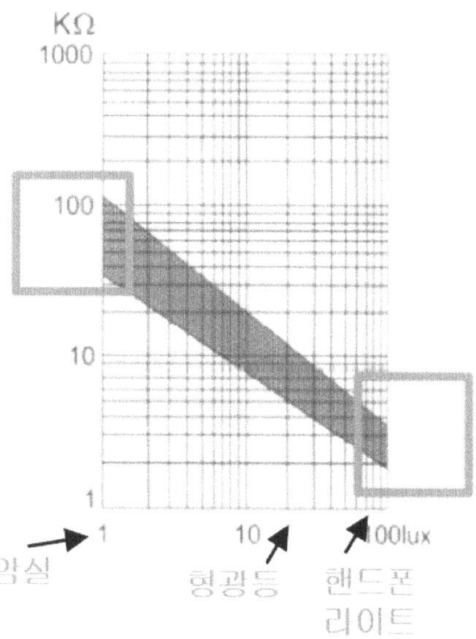

[그림 7-13] 조도센서인 CDS 셀의 규격과 동작 특성

7.4 조도센서 회로 구성 및 시뮬레이션

CDS는 조도 센서에 널리 사용되고 있다. 본 단원에서는 CDS 센서를 적용한 다음 두 개의 회로를 구성하고 시뮬레이션을 통해 동작을 확인한다.

1) 트랜지스터의 스위칭 동작을 통해 CDS 센서가 동작하고 있음을 LED 표시장치로 사용한다. 즉, 조도에 따라 LED를 ON 또는 Off 시킴으로써 육안으로 확인할 수 있다.

2) OPAMP를 이용한 광전 변환장치 구성

CDS 센서를 OPAMP 회로와 결합하여 조도 크기에 비례하는 직류전압을 출력시킨다. 출력된 직류전압은 각종 IoT 회로에 사용된다.

7.4.1 트랜지스터와 LED를 이용한 조도센서 동작

CDS센서를 이용하여 조도에 따라 LED가 점등하는 실험을 통해 CDS 센서의 동작을 확인한다. [그림 7-14]에 트랜지스터를 이용한 대표적인 회로를 나타냈다. 회로에서 베이스 단자에 연결된 저항 R18이 CDS를 대신하며 조도에 따라 저항값이 다르다. R18의 저항값은 트랜지스터의 베이스-이미터 전압(V_{BE})를 변화시킨다.

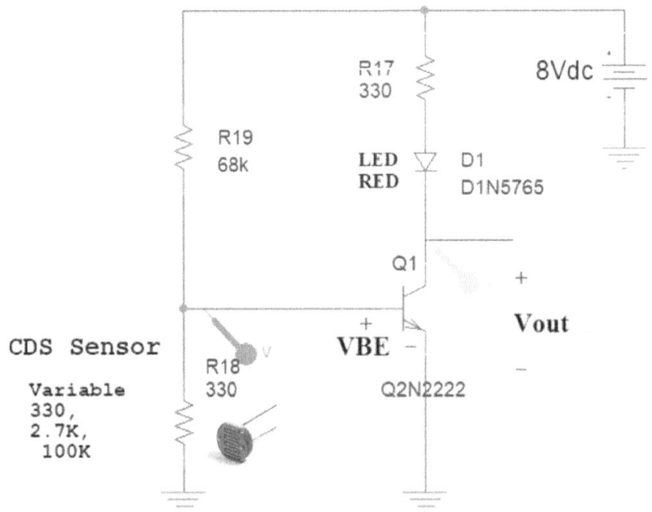

[그림 7-14] 트랜지스터와 LED를 이용한 CDS 센서의 동작 회로

조도는 3단계(암실, 실내형광등, light(핸드폰))로 구분한다. 3단계의 조도 측정환경에 따라 CDS센서(GL5537)의 양단의 저항을 멀티 미터(DMM)로 측정할 때 다음 값을 갖는다.

- light(핸드폰): 약 330Ω
- 실내형광등 불빛: 약 2.7kΩ
- 암실: 약 100kΩ

조도에 따라 저항 값이 변화하고 V_{BE} 전압이 달라져서 트랜지스터의 동작을 결정한다. 즉, V_{BE} 전압이 임계전압인 0.7[V]보다 작을 때 트랜지스터는 Off 상태가 되어 트랜지스터의 컬렉터 단자에 흐르는 전류가 '0'의 값을 갖는나. 이때 LED는 전류가 흐르지 않아 Off 상태로 불빛이 켜지지 않는다.

반면에 V_{BE} 전압이 임계전압인 0.7[V]보다 크면 트랜지스터는 ON 상태가 되어 트랜지스터의 컬렉터-이미터 단자에 전류가 흐르고 0.7[V] 보다 충분히 크게 되면 LED는 ON 상태로 돼 불빛이 켜진다.

즉, **조도 센서에 입력된 조도의 크기에 따라 트랜지스터는 차단(off) 영역과 포화(ON) 영역을 오가는 스위칭 동작을 하게 되며 이 결과는 LED 불빛으로 확인할 수 있다**.

1) 핸드폰 light에서의 회로 동작 해석

[그림 7-14] 회로에서 저항(R18)이 CDS센서를 대신한다. 핸드폰 light 환경으로 가정하여 저항(R18)값을 330Ω으로 하였다. 따라서, 트랜지스터의 베이스-이미터 사이의 전압(V_{BE})은 다음과 같이 0[V]에 근접한다.

$$V_{BE} \approx \frac{R_{18}}{R_{19}+R_{18}} \times V_{DC} = \frac{330}{330+100K} \times 8[V] \approx 0[V]$$

트랜지스터는 V_{BE} 전압이 0.7[V]보다 매우 작으므로 차단영역에 들어가며 컬렉터-이미터 사이에는 전류가 흐르지 않는다. 또한, LED에 흐르는 전류는 거의 없고 순방향 임계전압보다 작아 LED가 OFF되고, 컬렉터-이미터 전압(V_{CE})는 회로에 인가되는 직류전압(V_{DC})에 근접하게 된다.

$$V_{out} = V_{CE} \approx V_{DC} = 8[V]$$

2) 암실에서의 회로 동작 해석

암실 조도로 가정하여 저항(R18)값을 100KΩ으로 하였다. 따라서, 트랜지스터의 베이스-이미터 사이의 전압(V_{BE})은 다음과 같다.

$$V_{BE} \approx \frac{R_{18}}{R_{19}+R_{18}} \times V_{DC} = \frac{100K}{100K+68K} \times 8[V] \approx 4.7[V]$$

트랜지스터는 V_{BE} 전압이 임계전압인 0.7[V] 를 훌쩍 넘게 되면 매우 큰 베이스 전류가 흐르고 이어 컬렉터 전류($I_C = \beta \cdot I_B$)가 증폭된다. 이때, 트랜지스터는 포화상태이다. 출력 전압(V_{out})은 다음과 같은 식으로 정리된다.

$$V_{out} = V_{CE} \approx 8[V] - V_{LED\ ON} - I_C \cdot R_C \approx V_{sat} \approx 0[V]$$

이때, 컬렉터 단자에 연결된 LED에 순방향 임계전압보다 크게 걸리며 LED가 ON 된다.

<table>
<tr><th>CDS sensor 조도</th><th>컬렉터 단자 출력전압(V_{out})</th><th>Tr 상태</th></tr>
<tr><td>R18=330Ω
(조도:
light(핸드폰))</td><td>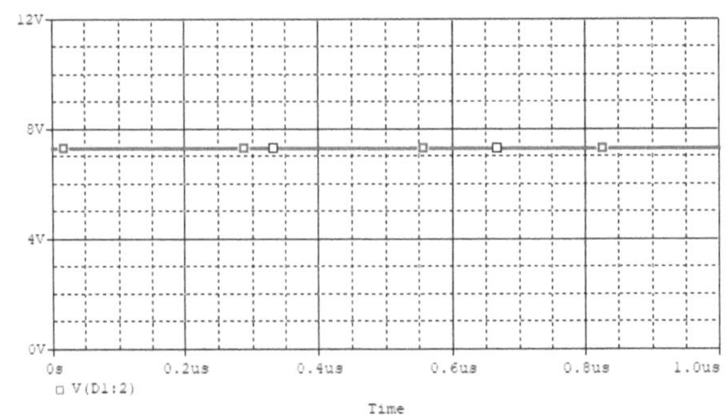
</td><td>Off(차단)</td></tr>
<tr><td>R18=100kΩ
(조도:
암실)</td><td>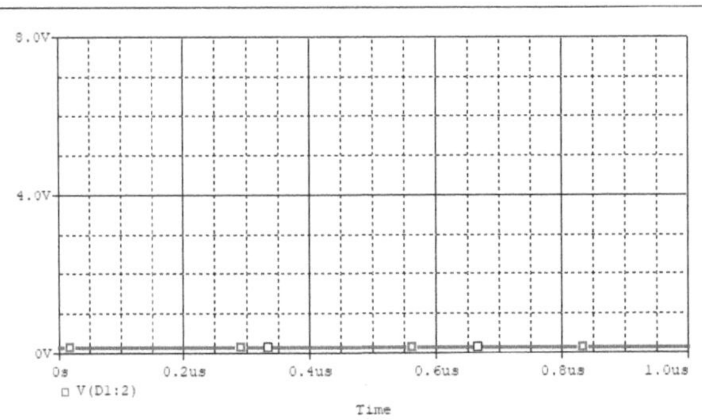
</td><td>ON(포화)</td></tr>
</table>

[그림 7-15] CDS 센서 회로 시뮬레이션 결과

3) 시뮬레이션을 통한 해석

[그림 7-15]에 조도 환경에 따라 트랜지스터 스위칭 동작에 대한 시뮬레이션 결과를 볼 수 있다. 핸드폰 light 조명일 때 트랜지스터는 차단상태로 컬렉터-이미터 전압(V_{CE})이 직류 공급전압인 8[V]에 근접한다. 이때 LED는 OFF 상태이다. 반면에 암실 조명일 때 트랜지스터는 포화상태로 컬렉터-이미터 전압(V_{CE})이 0[V]에 근접한다. 이때 LED는 ON 상태이다.

7.4.2 OPAMP를 이용한 조도센서 회로 구성 및 시뮬레이션

OPAMP 특성을 이용하여 CDS 센서에 입력되는 조도(빛의 세기)에 비례하는 전압으로 전환하여 각종 생활용 센서기기 또는 IoT 응용에 적용된다.

[그림 7-16]은 OPAMP를 이용한 광전 변환회로의 대표적인 회로 예이다. 저항(Rcds)은 CDS 센서를 대신한다. 조도에 따라 저항값이 변화한다.

[그림 7-16] 회로에서 OPAMP(LM324)는 부귀환 증폭회로로 OPAMP의 3번 핀에 입력된 전압은 교류입력 전원(V_{in})이며, 약 22배 증폭한 후 우측 최종 단에 있는 10KΩ에 출력(V_{out})시킨다. V_{in}은 OPAMP의 입력 저항이 거의 무한대이므로 저항(Ri)에 걸린 전압으로 간주되며, 전압 분배기처럼 다음 식과 같이 표현할 수 있다.

$$V_{in} = V_{Ri} = \frac{R_i}{R_i + R_{cds} + R_{15}} \times V_{10} = \frac{330}{330 + 10k + R_{cds}} \times 5[V]$$

빛의 세기에 따라 조도센서 특성을 나타내는 저항(Rcds) 값이 변화하면 V_{in}이 달라진다. 또한, V_{Ri}값이 OPAMP의 입력전압(V_{in})이 되고 OPAMP에서 부귀환 증폭되어 최종 출력단 저항(R6)에서 출력 전압(V_{out})을 다음 식과 같이 얻을 수 있다.

$$V_{out} = (1 + \frac{R_f}{R_s}) \times V_{in} = (1 + \frac{10k}{470}) \times V_{in} \approx 22\, V_{in}$$

광전 변환에 따른 출력 전압(V_{out})은 조도에 따라 OPAMP의 직류 최대 공급전압인 5[V]까지 빛의 세기에 비례하는 전압을 선형으로 증폭시킬 수 있다.

■ **빛의 세기에 따른 조도센서의 출력 전압**

이상의 이론을 바탕으로 Pspice 시뮬레이터를 이용하여 조도에 따라 OPAMP 출력전압의 변화를 확인한다. 조도는 3단계(암실, 실내형광등, light(핸드폰))로 구분하며 [그림 7-16]에서 조도에 따른 CDS 센서 저항은 다음과 같다.

- light(핸드폰): 약 330Ω
- 실내형광등 불빛: 약 2.7kΩ
- 암실: 약 100kΩ

3단계 조도에 따른 위의 저항값들을 기준으로 [그림 7-17]에 OPAMP 입력전압(V_{in})과 출력전압(V_{out})들의 시뮬레이션 결과를 볼 수 있다. 조도에 따라 입력전압(V_{in})은 15m[V]에서 150m[V]까지 증가하며, 마찬가지로, 출력전압(V_{out})은 350m[V]에서 3.5[V]까지 증가한다. 이득은 조도와 관계없이 약 23배의 일정한 값을 가진다.

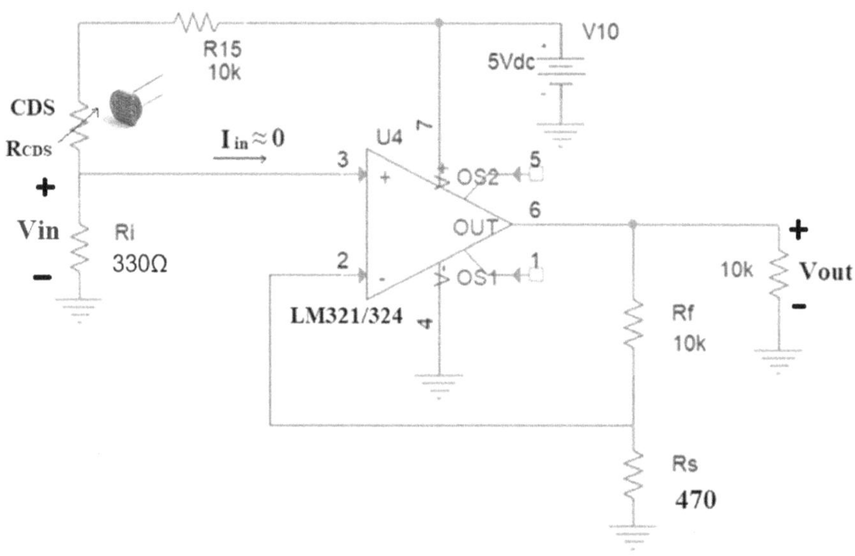

[그림 7-16] OPAMP를 이용한 광전 변환회로 예

CDS sensor 저항값	OPAMP 입력(V_{in}) 및 출력 전압(V_{out})	Gain (V_{out}/V_{in})
Rcds=330Ω (조도: light(핸드폰))	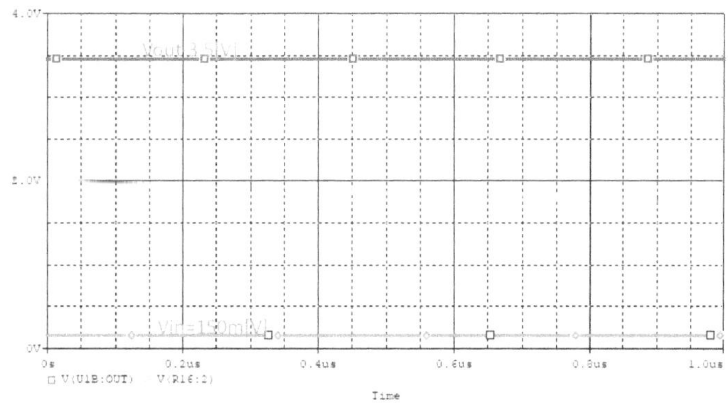	23
Rcds=2.7kΩ (조도: 실내 형광등)	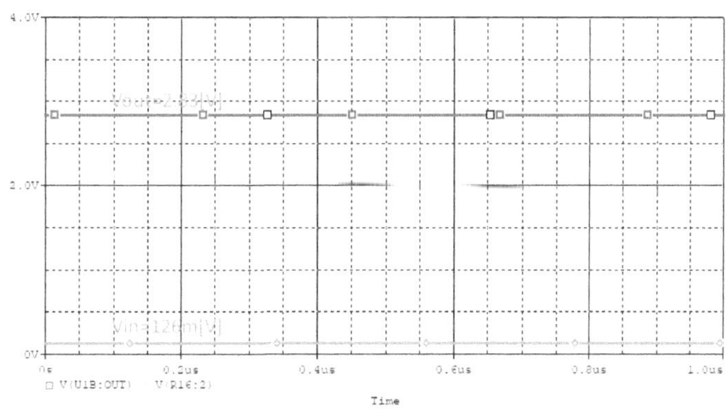	22.5
Rcds=100kΩ (조도: 암실)	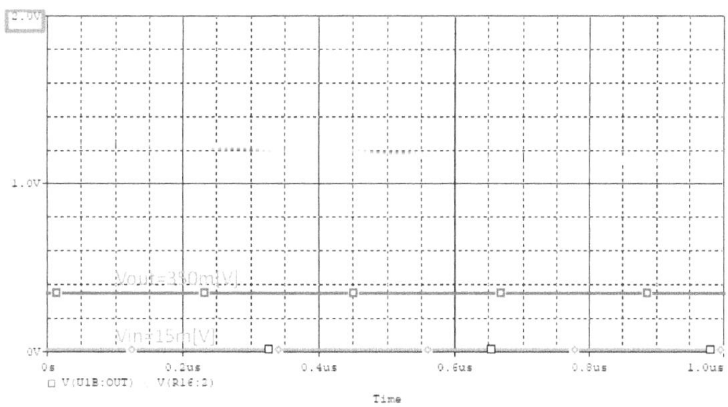	23

[그림 7-17] OPAMP를 이용한 광전 변환회로 시뮬레이션 결과

7.5 CDS 조도 센서의 실험

7.5.1 트랜지스터를 이용한 CDS 센서회로 실험

1) 실험목적

- CDS 센서의 개념을 파악하고 조도센서 회로의 동작을 이해한다.
- 트랜지스터 스위칭 동작 이해한다.
- 시뮬레이션 기법을 숙지하고 오실로스코프등 주요 장치들의 사용법을 이해한다.

2) 실험내용

- 시뮬레이션을 통해 동작을 확인한 [그림 7-18] 회로를 구성하여 실험한다.
- 2단계 조도(light(핸드폰), 암실)에 따라 CDS 센서에 걸린 전압($V_{R18}=V_{BE}$)이 변화하고, 이에 대응하여 트랜지스터의 컬렉터 단의 전압(출력(V_{out}))과, 컬렉터 저항(R17)에 흐르는 전류, 그리고 LED에 불이 켜지는 상황 등을 연계하여 회로 동작을 측정한다. 즉, 트랜지스터가 포화영역과 차단영역을 이동하면서 스위칭 동작하는 내용을 확인해 본다.

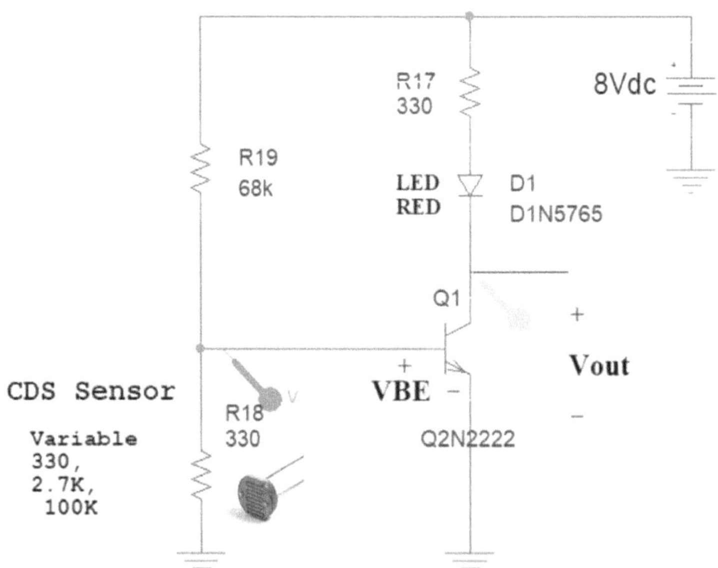

[그림 7-18] 트랜지스터를 이용한 CDS 센서의 동작 회로

- 측정 결과들을 이용하여 [그림 7-21]를 작성한다.
  측정 결과들을 통해 CDS센서 동작, 트랜지스터 스위칭 동작, LED 표시결과들을 연계하고 분석하여, 관련 내용을 이해하였음을 보고서에 작성한다.
- 시뮬레이션에서 이용했던 회로의 저항(R18)이나 다이오드(D1)는 실험에 사용할 수 있는 다음 부품으로 대체한다.

-R18 ⇒ CDS sensor(GL5537) 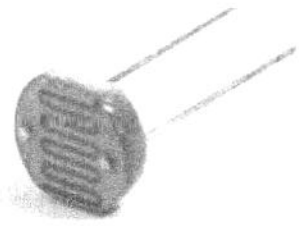

-D1(D1N5765)⇒LED Red 

3) 실험순서 및 측정 환경 구성

- 브레드보드에 [그림 7-18] 회로를 브레드보드 위에 구성한다. 아래 **'6) 실험 유의사항'**을 살펴보고 적절한 회로와 점퍼선을 사용한다. 이때, 아래 [그림 7-19]와 같이 트랜지스터 3개 단자(베이스, 이미터, 컬렉터) 들과 부품 방향을 적절히 구분한다.

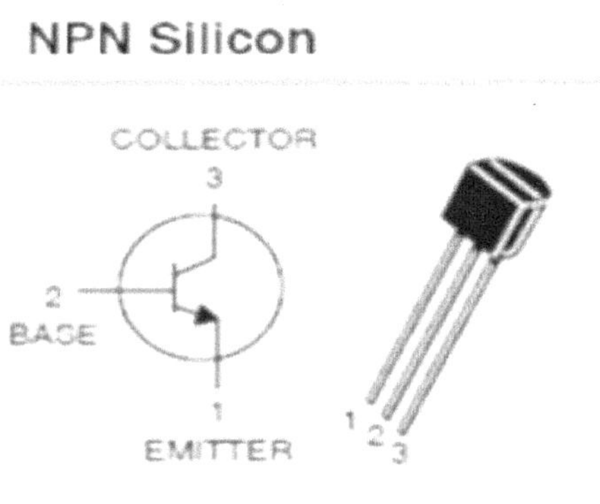

[그림 7-19] Q2N2222(or PN2222) 트랜지스터의 외관 및 각 단자 호칭

- [그림 7-20]와 같이 직류전원공급장치, 오실로스코프 및 브레드보드를 연결하는 전체 실험 환경을 구성한다.
- 실험 장치들을 다음과 같이 설정하고 구성한다.
  - 직류전원공급장치(DC power supply)를 이용하여 직류전압 +8[V]를 공급한다.
  - 멀티미터(DMM)를 이용하여 각 장치와 회로 부품 사이의 연결을 확인한다.
  - 오실로스코프를 이용한 측정: 조도에 따라 LED가 ON 또는 OFF 되는지 확인하고

트랜지스터 컬렉터 단자를 오실로스코프 프로브로 연결하여 전압을 측정한다. 오실로스코프 프로브를 측정한 직류전압들은 멀티미터(DMM)로도 측정할 수 있으며 같은 값이어야 한다.

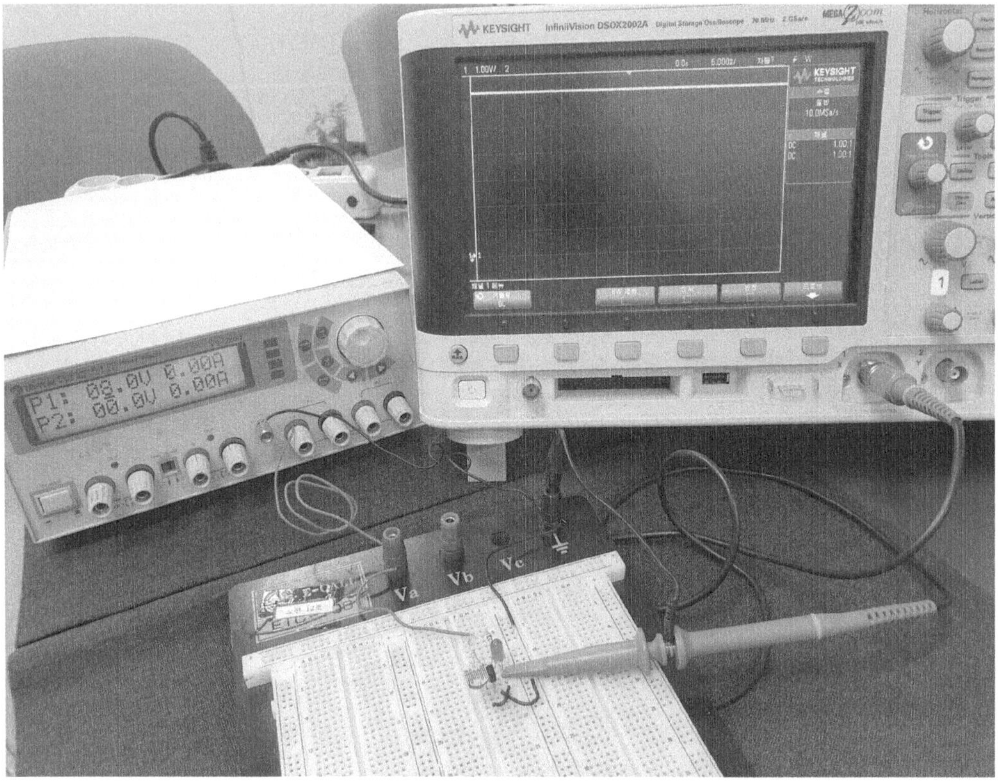

[그림 7-20] 트랜지스터를 이용한 CDS 센서 회로 실험환경 구성

4) 측정장치 사용방법

■ 직류전원공급

직류전원공급장치(DC power supply)를 이용하여 [그림 7-20]에서 보는 바와 같이 직류전원 +8[V]로 설정하고, 한 쌍의 직류 전원공급 케이블 또는 점퍼선 들을 이용하여 브레드보드 상단단자들과 연결한다.

■ 오실로스코프 설정방법

- **세로축(전압)설정**: 입출력 단에서 직류를 포함하므로 'DC coupling' 세팅한 후 접지를 스코프 화면의 하단에 위치시키고 한 칸당 전압(V/)을 적절히 조절하여 상세 측정

을 할 수 있게 한다.

- **파형 정밀 측정방법**: 측정 메뉴에서 Cursor를 이용한다.

5) 실험장치 및 부품

장치목록	악세사리	기타
-디지털멀티미터 1대 -전원공급장치 1대 -오실로스코프 1대	-브레드보드 1개 -오실로스코프 프로브 1셋 -직류신호입력용 케이블 1셋	-BJT PN2222 1개 -저항 set 및 적색 LED 1개 -회로연결용 점퍼선 (빨강, 검정)

6) 실험 유의사항

- **간결한 회로**: 쉽게 회로도를 연상할 수 있도록 브레드보드 회로를 간결하고 일목요연하게 구성하는 것이 회로 이해가 빠르고 고장진단에 쉽다.
- **전원공급은 맨 뒤에**: 전체 회로 연결을 확인한 후 직류 전원을 맨 나중에 공급한다.
- **점퍼선은 색상별 구분**: 브레드보드 상의 점퍼선은 가급적 적게 쓰되 짧은 것을 사용하고 색상별(+전원선은 빨강, 접지선의 검정)로 적절한 것을 사용한다.
- **모든 접지선(전원의 접지, 회로의 접지, 오실로스코프 접지)들은** 모두 검정색으로 하여 공통 접지를 확보해야 회로가 정상 동작한다.

7) 측정 데이터 정리

■ 전체 실험회로(전원공급장치 + 오실로스코프+ 브레드보드 회로 구성) 사진

전체실험회로 구성사진	브레드보드 회로 연결사진

*전체 연결구성과 브레드보드내의 회로 연결을 알수 있는 수준의 해상도

■ **CDS 센서회로 동작 측정 결과**

2단계 조도에 따라 [그림 7-18] 회로의 컬렉터 단자에서 오실로스코프를 이용하여 측정한 출력 전압(V_{out}) 파형을 사진으로 찍어 [그림 7-21]의 빈칸을 채운다. 또한, 멀티미터를 이용하여 트랜지스터의 베이스-이미터 전압(V_{BE})과 컬렉터 전압(V_c)을 측정하여 [표 7-1]의 Tr단자 전압 공간을 채운다.

오실로스코프에 표시된 전압과 DMM으로 측정한 컬렉터 전압(V_c)이 같음을 확인한다.

[표 7-1] CDS 센서의 트랜지스터 응용회로 측정

CDS sensor 조도	컬렉터 단자 출력전압(V_{out})의 오실로스코프 파형	Tr 단자 전압 (DMM 측정)
light(핸드폰)		$V_{BE}=?$ $V_c=?$
암실		$V_{BE}=?$ $V_c=?$

7.5.2 OPAMP를 이용한 광전 변환회로 실험

1) 실험목적

- CDS 센서의 개념을 파악하고 3단계 조도센서 회로의 동작을 이해한다.
- OPAMP의 부귀환 증폭 및 광전 변환회로의 선형 동작을 이해한다.
- 시뮬레이션 기법을 숙지하고 오실로스코프 등 주요 장치들의 사용법을 이해한다.

2) 실험내용

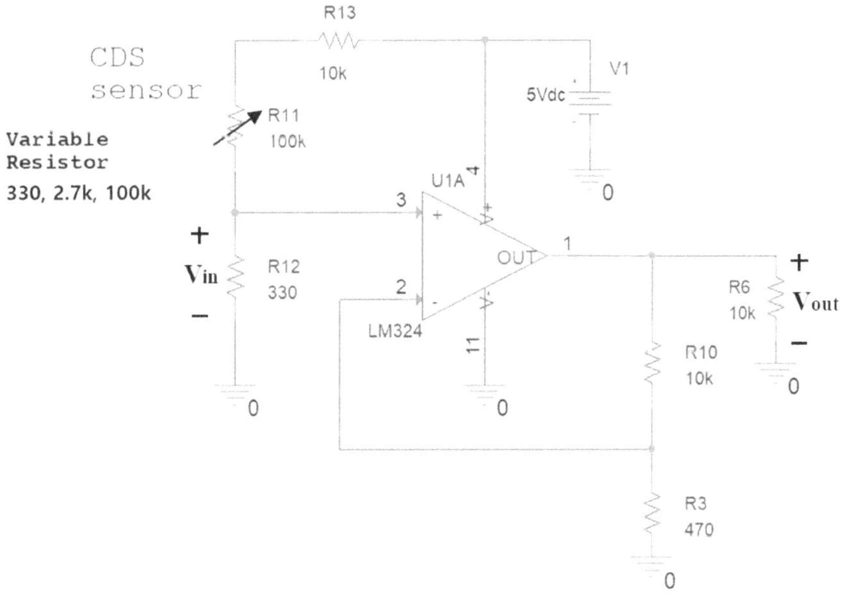

[그림 7-21] OPAMP를 이용한 광전 변환회로

- 시뮬레이션을 통해 동작을 확인한 [그림 7-21] 회로를 실험한다. 회로에 직류전원(+5[V])을 인가하여 3단계 조도(light(핸드폰), 실내형광등, 암실)에 따라 CDS 센서에 걸린 저항값이 변화되며, 이에 대응하는 다음 값들을 오실로스코프로 측정하고 전압과 이득을 계산하여 [표 7-2]의 빈 공간을 채운다.
  - **오실로스코프 파형 측정**: 회로의 출력단에 있는 저항 R6에 걸린 전압(V_{out})을 스코프 프로브를 이용하여 3단계 조도에 따라 측정하고 오실로스코프화면을 캡처하여 해당 공간을 채운다.
  - **멀티미터(DMM)을 이용한 OPAMP 입력(V_{in}), 출력(V_{out})을 측정 및 이득계산**: 입력

(V_{in})전압은 OPAMP 3번 핀 또는 저항 R12에 걸린 전압, 그리고 저항 R6에 걸린 전압은 출력전압(V_{out})으로 DMM으로 측정한다. 한편, 이 값들의 비(V_{out}/V_{in})는 OPAMP 부귀환 이득으로서 [표 7-2]의 빈 공간에 계산 값을 채운다.

- 측정 결과들의 데이터 분석을 바탕으로 CDS 센서에 인가되는 조도와 저항 값의 변화, OPAMP 입출력전압변화, 그리고 OPAMP의 증폭 과정 등을 연계하여 관련된 이론과 시뮬레이션 결과들을 비교하여 보고서를 작성한다.
- [그림 7-21] 회로에서 R11로 표시되는 저항은 아래 그림 외형을 갖는 CDS 센서이다. 조도에 따라 약 330Ω(light(핸드폰)), 약 2.7KΩ(실내형광등), 및 약 100KΩ(암실)의 저항값들로 변화한다.

R11 ⇒ CDS sensor(GL5537) 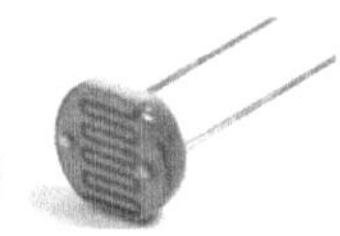

3) 상세 실험순서

- 시뮬레이션을 통해 결정된 [그림 7-21] 회로를 브레드보드에 구성한다.
- LM324 OPAMP는 4개의 OPAMP가 한 패키지 안에 들어간 부품으로 [그림 7-22]과 같은 모습이다. X로 표시된 것을 사용하지 않고 1,2,3,4,11번 핀들로 구성된 OPAMP 만을 사용한다. 4번 핀은 +5[V]가 입력되고 11번 핀은 0[V]인 접지가 연결된다. 3번 핀으로는 조도에 따라 변화하는 전압들이 입력되고 1번 핀으로 출력된다. 지금까지 언급된 핀들을 고려하여 [그림 7-21] 회로를 브레드보드에 정확하게 연결한다. 회로들의 연결 내용은 멀티미터(DMM)로 '0Ω'을 통해 확인할 수 있다.

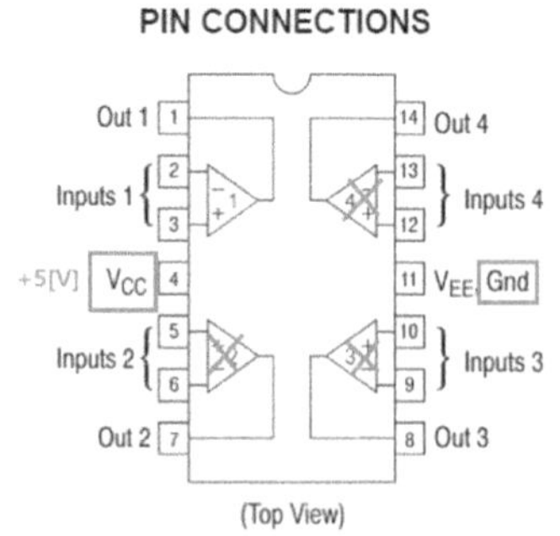

[그림 7-22] LM324 OPAMP pin description

- [그림 7-23]에 브레드보드에 구성된 회로 사진을 볼 수 있다. 빨강 점퍼 선으로는 양의 직류전압인 +5[V]가 공급되고, 검정 점퍼선은 접지 위치들을 나타낸다.
- 멀티미터(DMM)를 이용하여 부품들 사이, 회로와 브레드보드 상단단자 사이 연결들을 확인('0Ω')할 수 있다.
- OPAMP가 정상동작을 하기 위한 기초단계로 4번 핀에 +5[V]가 입력되고 11번 핀에서 0[V]가 관찰되어야 하므로 멀티미터(DMM)로 이를 확인한다.
- **오실로스코프를 이용한 출력(V_{out}) 측정**: CDS 센서를 3단계 조도(light(핸드폰), 실내형광등, 암실) 환경을 적절히 맞추고, 이에 따라 OPAMP 출력전압(V_{out})을 오실로스코프 프로브로 측정한다. 저항 R6 양단에 걸린 전압이 출력(V_{out})이다.
  →측정된 결과들을 이용하여 [표 7-2]를 작성한다.

[그림 7-23] OPAMP와 결합된 CDS조도센서의 브레드보드 회로 구성사진

- [그림 7-24]에서 직류전원공급장치, 오실로스코프와 브레드보드를 연결하는 전체실험 환경을 구성을 볼 수 있다.
  - 직류전원공급장치(DC power supply)를 이용하여 +5[V]를 공급한다.

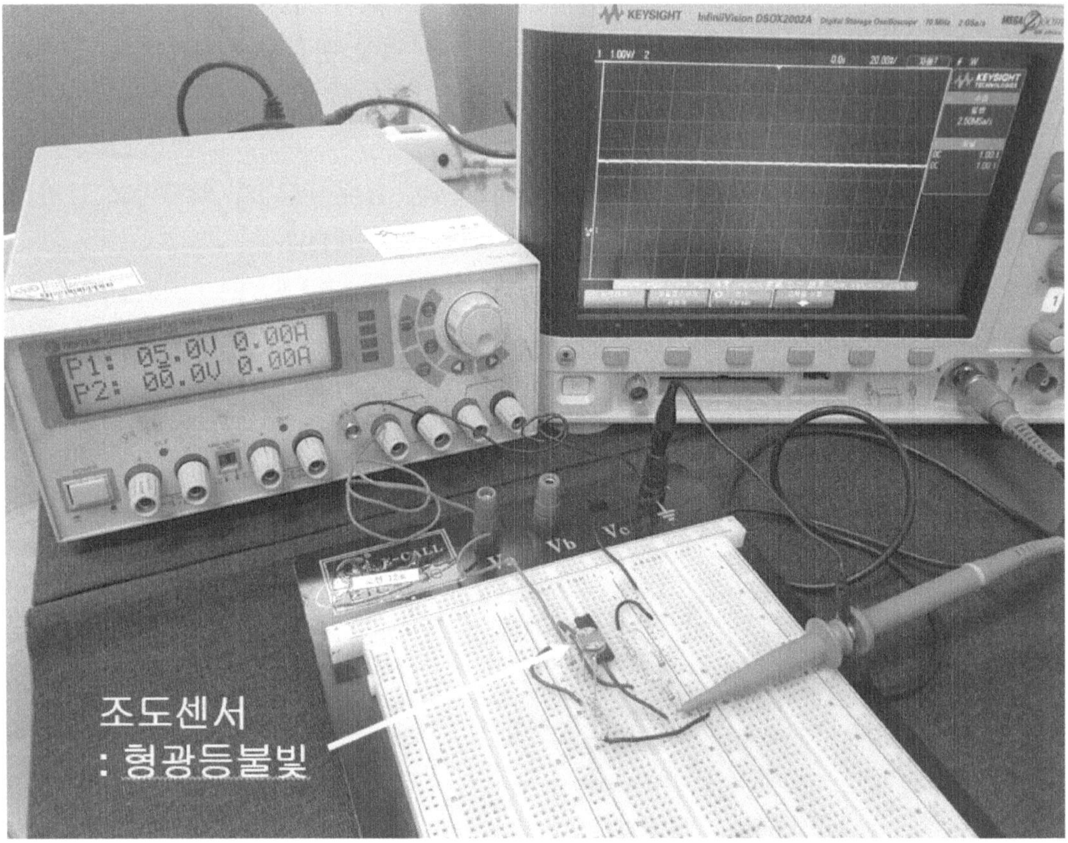

[그림 7-24] OPAMP와 결합된 CDS조도 센서의 전체 실험환경

4) 측정장치 사용방법

■ 직류전원공급장치

직류전원공급장치(DC power supply)를 이용하여 [그림 7-24]에서 보는 바와 같이 직류전원 +5[V]를 공급하고, 한 쌍(빨강, 검정)의 직류 전원공급 케이블 또는 점퍼선 들을 이용하여 브레드보드 상단 단자들과 연결한다.

■ 오실로스코프 설정

- **세로축(전압)설정**: 입출력 단에서 직류를 포함하므로 'DC coupling' 으로 설정한 후 접지를 스코프 화면의 하단에 위치시키고 한 칸당 전압(V/)을 적절히 조절하여 상세 측정을 할 수 있게 한다.

- **파형 정밀 측정방법**: 측정 메뉴에서 Cursor 이용

5) 실험장치 및 부품

장치목록	악세사리	기타
-디지털멀티미터 1대 -전원공급장치 1대 -오실로스코프 1대	-브레드보드 1개 -오실로스코프 프로브 1셋 -직류신호입력용 케이블 1셋	-LM324 OPAMP 1개 -저항 set -회로연결용 점퍼선 (빨강, 파랑/흰색, 검정)

6) 실험 유의사항

- **간결한 회로**: 쉽게 회로도를 연상할 수 있도록 브레드보드 회로를 간결하고 일목요연하게 구성하는 것이 회로 이해가 빠르고 고장진단에 쉽다.
- **전원공급은 맨 뒤에**: 전체 회로 연결을 확인한 후 직류 전원을 맨 나중에 공급한다.
- **점퍼선은 색상별 구분**: 브레드보드 상의 점퍼선은 가급적 적게 쓰되 짧은 것을 사용하고 색상별(+전원선은 빨강, 접지선의 검정)로 적절한 것을 사용한다.
- **모든 접지선(전원의 접지, 회로의 접지, 오실로스코프 접지)들은** 모두 검정색으로 하여 공통 접지를 확보해야 회로가 정상 동작한다.

7) 측정 데이터 정리

■ 전체 실험회로 사진

전체실험회로(전원공급장치 + 오실로스코프+ 브레드보드 회로 구성) **구성사진**	**브레드보드 회로 연결사진**

*전체 연결구성과 브레드보드내의 회로 연결을 알수 있는 수준의 해상도

■ OPAMP를 이용한 광전 변화회로 동작 측정 결과

- 3단계 조도에 따라 **오실로스코프를 이용하여 측정**한 출력 전압(V_{out}) 파형을 [표 7-2]의 빈칸을 채운다.

- **DMM을 이용하여** OPAMP 회로의 입력전압(V_{in})과 출력전압(V_{out})을 측정하고, 이득(V_{out}/V_{in}) 계산하여 [표 7-2]의 빈칸을 채운다.
- **광전변환 특성 plot**: [표 7-2]에서 관찰된 출력 전압(V_{out})을 세로 축 값으로, 3단계 조도를 가로 축으로 하여 plot 한다. 이를 통해 조도에 따라 OPAMP 출력 특성이 비례하여 증가함을 [그림 7-25]에 표시(plot)한다.

[표 7-2] OPAMP를 이용한 광전 변환회로 측정 결과

CDS sensor 조도	OPAMP 출력 전압(V_{out})의 오실로스코프 파형	DMM 측정		Gain (V_{out}/V_{in})
		출력전압 (V_{out})	입력전압 (V_{in})	
light(핸드폰)				
실내 형광등				
암실				

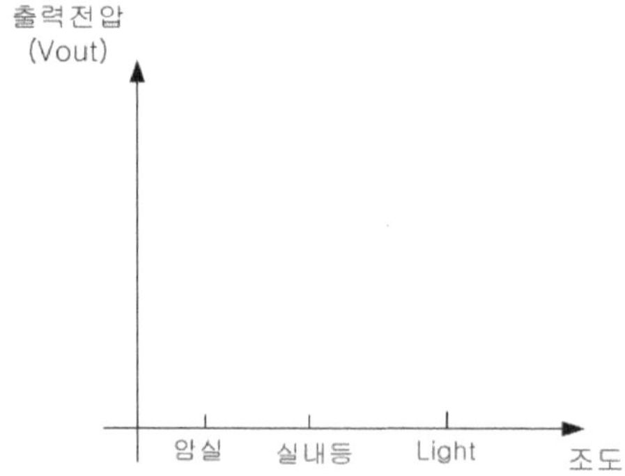

[그림 7-25] 광전 변환 회로의 측정 결과 plot

실험 결과 보고서 양식 1

실험 제목			제출자 이름	
조구성 및 참여율	이름(학번)	실제 실험 참가율(%)	이름(학번)	실제 실험 참가율(%)

※ 보고서 분량은 가급적 적은 페이지로 핵심내용을 중심으로 작성합니다. 불필요한 내용을 나열하는 것은 중요 부분을 파악하지 못한 것으로 간주된다.

1. 실험목적 및 조별 할당 내용

작성 안내	본 실험에서 달성하고자 하는 실험 내용과 목적을 요약 정리한다 (1/4 페이지 이내).

2. 실험데이터(시뮬레이션 및 측정 결과)

작성 안내	- 측정한 각종 실험 DATA들을 표와 그림 등을 활용하여 쉽게 표현한다. - 실험 사진은 실험 내용이나 결과를 확인할 수 있는 해상도로 표현한다. - 측정결과와 비교할 수 있는 시뮬레이션 결과들을 제시한다.

3. 실험 결과분석

작성 안내	- 보고서에서 가장 중요한 부분으로 위의 '측정데이터' 에서 표시된 값들을 바탕으로 데이터가 갖는 의미와 내용을 이론(또는 시뮬레이션 결과)에 근거하여 분석한다. - 분석 결과들을 바탕으로 실험을 통해 이해한 내용과 성취 수준 등을 서술한다.

4. 문제점 해결 및 개선내용

작성 안내	▪ 실험과정에서 발생했던 문제점들을 나열하고 어떻게 해결하였는지에 대한 과정과 개선된 사항들을 서술한다. ▪ 실험과정에서 변경 혹은 내용을 조정한 경우 이유를 논리적이고 구체적으로 설명한다.

5. 결론

작성 안내	- 실험목적에 대비하여 측정결과들로부터 도출된 결론이나 이해한 내용을 요약한다.

실험 결과 보고서 양식 2(요약)

<table>
<tr><td>실험 제목</td><td colspan="2">트랜지스터를 이용한 조도센서</td><td>제출자 이름</td><td></td></tr>
<tr><td rowspan="3">조구성 및 참여율</td><td>이름</td><td>실제 실험 참가율(%)</td><td>이름</td><td>실제 실험 참가율(%)</td></tr>
<tr><td></td><td></td><td></td><td></td></tr>
<tr><td></td><td></td><td></td><td></td></tr>
</table>

1. 전체 실험회로 사진

전체실험회로(전원공급장치+ 브레드보드) **구성사진**	**브레드보드 회로 상세 연결사진**

*전체 연결구성과 브레드보드내의 회로 연결을 알수 있는 수준의 해상도

2. 트랜지스터를 이용한 조도센서 측정 결과

CDS sensor 조도	컬렉터 단자 출력전압(V_{out})의 오실로스코프 파형	Tr 단자 전압 (오실로스코프/ DMM 측정)
light(핸드폰)		$V_{BE} = ?$ $V_c = ?$
암실		$V_{BE} = ?$ $V_c = ?$

3. 측정 데이터 분석 및 이해된 내용

- 측정 데이터 분석
- 실험 목적 대비 이해된 내용

실험 결과 보고서 양식 3(요약)

실험 제목	OPAMP를 이용한 광전 변환회로		제출자 이름	
조구성 및 참여율	이름	실제 실험 참가율(%)	이름	실제 실험 참가율(%)

1. 전체 실험회로사진

전체실험회로(전원공급장치+ 브레드보드) 구성사진	브레드보드 회로 상세 연결사진

*전체 연결구성과 브레드보드내의 회로 연결을 알수 있는 수준의 해상도

2. OPAMP를 이용한 광전 변환동작 측정 결과

CDS sensor 조도	OPAMP 출력 전압(V_{out})의 오실로스코프 파형	DMM 측정		Gain V_{out}/V_{in}
		출력전압 V_{out}	입력전압 V_{in}	
light (핸드폰)				
실내 형광등				
암실				

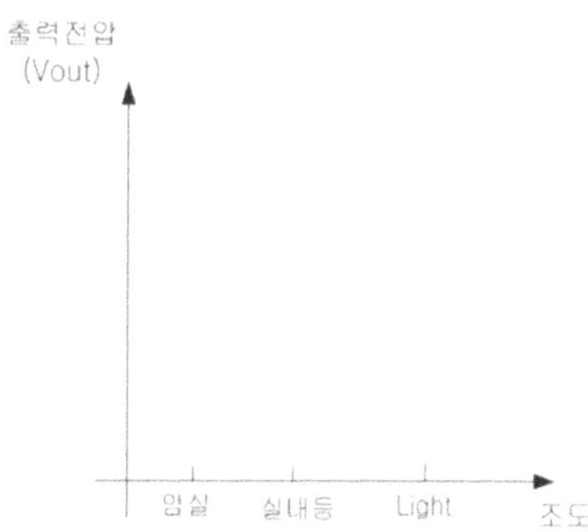

3. 측정 데이터 분석 및 이해된 내용

- 측정 데이터 분석
- 실험목적 대비 이해된 내용

부록(appendix)

A. BJT Transistor(PN2222) Data sheet
B. OPAMP(LM324) Data sheet
C. 장치 및 부품 목록

A. BJT Transistor(PN2222) Data sheet

PN2222, PN2222A

PN2222A is a Preferred Device

General Purpose Transistors

NPN Silicon

ON Semiconductor™

http://onsemi.com

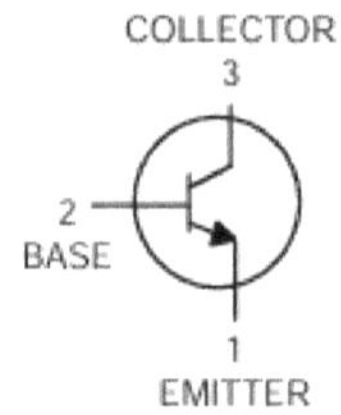

MAXIMUM RATINGS

Rating		Symbol	Value	Unit
Collector-Emitter Voltage	PN2222 PN2222A	V_{CEO}	30 40	Vdc
Collector-Base Voltage	PN2222 PN2222A	V_{CBO}	60 75	Vdc
Emitter-Base Voltage	PN2222 PN2222A	V_{EBO}	5.0 6.0	Vdc
Collector Current – Continuous		I_C	600	mAdc
Total Device Dissipation @ T_A = 25°C Derate above 25°C		P_D	 625 5.0	 mW mW/°C
Total Device Dissipation @ T_C = 25°C Derate above 25°C		P_D	 1.5 12	 Watts mW/°C
Operating and Storage Junction Temperature Range		T_J, T_{stg}	–55 to +150	°C

THERMAL CHARACTERISTICS

Characteristic	Symbol	Max	Unit
Thermal Resistance Junction-to-Ambient	$R_{\theta JA}$	200	°C/W
Thermal Resistance Junction-to-Case	$R_{\theta JC}$	83.3	°C/W

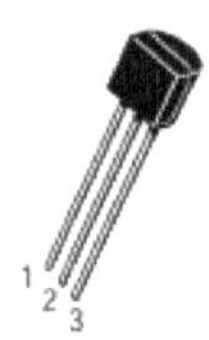

TO–92
CASE 29
STYLE 1

MARKING DIAGRAM

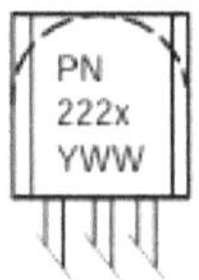

PN222x = Device Code
x = 2 or A
Y = Year
WW = Work Week

ORDERING INFORMATION

Device	Package	Shipping
PN2222	TO–92	5000 Units/Box
PN2222A	TO–92	5000 Units/Box
PN2222ARLRA	TO–92	2000/Tape & Reel
PN2222ARLRM	TO–92	2000/Ammo Pack
PN2222ARLRP	TO–92	2000/Ammo Pack

Preferred devices are recommended choices for future use and best overall value.

PN2222, PN2222A

ELECTRICAL CHARACTERISTICS (T_A = 25°C unless otherwise noted)

Characteristic		Symbol	Min	Max	Unit
OFF CHARACTERISTICS					
Collector–Emitter Breakdown Voltage (I_C = 10 mAdc, I_B = 0)	PN2222 PN2222A	$V_{(BR)CEO}$	30 40	– –	Vdc
Collector–Base Breakdown Voltage (I_C = 10 μAdc, I_E = 0)	PN2222 PN2222A	$V_{(BR)CBO}$	60 75	– –	Vdc
Emitter–Base Breakdown Voltage (I_E = 10 μAdc, I_C = 0)	PN2222 PN2222A	$V_{(BR)EBO}$	5.0 6.0	– –	Vdc
Collector Cutoff Current (V_{CE} = 60 Vdc, $V_{EB(off)}$ = 3.0 Vdc)	PN2222A	I_{CEX}	–	10	nAdc
Collector Cutoff Current (V_{CB} = 50 Vdc, I_E = 0) (V_{CB} = 60 Vdc, I_E = 0) (V_{CB} = 50 Vdc, I_E = 0, T_A = 125°C) (V_{CB} = 50 Vdc, I_E = 0, T_A = 125°C)	 PN2222 PN2222A PN2222 PN2222A	I_{CBO}	 – – – –	 0.01 0.01 10 10	μAdc
Emitter Cutoff Current (V_{EB} = 3.0 Vdc, I_C = 0)	PN2222A	I_{EBO}	–	100	nAdc
Base Cutoff Current (V_{CE} = 60 Vdc, $V_{EB(off)}$ = 3.0 Vdc)	PN2222A	I_{BL}	–	20	nAdc
ON CHARACTERISTICS					
DC Current Gain (I_C = 0.1 mAdc, V_{CE} = 10 Vdc) (I_C = 1.0 mAdc, V_{CE} = 10 Vdc) (I_C = 10 mAdc, V_{CE} = 10 Vdc) (I_C = 10 mAdc, V_{CE} = 10 Vdc, T_A = −55°C) (I_C = 150 mAdc, V_{CE} = 10 Vdc) (Note 1.) (I_C = 150 mAdc, V_{CE} = 1.0 Vdc) (Note 1.) (I_C = 500 mAdc, V_{CE} = 10 Vdc) (Note 1.)	 PN2222A only PN2222 PN2222A	h_{FE}	 35 50 75 35 100 50 30 40	 – – – – 300 – – –	–
Collector–Emitter Saturation Voltage (Note 1.) (I_C = 150 mAdc, I_B = 15 mAdc) (I_C = 500 mAdc, I_B = 50 mAdc)	 PN2222 PN2222A PN2222 PN2222A	$V_{CE(sat)}$	 – – – –	 0.4 0.3 1.6 1.0	Vdc
Base–Emitter Saturation Voltage (Note 1.) (I_C = 150 mAdc, I_B = 15 mAdc) (I_C = 500 mAdc, I_B = 50 mAdc)	 PN2222 PN2222A PN2222 PN2222A	$V_{BE(sat)}$	 – 0.6 – –	 1.3 1.2 2.6 2.0	Vdc

1. Pulse Test: Pulse Width ≤ 300 μs, Duty Cycle ≤ 2.0%.

PN2222, PN2222A

ELECTRICAL CHARACTERISTICS (T_A = 25°C unless otherwise noted) (Continued)

Characteristic		Symbol	Min	Max	Unit
SMALL–SIGNAL CHARACTERISTICS					
Current–Gain – Bandwidth Product (Note 2.) (I_C = 20 mAdc, V_{CE} = 20 Vdc, f = 100 MHz)	 PN2222 PN2222A	f_T	 250 300	 – –	MHz
Output Capacitance (V_{CB} = 10 Vdc, I_E = 0, f = 1.0 MHz)		C_{obo}	–	8.0	pF
Input Capacitance (V_{EB} = 0.5 Vdc, I_C = 0, f = 1.0 MHz)	 PN2222 PN2222A	C_{ibo}	 – –	 30 25	pF
Input Impedance (I_C = 1.0 mAdc, V_{CE} = 10 Vdc, f = 1.0 kHz) (I_C = 10 mAdc, V_{CE} = 10 Vdc, f = 1.0 kHz)	 PN2222A PN2222A	h_{ie}	 2.0 0.25	 8.0 1.25	kΩ
Voltage Feedback Ratio (I_C = 1.0 mAdc, V_{CE} = 10 Vdc, f = 1.0 kHz) (I_C = 10 mAdc, V_{CE} = 10 Vdc, f = 1.0 kHz)	 PN2222A PN2222A	h_{re}	 – –	 8.0 4.0	X 10^{-4}
Small–Signal Current Gain (I_C = 1.0 mAdc, V_{CE} = 10 Vdc, f = 1.0 kHz) (I_C = 10 mAdc, V_{CE} = 10 Vdc, f = 1.0 kHz)	 PN2222A PN2222A	h_{fe}	 50 75	 300 375	–
Output Admittance (I_C = 1.0 mAdc, V_{CE} = 10 Vdc, f = 1.0 kHz) (I_C = 10 mAdc, V_{CE} = 10 Vdc, f = 1.0 kHz)	 PN2222A PN2222A	h_{oe}	 5.0 25	 35 200	μmhos
Collector Base Time Constant (I_E = 20 mAdc, V_{CB} = 20 Vdc, f = 31.8 MHz)	 PN2222A	$rb'C_c$	–	150	ps
Noise Figure (I_C = 100 μAdc, V_{CE} = 10 Vdc, R_S = 1.0 kΩ, f = 1.0 kHz)	 PN2222A	NF	–	4.0	dB

SWITCHING CHARACTERISTICS PN2222A only

		Symbol	Min	Max	Unit
Delay Time	(V_{CC} = 30 Vdc, $V_{BE(off)}$ = –0.5 Vdc, I_C = 150 mAdc, I_{B1} = 15 mAdc) (Figure 1)	t_d	–	10	ns
Rise Time		t_r	–	25	ns
Storage Time	(V_{CC} = 30 Vdc, I_C = 150 mAdc, I_{B1} = I_{B2} = 15 mAdc) (Figure 2)	t_s	–	225	ns
Fall Time		t_f	–	60	ns

2. f_T is defined as the frequency at which $|h_{fe}|$ extrapolates to unity.

SWITCHING TIME EQUIVALENT TEST CIRCUITS

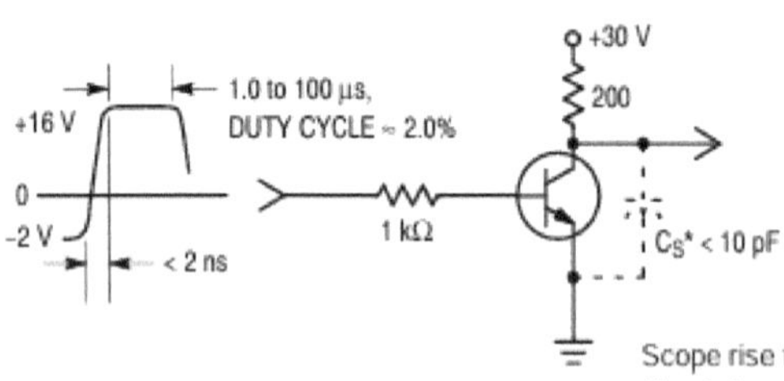

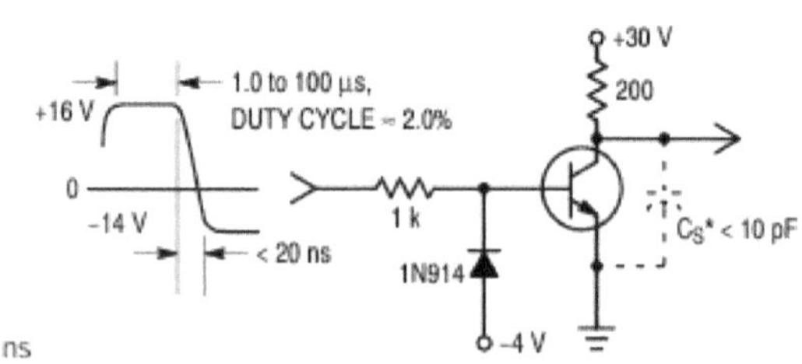

Scope rise time < 4 ns
*Total shunt capacitance of test jig, connectors, and oscilloscope.

Figure 1. Turn–On Time **Figure 2. Turn–Off Time**

PN2222, PN2222A

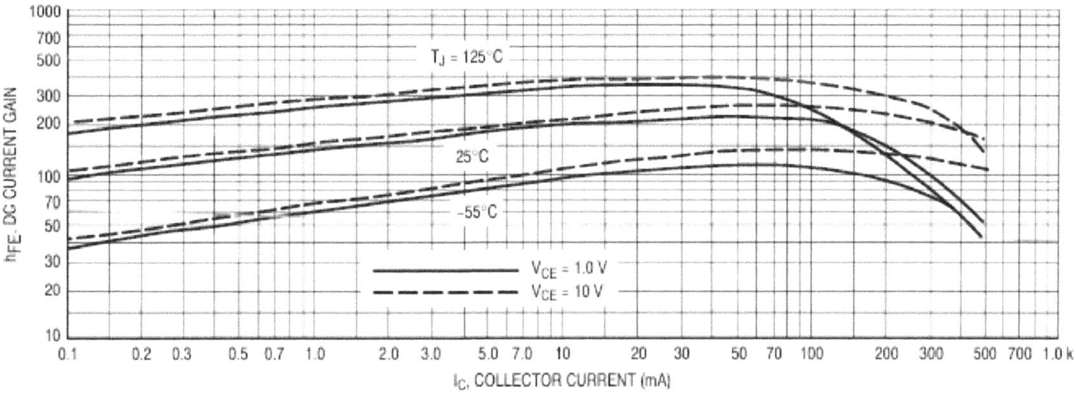

Figure 3. DC Current Gain

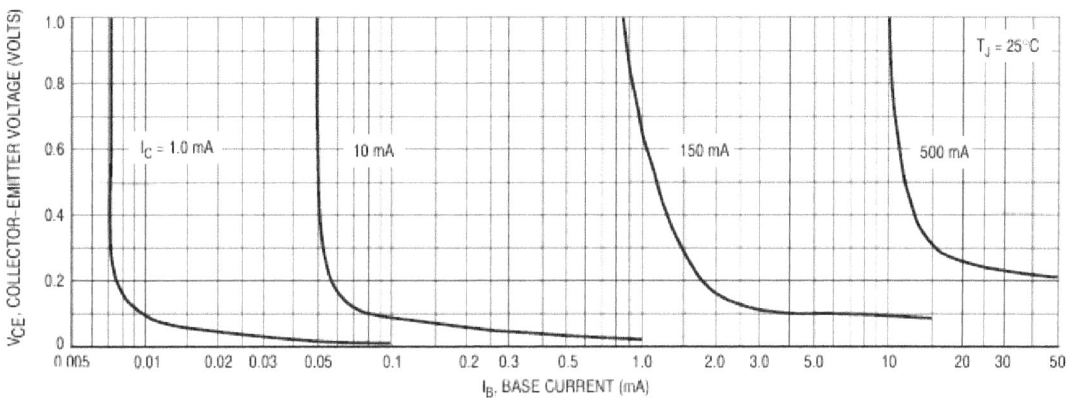

Figure 4. Collector Saturation Region

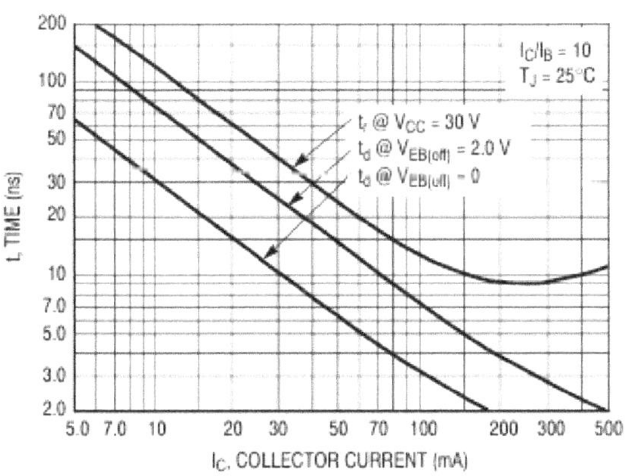

Figure 5. Turn–On Time

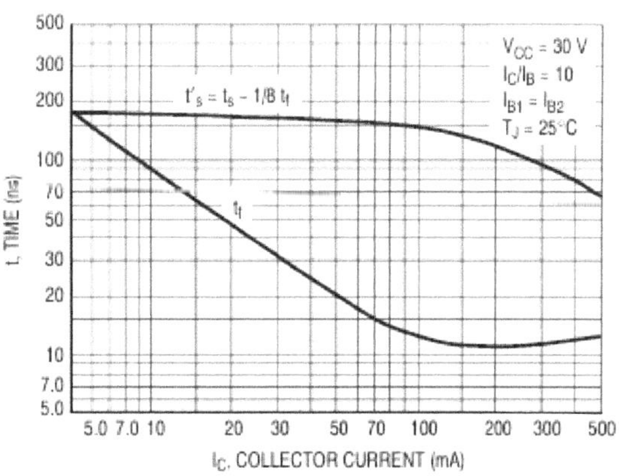

Figure 6. Turn–Off Time

PN2222, PN2222A

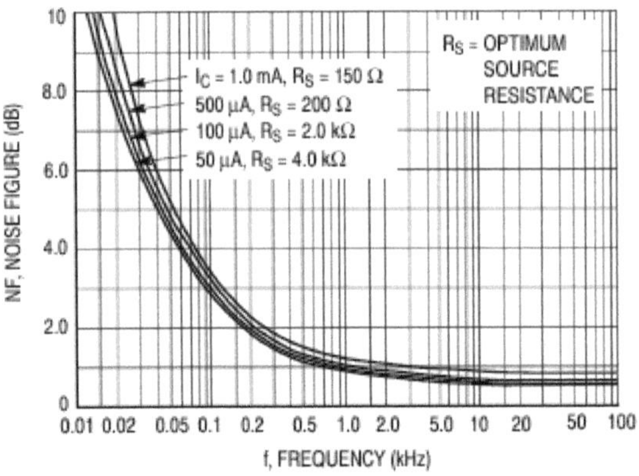

Figure 7. Frequency Effects

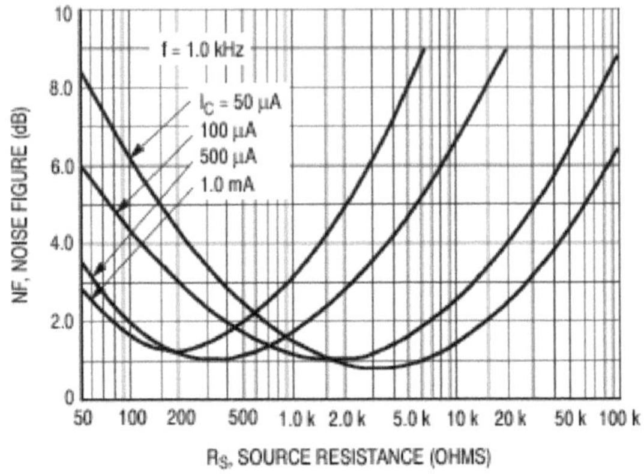

Figure 8. Source Resistance Effects

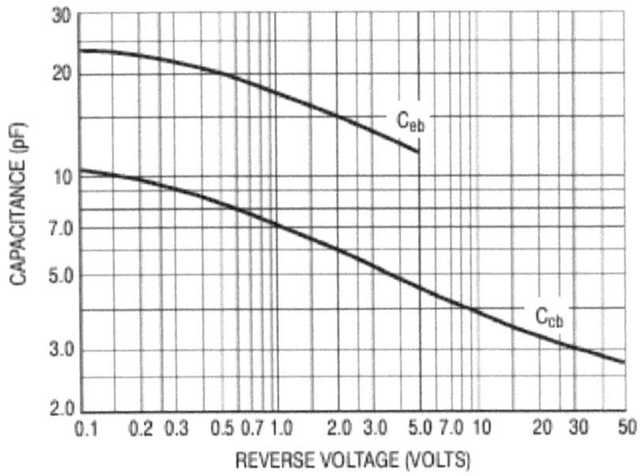

Figure 9. Capacitances

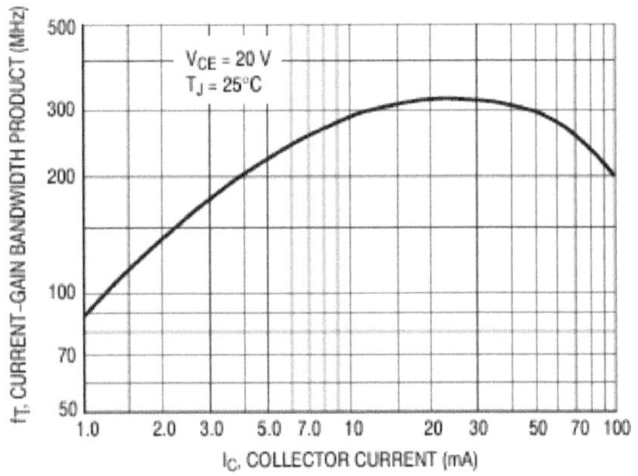

Figure 10. Current-Gain Bandwidth Product

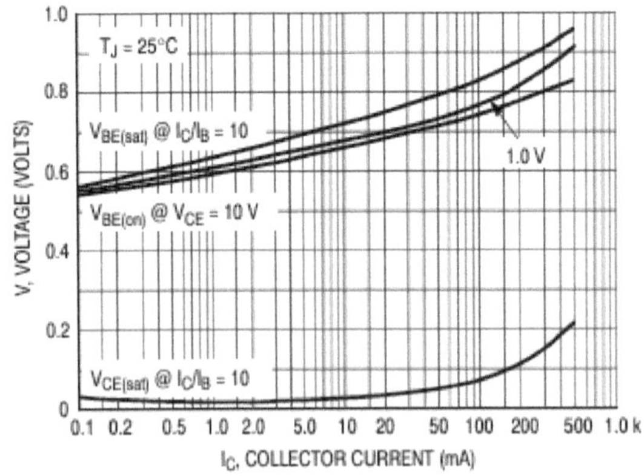

Figure 11. "On" Voltages

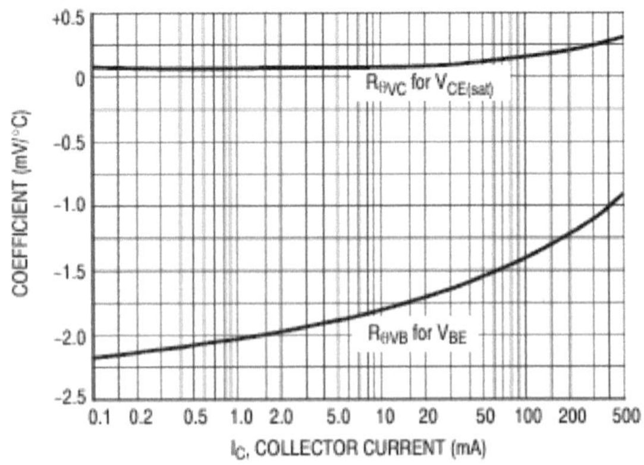

Figure 12. Temperature Coefficients

PN2222, PN2222A

PACKAGE DIMENSIONS

TO–92
TO–226AA
CASE 29–11
ISSUE AL

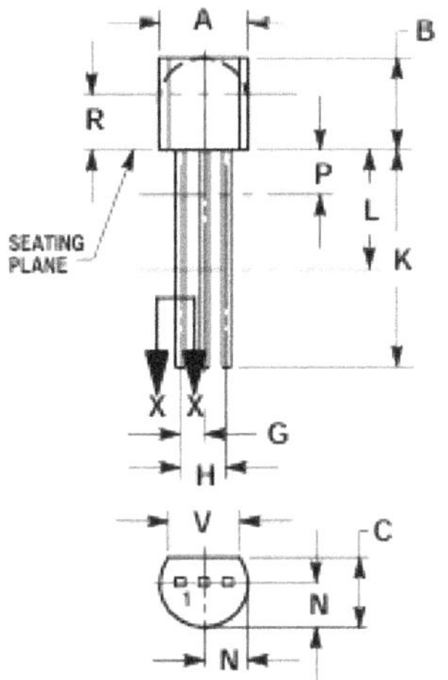

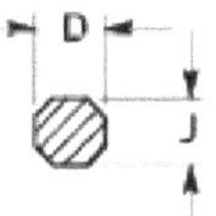

SECTION X–X

NOTES:
1. DIMENSIONING AND TOLERANCING PER ANSI Y14.5M, 1982.
2. CONTROLLING DIMENSION: INCH.
3. CONTOUR OF PACKAGE BEYOND DIMENSION R IS UNCONTROLLED.
4. LEAD DIMENSION IS UNCONTROLLED IN P AND BEYOND DIMENSION K MINIMUM.

DIM	INCHES		MILLIMETERS	
	MIN	MAX	MIN	MAX
A	0.175	0.205	4.45	5.20
B	0.170	0.210	4.32	5.33
C	0.125	0.165	3.18	4.19
D	0.016	0.021	0.407	0.533
G	0.045	0.055	1.15	1.39
H	0.095	0.105	2.42	2.66
J	0.015	0.020	0.39	0.50
K	0.500	---	12.70	---
L	0.250	---	6.35	---
N	0.080	0.105	2.04	2.66
P	---	0.100	---	2.54
R	0.115	---	2.93	---
V	0.135	---	3.43	---

STYLE 1:
PIN 1. EMITTER
2. BASE
3. COLLECTOR

B. OPAMP Data sheet(LM324)

Single Supply Quad Operational Amplifiers

LM324, LM324A, LM324E, LM224, LM2902, LM2902E, LM2902V, NCV2902

1

SCALE 1:1

The LM324 series are low−cost, quad operational amplifiers with true differential inputs. They have several distinct advantages over standard operational amplifier types in single supply applications. The quad amplifier can operate at supply voltages as low as 3.0 V or as high as 32 V with quiescent currents about one−fifth of those associated with the MC1741 (on a per amplifier basis). The common mode input range includes the negative supply, thereby eliminating the necessity for external biasing components in many applications. The output voltage range also includes the negative power supply voltage.

Features

- Short Circuited Protected Outputs
- True Differential Input Stage
- Single Supply Operation: 3.0 V to 32 V
- Low Input Bias Currents: 100 nA Maximum (LM324A)
- Four Amplifiers Per Package
- Internally Compensated
- Common Mode Range Extends to Negative Supply
- Industry Standard Pinouts
- ESD Clamps on the Inputs Increase Ruggedness without Affecting Device Operation
- NCV Prefix for Automotive and Other Applications Requiring Unique Site and Control Change Requirements; AEC−Q100 Qualified and PPAP Capable
- These Devices are Pb−Free, Halogen Free/BFR Free and are RoHS Compliant

PIN CONNECTIONS

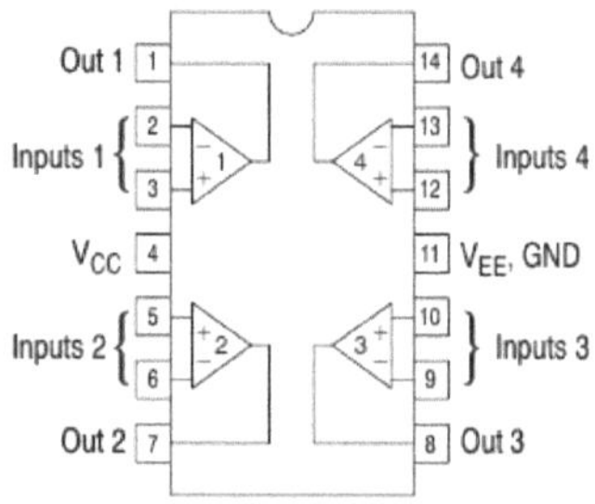

(Top View)

ORDERING INFORMATION

See detailed ordering and shipping information in the package dimensions section on page 10 of this data sheet.

DEVICE MARKING INFORMATION

See general marking information in the device marking section on page 11 of this data sheet.

LM324, LM324A, LM324E, LM224, LM2902, LM2902E, LM2902V, NCV2902

MAXIMUM RATINGS (T_A = +25°C, unless otherwise noted.)

Rating		Symbol	Value	Unit
Power Supply Voltages Single Supply Split Supplies		 V_{CC} V_{CC}, V_{EE}	 32 ±16	Vdc
Input Differential Voltage Range (Note 1)		V_{IDR}	±32	Vdc
Input Common Mode Voltage Range		V_{ICR}	−0.3 to 32	Vdc
Output Short Circuit Duration		t_{SC}	Continuous	
Junction Temperature		T_J	150	°C
Thermal Resistance, Junction−to−Air (Note 2)	Case 646 Case 751A Case 948G	$R_{θJA}$	118 156 190	°C/W
Storage Temperature Range		T_{stg}	−65 to +150	°C
Operating Ambient Temperature Range	 LM224 LM324, LM324A, LM324E LM2902, LM2902E LM2902V, NCV2902 (Note 3)	T_A	 −25 to +85 0 to +70 −40 to +105 −40 to +125	°C

Stresses exceeding those listed in the Maximum Ratings table may damage the device. If any of these limits are exceeded, device functionality should not be assumed, damage may occur and reliability may be affected.

1. Split Power Supplies.
2. All $R_{θJA}$ measurements made on evaluation board with 1 oz. copper traces of minimum pad size. All device outputs were active.
3. *NCV2902 is qualified for automitive use.*

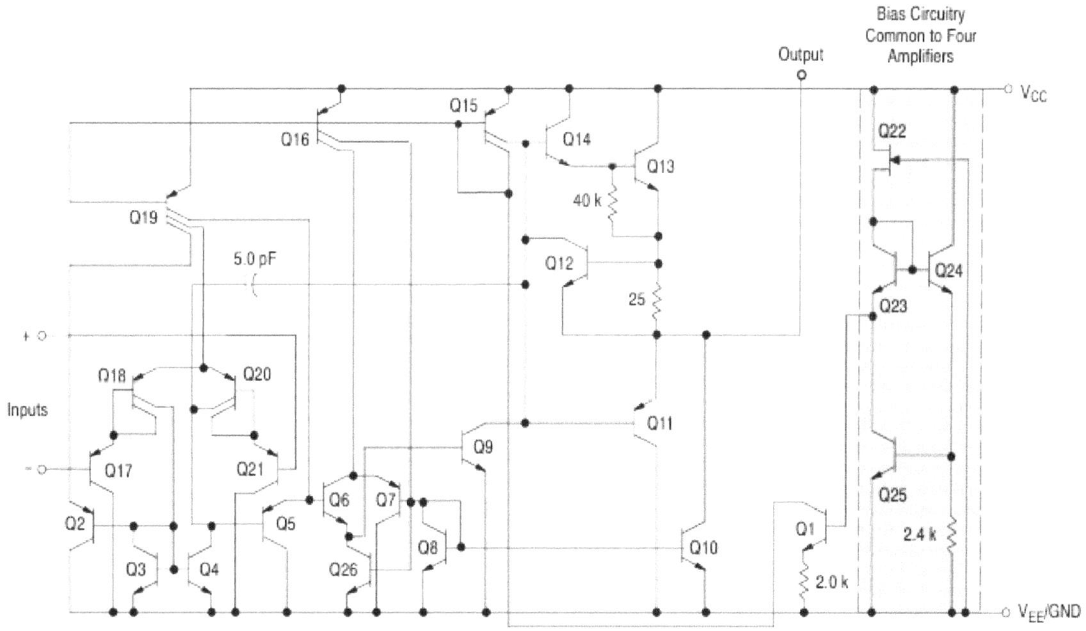

Figure 1. Representative Circuit Diagram
(One−Fourth of Circuit Shown)

LM324, LM324A, LM324E, LM224, LM2902, LM2902E, LM2902V, NCV2902

ELECTRICAL CHARACTERISTICS (V_{CC} = 5.0 V, V_{EE} = GND, T_A = 25°C, unless otherwise noted.)

Characteristics	Symbol	LM224			LM324A			LM324, LM324E			LM2902, LM2902E			LM2902V/NCV2902			Unit
		Min	Typ	Max	Min	Typ	Max	Min	Typ	Max	Min	Typ	Max	Min	Typ	Max	
Input Offset Voltage V_{CC} = 5.0 V to 30 V V_{ICR} = 0 V to V_{CC} −1.7 V, V_O = 1.4 V, R_S = 0 Ω	V_{IO}																mV
T_A = 25°C		–	2.0	5.0	–	2.0	3.0	–	2.0	7.0	–	2.0	7.0	–	2.0	7.0	
T_A = T_{high} (Note 4)		–	–	7.0	–	–	5.0	–	–	9.0	–	–	10	–	–	13	
T_A = T_{low} (Note 4)		–	–	7.0	–	–	5.0	–	–	9.0	–	–	10	–	–	10	
Average Temperature Coefficient of Input Offset Voltage T_A = T_{high} to T_{low} (Notes 4 and 6)	$\Delta V_{IO}/\Delta T$	–	7.0	–	–	7.0	30	–	7.0	–	–	7.0	–	–	7.0	–	μV/°C
Input Offset Current	I_{IO}	–	3.0	30	–	5.0	30	–	5.0	50	–	5.0	50	–	5.0	50	nA
T_A = T_{high} to T_{low} (Note 4)		–	–	100	–	–	75	–	–	150	–	–	200	–	–	200	
Average Temperature Coefficient of Input Offset Current T_A = T_{high} to T_{low} (Notes 4 and 6)	$\Delta I_{IO}/\Delta T$	–	10	–	–	10	300	–	10	–	–	10	–	–	10	–	pA/°C
Input Bias Current	I_{IB}	–	−90	−150	–	−45	−100	–	−90	−250	–	−90	−250	–	−90	−250	nA
T_A = T_{high} to T_{low} (Note 4)		–	–	−300	–	–	−200	–	–	−500	–	–	−500	–	–	−500	
Input Common Mode Voltage Range (Note 5) V_{CC} = 30 V	V_{ICR}																V
T_A = +25°C		0	–	28.3	0	–	28.3	0	–	28.3	0	–	28.3	0	–	28.3	
T_A = T_{high} to T_{low} (Note 4)		0	–	28	0	–	28	0	–	28	0	–	28	0	–	28	
Differential Input Voltage Range	V_{IDR}	–	–	V_{CC}	–	–	V_{CC}	–	–	V_{CC}	–	–	V_{CC}	–	–	V_{CC}	V
Large Signal Open Loop Voltage Gain	A_{VOL}																V/mV
R_L = 2.0 kΩ, V_{CC} = 15 V, for Large V_O Swing		50	100	–	25	100	–	25	100	–	25	100	–	25	100	–	
T_A = T_{high} to T_{low} (Note 4)		25	–	–	15	–	–	15	–	–	15	–	–	15	–	–	
Channel Separation 10 kHz ≤ f ≤ 20 kHz, Input Referenced	CS	–	−120	–	–	−120	–	–	−120	–	–	−120	–	–	−120	–	dB
Common Mode Rejection, R_S ≤ 10 kΩ	CMR	70	85	–	65	70	–	65	70	–	50	70	–	50	70	–	dB
Power Supply Rejection	PSR	65	100	–	65	100	–	65	100	–	50	100	–	50	100	–	dB

4. LM224: T_{low} = −25°C, T_{high} = +85°C

LM324, LM324A, LM324E, LM224, LM2902, LM2902E, LM2902V, NCV2902

ELECTRICAL CHARACTERISTICS (V_{CC} = 5.0 V, V_{EE} = GND, T_A = 25°C, unless otherwise noted.)

Characteristics	Symbol	LM224			LM324A			LM324, LM324E			LM2902, LM2902E			LM2902V/NCV2902			Unit
		Min	Typ	Max	Min	Typ	Max	Min	Typ	Max	Min	Typ	Max	Min	Typ	Max	
Output Voltage – High Limit	V_{OH}																V
V_{CC} = 5.0 V, R_L = 2.0 kΩ, T_A = 25°C		3.3	3.5	–	3.3	3.5	–	3.3	3.5	–	3.3	3.5	–	3.3	3.5	–	
V_{CC} = 30 V, R_L = 2.0 kΩ (T_A = T_{high} to T_{low}) (Note 7)		26	–	–	26	–	–	26	–	–	26	–	–	26	–	–	
V_{CC} = 30 V, R_L = 10 kΩ (T_A = T_{high} to T_{low}) (Note 7)		27	28	–	27	28	–	27	28	–	27	28	–	27	28	–	
Output Voltage – Low Limit, V_{CC} = 5.0 V, R_L = 10 kΩ, T_A = T_{high} to T_{low} (Note 7)	V_{OL}	–	5.0	20	–	5.0	20	–	5.0	20	–	5.0	100	–	5.0	100	mV
Output Source Current (V_{ID} = +1.0 V, V_{CC} = 15 V)	$I_{O\,+}$																mA
T_A = 25°C		20	40	–	20	40	–	20	40	–	20	40	–	20	40	–	
T_A = T_{high} to T_{low} (Note 7)		10	20	–	10	20	–	10	20	–	10	20	–	10	20	–	
Output Sink Current	$I_{O\,-}$																mA
(V_{ID} = −1.0 V, V_{CC} = 15 V) T_A = 25°C		10	20	–	10	20	–	10	20	–	10	20	–	10	20	–	
T_A = T_{high} to T_{low} (Note 7)		5.0	8.0	–	5.0	8.0	–	5.0	8.0	–	5.0	8.0	–	5.0	8.0	–	
(V_{ID} = −1.0 V, V_O = 200 mV, T_A = 25°C)		12	50	–	12	50	–	12	50	–	–	–	–	–	–	–	μA
Output Short Circuit to Ground (Note 8)	I_{SC}	–	40	60	–	40	60	–	40	60	–	40	60	–	40	60	mA
Power Supply Current (T_A = T_{high} to T_{low}) (Note 7)	I_{CC}																mA
V_{CC} = 30 V, V_O = 0 V, R_L = ∞		–	–	3.0	–	1.4	3.0	–	–	3.0	–	–	3.0	–	–	3.0	
V_{CC} = 5.0 V, V_O = 0 V, R_L = ∞		–	–	1.2	–	0.7	1.2	–	–	1.2	–	–	1.2	–	–	1.2	

7. LM224: T_{low} = −25°C, T_{high} = +85°C
   LM324/LM324A/LM324E: T_{low} = 0°C, T_{high} = +70°C
   LM2902/LM2902E: T_{low} = −40°C, T_{high} = +105°C
   LM2902V & NCV2902: T_{low} = −40°C, T_{high} = +125°C
   NCV2902 is qualified for automotive use.
8. The input common mode voltage or either input signal voltage should not be allowed to go negative by more than 0.3 V. The upper end of the common mode voltage range is V_{CC} −1.7 V, but either or both inputs can go to +32 V without damage, independent of the magnitude of V_{CC}.

LM324, LM324A, LM324E, LM224, LM2902, LM2902E, LM2902V, NCV2902

CIRCUIT DESCRIPTION

The LM324 series is made using four internally compensated, two–stage operational amplifiers. The first stage of each consists of differential input devices Q20 and Q18 with input buffer transistors Q21 and Q17 and the differential to single ended converter Q3 and Q4. The first stage performs not only the first stage gain function but also performs the level shifting and transconductance reduction functions. By reducing the transconductance, a smaller compensation capacitor (only 5.0 pF) can be employed, thus saving chip area. The transconductance reduction is accomplished by splitting the collectors of Q20 and Q18. Another feature of this input stage is that the input common mode range can include the negative supply or ground, in single supply operation, without saturating either the input devices or the differential to single–ended converter. The second stage consists of a standard current source load amplifier stage.

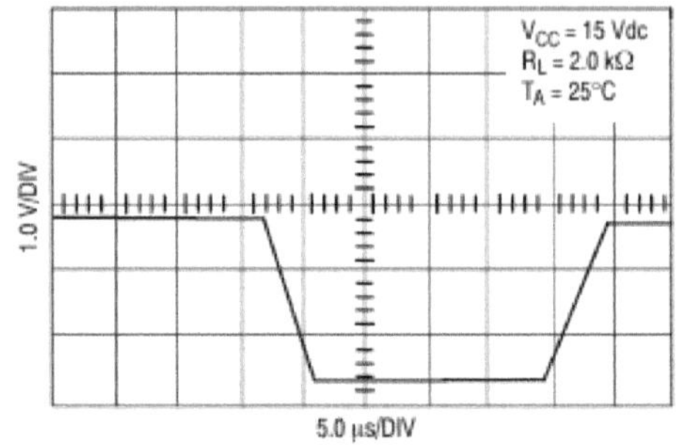

Figure 2. Large Signal Voltage Follower Response

Each amplifier is biased from an internal–voltage regulator which has a low temperature coefficient thus giving each amplifier good temperature characteristics as well as excellent power supply rejection.

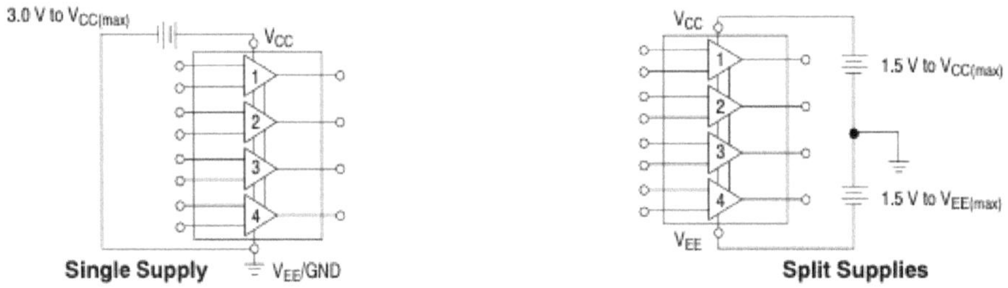

Figure 3.

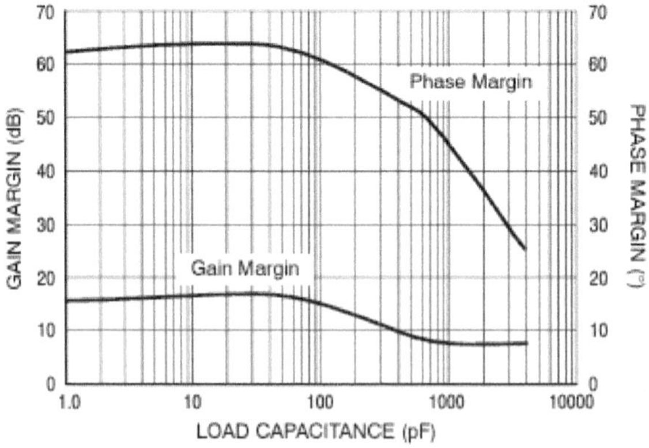

Figure 4. Gain and Phase Margin

LM324, LM324A, LM324E, LM224, LM2902, LM2902E, LM2902V, NCV2902

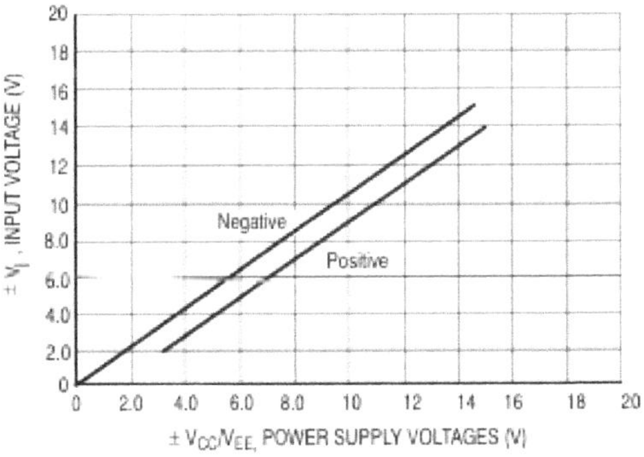

Figure 5. Input Voltage Range

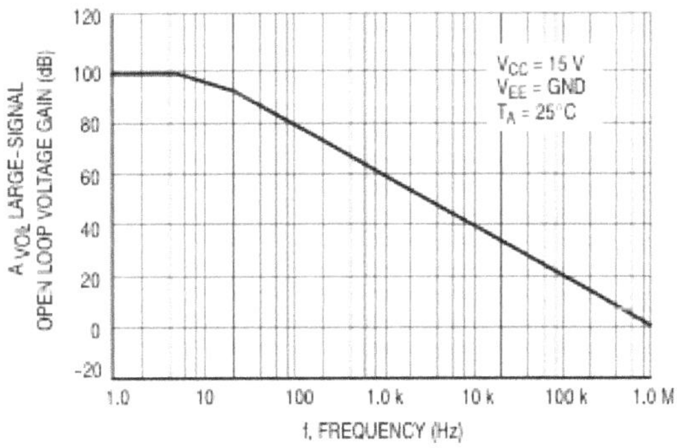

Figure 6. Open Loop Frequency

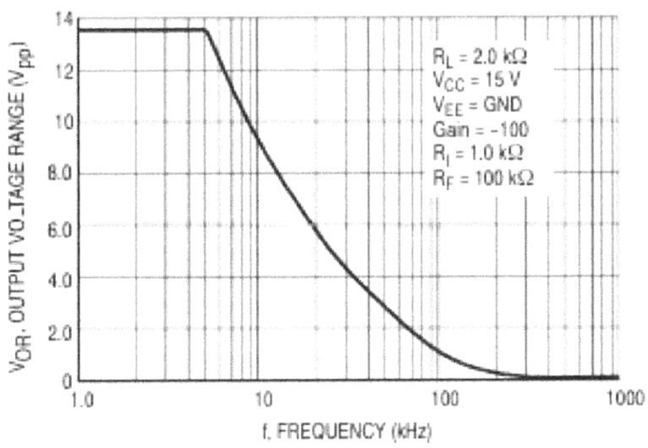

Figure 7. Large-Signal Frequency Response

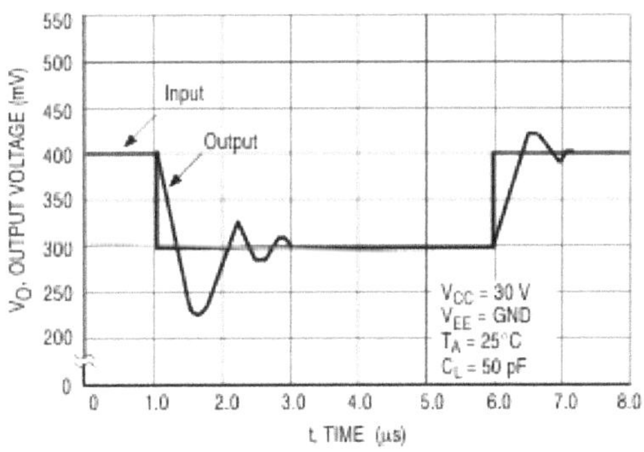

Figure 8. Small-Signal Voltage Follower Pulse Response (Noninverting)

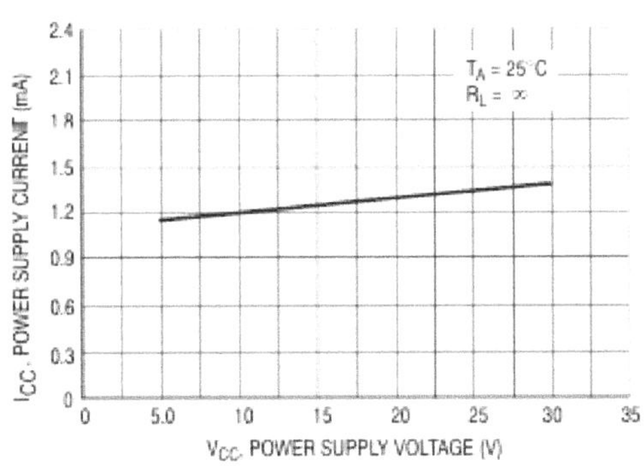

Figure 9. Power Supply Current versus Power Supply Voltage

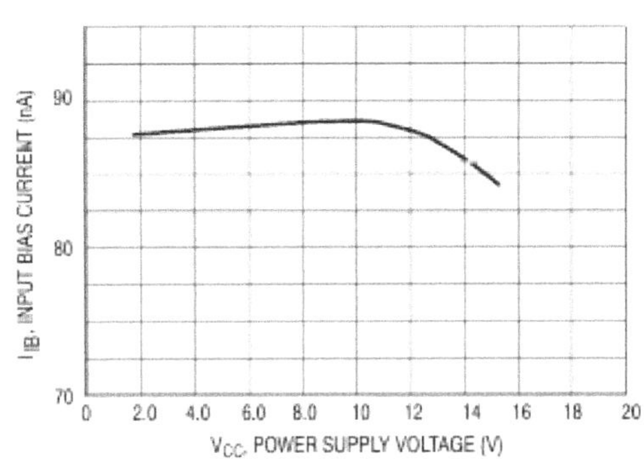

Figure 10. Input Bias Current versus Power Supply Voltage

C. 장치 및 부품목록

C.1 장치목록

- 디지털 멀티미터(digital multi-meter, DMM) 1대
- 오실로스코프 1대(waveform generator 기능포함)
- 전압공급장치 1대: 양 전압(dual power) 공급지원

C.2 액세서리(accessory) 목록

- 브레드보드 1개
- 교류신호 연결용 케이블(BNC Plug, 악어클립) 1개
- 오실로스코프 프로브 2개
- 직류전압 공급용 케이블(악어클립, 바나나잭) 1개
- 회로 연결용 단선 점퍼선(빨강, 검정, 흰색(또는 파랑)) 각 2meter
- 스트립퍼(stripper) 1개

C.3 부품목록

	부품	part NO.	목록 및 부품 설명	수량
1	캐패시터	세라믹 axial lead	10pF, 33pF, 47pF, 75pF, 100pF, 220pF, 330pF, 470pF, 560pF, 680pF, 750pF, 820pF, 1nF, 2.2nF, 3.3nF, 4.7nF, 6.8nF, 7.5nF, 10nF	각 2개
		전해 (100V)	0.1μF, 1μF, 3.3μF, 4.7uF, 10uF, 22μF, 33μF, 47uF, 100 μF	각 2개
2	저항	1/4w axial lead	51, 75, 100, 220, 330, 470, 680, 820, 1.5K, 1K, 2.7k, 3.3k, 3.9k, 5.6k, 4.7k, 6.8k, 7.5k, 8.2k, 9.1k, 10k, 22k, 27k, 33k, 39k, 47k, 68k, 82k, 100k	각 2개
		1/4w axial lead	33, 47	각 15개
3	LED	Lead	원형 5mm lead type, 적색	15
4	OPAMP	LM324	Single supply General Quad OPAMP,DIP14 plastic package	2
		uA741	General purpose single OPAMP, DIP8 plastic package	1
5	Transistor (BJT)	PN2222	NPN General purpose lead type, TO-92 package	2
6	Power Adapter	SH-0505C	AC 220Vrms, 60Hz, DC 5[V], 0.5[A]	1
7	Sensor	GL5537	CDS photo conductive cells	2

찾아보기

가

나

다

라

바

저자약력

■ **윤기호**

1984년 연세대학교 전자공학과 졸업(학사)
1999년 연세대학교 전자공학과 대학원 졸업(박사)
1985~1992년 삼성종합기술원 근무
1992~1996년 삼성전기 종합연구소 근무
1997년~2008년 호남대학교 교수
2009년~현재 성결대학교 교수
연구분야: 초고주파 및 아날로그 회로 설계

시뮬레이션과 실험으로 배우는

전 자 회 로

인　　쇄 : 2024년 5월 25일
발 행 일 : 2024년 5월 30일
저　　자 : 윤 기 호
발 행 처 : 도서출판 한산
경기도 고양시 덕양구 세솔로25번지 2212동 1903호
TEL : (02)304-3504　FAX : (02)304-3505
발 행 인 : 김 기 영
등록번호 : 제 10-1745 호
ISBN : 979-11-87555-47-6　　93560

정가 23,000원